首批国家级一流本科课程
江苏省高等学校重点教材
配套教材

普通高校本科计算机专业特色教材·算法与程序设计

数据结构原理与应用实践教程

徐　慧 主　编
丁　红 朱玲玲 周建美 刘维华 副主编

清华大学出版社
北京

内容简介

本书是江苏省高等学校重点教材《数据结构原理与应用》的配套教材，补充与拓展课堂教学内容，衔接理论与实践。本书在选材与编排上以"易读""易用""易练""可研"为目标，为数据结构相关课程提供全方位的实践练习指导。全书分为4篇：第1篇是原理篇，简述典型结构(线性表、栈和队列、数组和矩阵、树和二叉树、图等)及其在计算机中的实现原理，查找和排序的经典算法的原理；第2篇是验证篇，提供了主教材的算法实现；第3篇是设计篇，按主教材内容顺序，为每一章设计了3～5个设计型实践活动，适合作为课程实验素材；第4篇是综合篇，给出10个涉及多个知识点的复杂设计任务，可作为课程设计的素材。

本书内容全面，可单独作为数据结构相关课程的实践教材使用。本书提供的大量源程序和设计思想，对于从事计算机应用及开发的技术人员、数据结构和程序设计教授或学习的教师和学生具有很好的参考和指导作用。

本书源程序在Visual Studio 6.0及Visual Studio 2010调试通过，源代码可以在清华大学出版社官网下载。

图书在版编目(CIP)数据

数据结构原理与应用实践教程/徐慧主编. —北京：清华大学出版社，2022.12 (2024.2 重印)
普通高校本科计算机专业特色教材·算法与程序设计
ISBN 978-7-302-62343-4

Ⅰ. ①数… Ⅱ. ①徐… Ⅲ. ①数据结构－高等学校－教材 Ⅳ. ①TP311.12

中国版本图书馆CIP数据核字(2022)第253153号

责任编辑：袁勤勇　杨　枫
封面设计：常雪影
责任校对：申晓焕
责任印制：宋　林

出版发行：清华大学出版社
网　　址：https://www.tup.com.cn，https://www.wqxuetang.com
地　　址：北京清华大学学研大厦A座　　**邮　　编**：100084
社 总 机：010-83470000　　**邮　　购**：010-62786544
投稿与读者服务：010-62776969，c-service@tup.tsinghua.edu.cn
质量反馈：010-62772015，zhiliang@tup.tsinghua.edu.cn
课件下载：https://www.tup.com.cn，010-83470236
印 装 者：三河市龙大印装有限公司
经　　销：全国新华书店
开　　本：185mm×260mm　　**印　　张**：26.5　　**字　　数**：614千字
版　　次：2022年12月第1版　　**印　　次**：2024年2月第2次印刷
定　　价：79.00元

产品编号：099086-01

前言

FOREWORD

"数据结构"是一门有关程序设计理论与实践的基础性课程。数据结构的研究范畴涵盖典型的逻辑结构在计算机中的存储设计和操作实现及查找、排序等典型算法。逻辑结构用于实体的抽象，高性能的算法需要合适的存储设计和算法设计。有效的"数据结构"课程学习可以提高学习者用计算机求解问题、分析问题、设计方案和解决问题的能力。但如果只知理论而不把理论落实到实践中，将无法取得这些效果。因此，"数据结构"课程是一门实践性很强的课程。

本书是首批国家级一流本科课程、江苏省高等学校重点教材《数据结构原理与应用》(ISBN: 9787302589327，清华大学出版社出版)的配套教材，为"数据结构"或"数据结构与算法"等课程学习提供基础知识、验证、设计、综合等全方位的实践练习服务：原理篇扼要阐述典型结构及相关应用的实现原理；验证篇实现了主教材上的算法；设计篇提供基础性训练，可作为课程实验相关内容；综合篇提供较复杂、多知识点的综合训练，可作为课程设计的素材。秉承主教材"可读""可学""可教""可研"和"可练"的编写理念，本书编写的总体原则是"易读""易用""易练""可研"。

1. 易读

原理篇以最少的篇幅、最易理解的描述方式及最精练的语言陈述与实践活动相关的理论知识，包括结构特性与存储描述以及算法原理。验证篇给出验证程序的设计思路、程序框架、函数调用关系，方便实践者分析、阅读和理解源程序，在运行验证程序时对源代码心中有数。

2. 易用

原理篇内容可以成为学生实践活动时的理论知识手册，方便查阅。验证篇的内容使实践者上机操作无碍：源码无偿提供；第1章中给出源码的使用方法；对每个验证程序给出了运行与操作说明，一目了然。

3. 易练

设计篇对每一个任务从多个方面给出设计提示，包括数据结构设计、功能设计、核心算法设计和算法的类语言描述，启发实践者思路，减少有些实践者因设计上的偏颇无法完成实践的挫败感。设计篇对应主教材的每一章，给出 3～5 个不同难度的设计任务，适合不同水平实践者的需求。实践者也可以由易到难，渐进提高知识的应用与程序设计能力。设计报告是专业能力的一个方面，在工程专业认证中把其作为与同行沟通的方式之一。本书给出了实验报告和课程设计报告的撰写提纲，明确每一项的内容，并且给出了一个完整实验报告范例。验证程序和实验报告范例，有助于学生在模仿中练习与提高。

4. 可研

本书通过设置思考题，引导学习者在与实践相关的问题上深入研究。在验证程序的“思考题”中，给出“研读源程序回答问题”和“运行程序回答问题”，引导学生阅读与理解程序的设计与程序功能。设计篇的“测试与思考”，通过测试用例引导学生完善算法设计，并且给出触类旁通的问题或本问题的深入讲解，打开研究思考之门。

千淘万漉虽辛苦，吹尽黄沙始到金。近二十年的教学积累形成了“数据结构”国家一流课程，凝聚而成了《数据结构原理与应用》和《数据结构原理与应用实践教程》两本书。希望它似一颗春天的种子，在今后的岁月里经过所有使用者的养育，能够秋收万颗子，为新工科教育作一份贡献。

感谢丁红、朱玲玲、周建美和刘维华为本书所做的工作：丁红主要编写了设计篇的第 7 章、综合篇任务 6 和查找部分的验证程序，朱玲玲主要编写了设计篇的第 2 章和第 4 章，刘维华主要编写了设计篇的第 6 章和综合篇任务 7，周建美主要编写了队列、查找、稀疏矩阵的验证程序，其余内容由徐慧编写。在本书的编写、出版过程中，得到清华大学出版社编辑的支持，在此表示深深的感谢！特别感谢袁勤勇主任，为主教材和本书的辛勤付出！

由于编者水平和时间有限，书中涉及的编程工作量大，难免有缺点和错误，恳请同行专家和读者批评指正，使本书在使用中不断精进。

编　者

2022 年 7 月

目录

CONTENTS

第1篇 原理篇

第 2 篇 验 证 篇

第3篇 设计篇

第1篇

原 理 篇

第1章 线性表

CHAPTER

线性表(linear list)是由零个或多个具有相同类型的数据元素的有限序列组成的线性结构。非空线性表可表示为 $L=(a_1,a_2,\cdots,a_i,\cdots,a_n)$。

其中,a_i 为线性表的第 i 个数据元素;n 为线性表数据元素的个数,称为**线性表的长度**。n 等于 0 时,为**空表**。

如图 1.1.1 所示,线性表具有如下逻辑特性:①第一个元素没有前驱;②最后一个元素没有后继;③其余元素有唯一前驱和唯一后继。

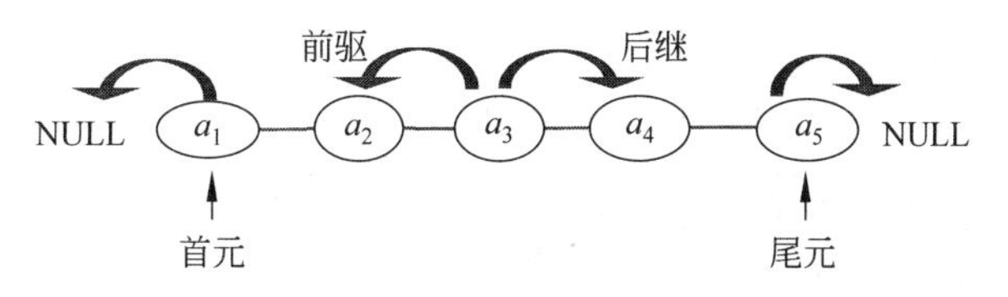

图 1.1.1　线性表示意图

1.1 顺序表

1.1.1 顺序表存储定义与特性

采用顺序存储结构的线性表,称为"**顺序表**",即用一组连续的内存空间依次存储线性表的各元素,如图 1.1.2 所示。

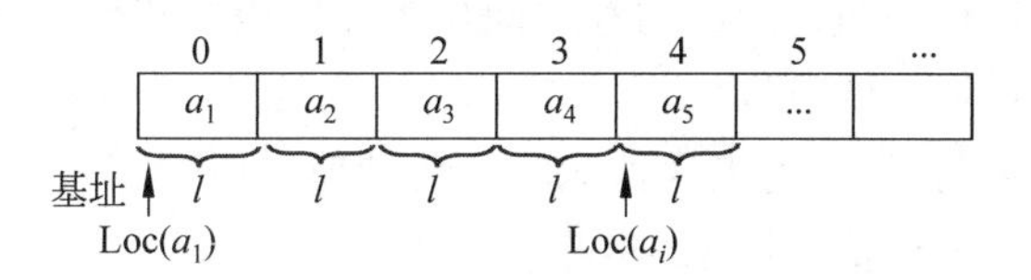

图 1.1.2　顺序表示意图

如果采用动态的内存申请方式,顺序表的存储定义如下:

```
template <class DT>
struct SqList          //顺序表类型名
{
  DT * elem;           //基址
  int size;            //表容量
  int length;          //表长,即表中数据元素个数
};
```

其中,利用了模板机制表示广泛意义上的数据类型,用符号 DT 表示。在实际问题中,DT 可能是原子型,如 int、float、char 等,也可能是复合类型。

顺序表具有如下特性:

(1) **随机性**。顺序表中可以根据位序访问表中任何一个数据元素。

(2) **连续性**。顺序表中数据元素必须依次连续地存储在连续的内存空间中。当在表中插入或删除元素时,需将插入或删除点后的元素后移或前移。

插入操作如图 1.1.3 所示。当在第 i 个位置插入一个数据元素 e 时,需将 $a_n \sim a_i$ 共 $n-i+1$ 个数据元素依次后移一个位序,新元素 e 插入第 i 个位置,表长增 1。

删除操作如图 1.1.4 所示。当删除第 i 个元素时,需将 $a_{i+1} \sim a_n$ 共 $n-i$ 个元素依次前移一个位序,表长减 1。

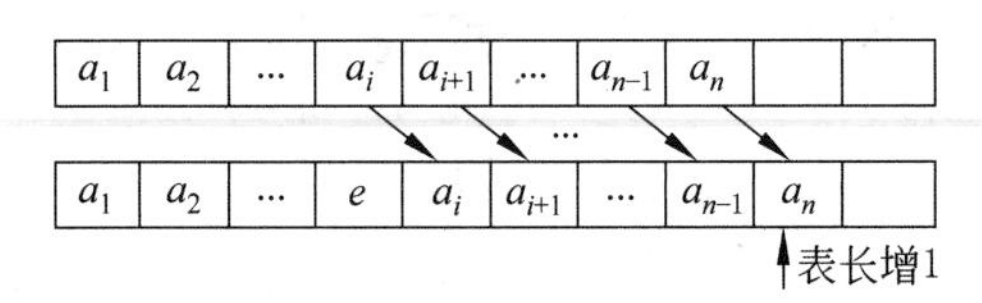

图 1.1.3 顺序表第 i 个位置插入元素

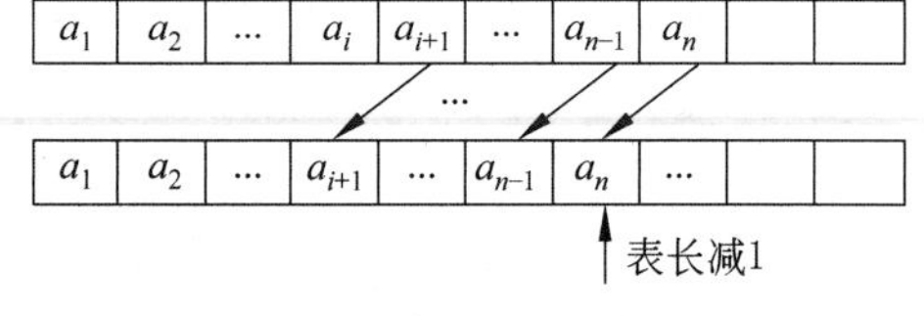

图 1.1.4 顺序表中删除第 i 个元素

(3) **有限性**。内存空间在申请之后不能在原基础上延扩,即顺序表的可用空间是有限的。当进行新元素插入时,需考虑是否有剩余可用空间,表满时不能插入新元素。

1.1.2 顺序表操作实现原理

1. 初始化顺序表 bool InitList (SqList &L,int m)

初始化顺序表是指创建一个空的顺序表。操作步骤如下。

Step 1 申请一组连续的内存空间作为顺序表的存储空间,首址为顺序表的基址。

Step 2 申请失败,退出。

Step 3 申请成功,为表属性赋空表属性值,操作如下:

3.1 表容量=申请的容量。

3.2 表长为 0,即 L.length=0。

3.3 返回 true,表示顺序表创建成功。

2. 创建顺序表 bool CreateList(SqList &L,int n)

创建顺序表指创建顺序表元素,操作为依次给顺序表的 n(n<=L.length)个数据元素赋值。

3. 销毁顺序表　void DestroyList(SqList &L)

销毁顺序表即释放顺序表所占内存。操作步骤如下。

Step 1　用 delete(对应 new 申请内存命令)释放顺序表 L 所占内存空间。

Step 2　置表长为 0,表容量为 0。

4. 按位序查找　bool GetElem_i(SqList L,int i,DT &e)

顺序表 L 的第 i 个数据元素为 L.elem[i－1]。获取第 i 个元素,操作步骤如下。

Step 1　如果 $i(0<i\leqslant$L.length)取值合理,进行下列操作:

　　1.1　e ←L.elem[i－1]。

　　1.2　返回 true,表示找到元素。

Step 2　如果 i 取值不合理,返回 false,表示元素不存在。

5. 按值查找　int LocateElem_e (SqList L,DT e)

按值查找指在顺序表中查找特定值 e 的数据元素。采用顺序查找的方法,操作步骤如下。

Step 1　遍历顺序表,对每个元素执行下列操作:

　　1.1　如果 L.elem[i]＝＝e,返回该元素在表中的位序 i。

　　1.2　否则,处理下一个元素。

Step 2　没有发现相等元素,返回 0,表示元素不存在。

6. 按位序插入元素　bool InsertElem_i (SqList &L,int i,DT e)

按位序插入元素指在顺序表的某个位序 i 插入值为 e 的新元素,操作步骤如下。

Step 1　如果表满,返回 false,表示插入失败。

Step 2　如果插入位置 i($i<1$ 或 $i>$ L.length＋1) 不合理,返回 false,表示插入失败。

Step 3　否则(不满足上述两个条件),在第 i 个位序插入元素,操作如下:

　　3.1　把 $a_n \sim a_i$ 共 $n-i+1$ 个数据元素依次后移一个位序。

　　3.2　给第 i 个元素赋插入元素的值 e。

　　3.3　表长增 1。

　　3.4　返回 true,表示插入成功。

7. 按位序删除元素　bool DeleteElem_i (SqList &L,int i)

按位序删除元素指删除顺序表中某个位序 i 的数据元素,操作步骤如下。

Step 1　空表,返回 false,表示不能删除。

Step 2　如果删除位置 i($i<1$ 或 $i>$L.length)不合理,返回 false,表示删除失败。

Step 3　否则(不满足上述两个条件),删除第 i 个元素,操作如下:

　　3.1　$a_{i+1} \sim a_n$ 共 $n-i$ 个元素,依次前移一个位序。

　　3.2　表长减 1。

　　3.3　返回 true,表示删除成功。

8. 按位序修改元素值　bool PutElem_i(SqList &L,int i,DT e)

按位序修改元素值指修改顺序表某个位序 i 的数据元素的值,操作步骤如下。

Step 1 如果 $i(0<i<=\text{L.length})$合理，执行下列操作：

1.1 给第 i 个元素赋新值。

1.2 返回 true，表示修改成功。

Step 2 否则，返回 false，表示元素不存在，修改失败。

9. 清空顺序表 void ClearList(SqList &L)

清空顺序表，置 L.length 为 0。

10. 测表长 int ListLength (SqList L)

测表长，返回 L.length 的值。

11. 测表空 bool ListEmpty(SqList L)

当 L.length==0 时，表空，返回 true；否则，表非空，返回 false。

12. 测表满 bool ListFull(SqList L)

当 L.length==L.size 时，表满，返回 true；否则，返回 false。

13. 遍历输出 void ListDisp (SqList L)

依序输出顺序表的各元素。

1.1.3 顺序表的应用

1. 顺序表逆置

顺序表逆置，即把顺序表由$(a_1,a_2,\cdots,a_{n-1},a_n)$ 变成$(a_n,a_{n-1},\cdots,a_2,a_1)$。根据顺序表的随机访问特性，最高效的方法是把正数第 i 个位置上的元素与倒数第 i 个位置上的元素互换，即 $a_1 \longleftrightarrow a_n, a_2 \longleftrightarrow a_{n-1}, \cdots, a_{\lfloor n/2 \rfloor} \longleftrightarrow a_{n-\lfloor n/2 \rfloor+1}$。如果 i 从 0 开始，对于 SqList L 来说，即 $i=0\sim\lfloor n/2 \rfloor-1$，L.elem[$i$] $\longleftrightarrow$L.elem[L.length$-i-1$]。

2. 一元多项式求和

设一元多项式分别为 $f_a(x)=a_0+a_1x+a_2x^2+\cdots+a_mx^m$ 和 $f_b(x)=b_0+b_1x+b_2x^2+\cdots+b_nx^n$，两个多项式的和为 $f_c(x)=f_a(x)+f_b(x)$。根据指数幂为连续的自然数，用顺序表存储系数，系数的存储位序映射幂指数，分别用顺序表 la、lb、lc 表示多项式 $f_a(x)$、$f_b(x)$、$f_c(x)$，则存储示意如图 1.1.5 所示。

	i x^0	x^1	x^2	…			x^m		
la	a_0	a_1	a_2	…	a_{m-2}	a_{m-1}	a_m		
	j x^0	x^1	x^2	…			x^n		
lb	b_0	b_1	b_2	…	b_{n-2}	b_{n-1}	b_n		
	k x^0	x^1	x^2	…					
lc	c_0	c_1	c_2	…					

图 1.1.5 多项式存储示意图

其中，系数 c_i 的取值情况如下。

(1) 当 $i\leqslant m, i\leqslant n$ 时，$c_i=a_i+b_i$；

(2) 当 $m>n, i>n$ 时，$c_i=a_i$；

(3) 当 $m<n, i>m$ 时，$c_i=b_i$。

1.2 链　表

1.2.1 单链表存储定义与特性

采用**链式存储的线性表称为“链表”**，即用一组不连续的内存空间依次存储线性表的各元素。根据链表结点中指针个数，链表分为单链表和双链表；根据最后一个结点是否指向第一个结点，分为循环链表和非循环链表。

单链表结点由两部分组成：数据域和指针域，如图 1.1.6 所示。数据域用来存储数据元素，指针域指向后继元素结点。结点的存储定义如下：

```
template<class DT>
struct LNode                //结点类型名
{
  DT data;                  //数据域，存储数据元素
  LNode * next;             //指针域，指向后继结点
};
```

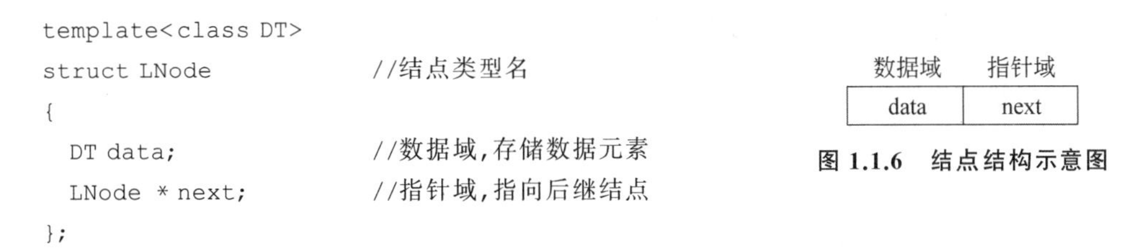

图 1.1.6　结点结构示意图

用结点指针类型的变量标识单链表，例如：

```
LNode<DT> * L;
```

线性表 L=(a_1,a_2,a_3,…,a_n) 的有头结点的单链表存储示意图如图 1.1.7 所示。

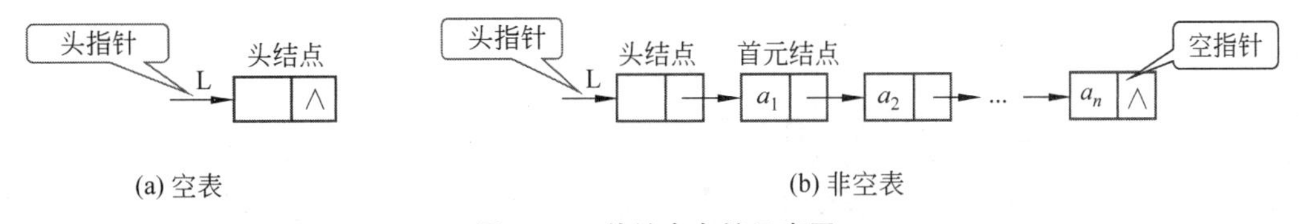

图 1.1.7　单链表存储示意图

单链表具有如下特性。

(1) **顺序性**。单链表只能按顺序访问，即从头指针开始，并根据指针信息依次找到后继数据元素。

(2) **独立性**。单链表中各结点存储位置是相对独立的，通过改变指针就可以改变结点的排列顺序。例如，在单链表中，插入元素或删除元素，不需要移动元素，只需改变指针指向，即可实现。

单链表中插入元素，如图 1.1.8 所示。设 p 指向插入点的前驱，s 为要插入的结点，插入操作为①s 的后继指向 p 的后继；②p 的后继指向 s。

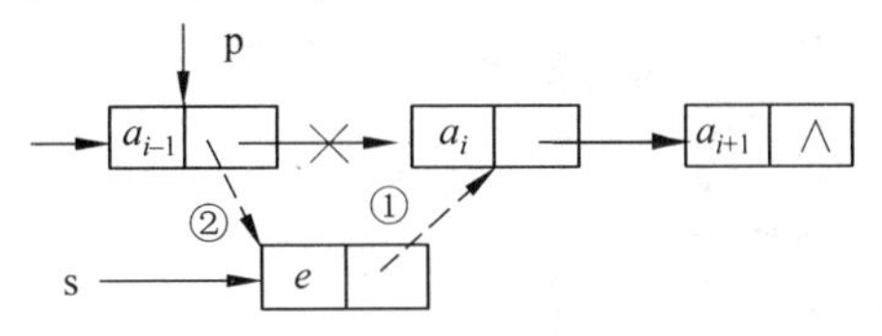

图 1.1.8　单链表中插入元素

单链表中删除元素，如图 1.1.9 所示。设 q 指向被删除结点，p 指向被删除结点的前驱，删除 q 的操作为①p 的后继指向 q 的后继；②释放 q 结点所占内存空间。

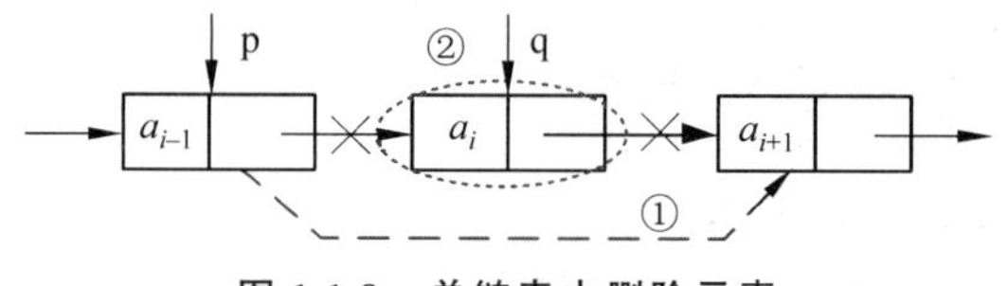

图 1.1.9 单链表中删除元素

（3）**可扩性**。理论上只要内存没有用完，单链表就可以增扩新的结点。一般认为单链表容量不受限。

1.2.2 单链表操作实现原理

1. 初始化单链表 bool InitList (SNode * &L)

初始化单链表指创建空的单链表，其操作步骤如下。

Step 1 创建头结点 L。

Step 2 指针域赋值为空，即 L->next←NULL。

2. 创建单链表 bool CreateList(LNode * &L,int n)

创建单链表指创建单链表的数据元素结点。创建的方法有两种，尾插法和头插法。

（1）**尾插法**。每次在表尾插入新结点，如图 1.1.10 所示。具体操作步骤如下。

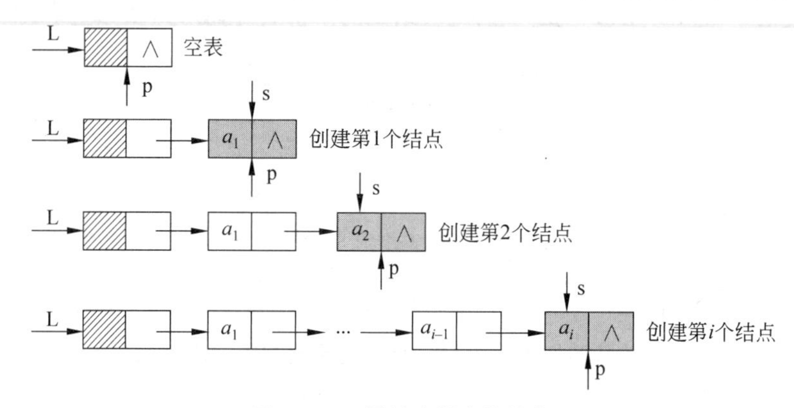

图 1.1.10 尾插法创建单链表

Step 1 设置表尾指针 p，初值指向头结点。

Step 2 如果创建 n 个结点，重复下列操作 n 次：

2.1 新建结点 s。

2.2 s 创建失败，返回 false，表示链表创建失败。

2.3 s 创建成功，给 s->data 赋值。

2.4 将 s 链在 p 之后。

2.5 将 s 设为新的表尾(p=s)。

Step 3 返回 true，表示链表创建成功。

(2) 头插法。每次在头结点之后插入新结点，如图 1.1.11 所示。操作步骤如下。

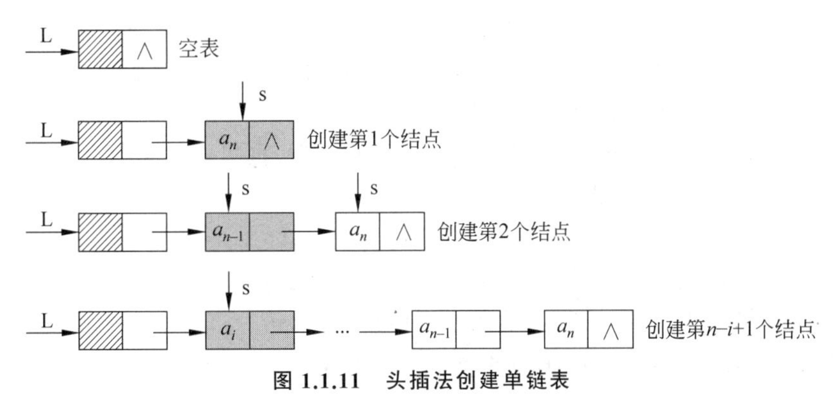

图 1.1.11　头插法创建单链表

Step 1　如果创建 n 个结点，重复下列操作 n 次：

1.1　新建结点 s。

1.2　s 创建失败，返回 false，表示链表创建失败。

1.3　s 创建成功，给 s->data 赋值，并将 s 链在头结点 L 之后。

Step 2　返回 true，表示链表创建成功。

值得注意的是，头插法中，因后插入的结点排在前面，所以创建结点时需按元素顺序的逆序进行创建。实际应用中可以利用此特点形成一个逆序的表。

3. 销毁表　void DestroyList(LNode * &L)

销毁表需释放单链表中所有结点所占空间。操作步骤如下。

Step 1　工作指针 p 指向头结点 L。

Step 2　只要 p 非空，重复下列操作：

2.1　L 指针后移，即 L=L->next。

2.2　释放 p 所指结点，即 delete p。

2.3　p 指向 L。

Step 3　指针域设为空，即 L=NULL。

4. 按位序查找　bool GetElem_i(LNode * L, int i, DT &e)

单链表不存储位序信息，要找到某位序 i 的元素，只能通过从头开始，依次查找结点。操作步骤如下。

Step 1　定位到第 i 个结点，执行下列操作。

1.1　设置工作指针 p 指向头结点，计数器 $j=0$。

1.2　当 $j<i$ 或未遍历完所有元素，重复下列操作：

1.2.1　指针 p 后移，即 p=p->next。

1.2.2　计数器增 1，即 $j++$。

Step 2　如果定位成功(即 $j==i$)，执行下列操作：

2.1　取元素值，即 e←p->data。

2.2　返回 true，表示找到。

Step 3　如果定位不成功，返回 false，表示未找到。

5. 按值查找 bool GetElem_i(LNode * L,int i,DT &e)

按值查找即查找某个特定值 e 的数据元素的位序。查找方法与按位序查找的操作类似,前者是在查找过程中数结点个数,后者是比较元素值。操作步骤如下。

Step 1 设置工作指针 p 指向头结点,计数器 $j=0$。

Step 2 查找,当 p->data!=e 或未遍历完所有元素,重复下列操作:

2.1 指针 p 后移,即 p=p->next。

2.2 计数器增 1,即 $j++$。

Step 3 如果找到(即 p->data==e),返回元素位序 j。

Step 4 如果未找到,返回 0,表示元素不存在。

6. 按位序插入新元素 bool InsertElem_i (LNode * &L,int i,DT e)

按位序插入新元素指在链表的某个位序 i 插入值为 e 的新元素,操作步骤如下。

Step 1 定位到插入结点的前驱 p,即第 $i-1$ 个结点处。

Step 2 定位成功,执行下列操作:

2.1 创建一新结点 s,并给 s->data 赋值 e。

2.2 将 s 插入 p 之后。

2.3 返回 true,表示插入成功。

Step 3 定位不成功,返回 false,表示 i 不合理,插入失败。

7. 按位序删除元素 bool DeleteElem_i (LNode * &L,int i)

按位序删除元素指删除某位序 i 的数据元素,操作步骤如下。

Step 1 定位到插入点的前驱 p,即第 $i-1$ 个结点处。

Step 2 如果定位成功,执行下列操作:

2.1 设置指针 q 指向删除结点,即 q=p->next。

2.2 p 的后继指向其后继的后继,即 p->next=q->next。

2.3 释放删除结点所占内存空间,即 delete q。

2.4 返回 true,表示删除成功。

Step 3 如果定位不成功,返回 false,表示不存在该位序的元素,删除失败。

8. 按位序修改元素值 bool PutElem_i(LNode * &L,int i,DT e)

按位序修改元素值指修改某位序 i 的数据元素的值,操作步骤如下。

Step 1 定位到第 i 个结点。

Step 2 如果定位成功,执行下列操作:

2.1 修改 p->data,即 p-data ← e。

2.2 返回 true,表示修改成功。

Step 3 如果定位不成功,返回 false,表示不存在该位序的元素,修改失败。

9. 清空单链表 void ClearList(LNode * &L)

清空单链表指把单链表 L 变成空表,即释放除头结点之外的所有结点所占内存。操作步骤如下。

Step 1 工作指针 p 指向首元结点,即 p=L->next。

Step 2 只要 p 非空,删除 p 结点,具体操作如下:

2.1　指针 q 指向 p 的后继，即 q=p->next。

2.2　从链表摘除 p 结点，即 L->next=q。

2.3　释放 p 所指结点，即 delete p。

2.4　p 指向 q。

Step 3　空表，头结点指针域为空，即 L->next=NULL。

10. 测表长　int ListLength (LNode * L)

测表长指求链表中数据元素个数。操作方法为从头结点开始，通过指针移动，数结点个数，直至表尾，返回结点个数；空表，返回 0。

11. 测表空　bool ListEmpty(LNode * L)

只有头结点的单链表，为空表。因此，当 L->next==NULL 时，为空表，返回 true；否则，返回 false，表示非空表。

12. 遍历输出表　void ListDisp(LNode * L)

从首元结点开始，通过指针后移，依次输出各数据元素。

1.2.3　链表的应用

1. 单链表的逆置

单链表逆置，即把单链表 L1={a_1,a_2,…,a_{n-1},a_n}变成单链表 L2={a_n, a_{n-1},…,a_2,a_1}(见图 1.1.12)。链表的结点具有相对独立性，可以通过重排结点实现逆置。

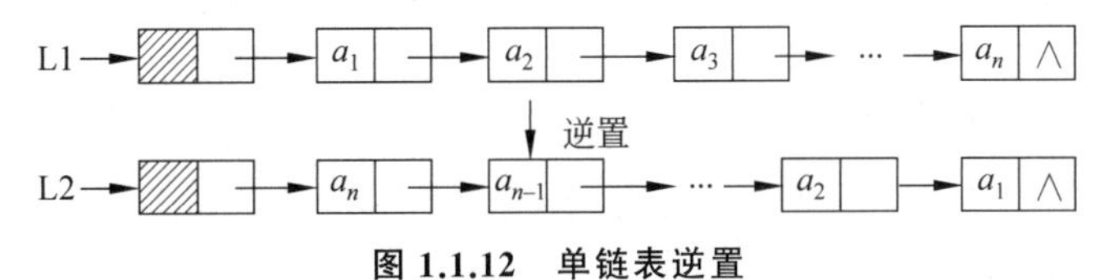

图 1.1.12　单链表逆置

方法为遍历单链表 L1，用头插法，重建单链表。具体操作步骤如下。

Step 1　把头结点从 L1 中摘除，作为逆置后的表 L2 的头结点。

Step 2　遍历 L1，依次把 L1 中的结点以头插法插到 L2 中。

2. 一元稀疏多项式求和

稀疏多项式的特点是各项的幂指数非连续，且缺项很多，所以不适合采用顺序存储方法。一般情况下，一元 n 次多项式可写成：$f_n(x)=p_1x^{e_1}+p_2x^{e_2}+p_3x^{e_3}+\cdots+p_mx^{e_m}$。

其中，p_i 为系数，e_i 为幂指数，且满足 $0\leqslant e_1<e_2<\cdots<e_m$。多项式的每一项，可表示为“系数 p，指数幂 e”，一个多项式可以看成是 m 个这样的数据元素组成，且按幂有序排列的线性表，即 ((p_1,e_1),(p_2,e_2),…,(p_m,e_m))。

采用链式存储时，结点结构如图 1.1.13 所示，定义如下：

```
struct PloyNode
{
  float coef;                //系数域,存储非零项的系数
  int exp;                   //指数域,存储非零项的指数
  PloyNode * next;           //指针域,指向下一个结点
}
```

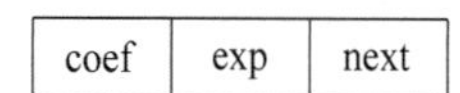

图 1.1.13 一元多项式链表结点结构

分别用 LA、LB 表示多项式 $fa(x)=7+3x^2+9x^8+5x^{100}$ 和 $fb(x)=8x+22x^2-9x^8$，则链式存储如图 1.1.14 所示。

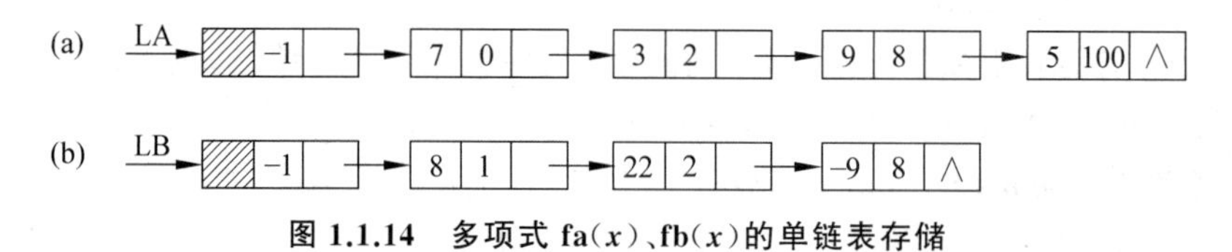

图 1.1.14 多项式 $fa(x)$、$fb(x)$的单链表存储

一元多项式求和，即相同幂的项系数求和，且系数和为零的项不计入多项式和中。求 $fa(x)=fa(x)+fb(x)$，处理过程如下。

Step 1 设置工作指针 pa、pb，分别指向两个多项式的头结点，qa、qb 分别为 pa、pb 的后继，是当前被处理的结点。

Step 2 只要 qa、qb 均不为空，比较 qa->exp 和 qb->exp：

2.1 如果 qa->exp<qb->exp，指针 qa、qa 后移。

2.2 如果 qa->exp>qb->exp，将结点 qb 插入 qa 之后，qa、qb 分别后移。

2.3 如果 qa->exp==qb->exp，计算 sum=qa->coef+qb->coef：

2.3.1 如果 sum≠0，修改 qa 结点系数域为 sum，pa、qa 后移，删除 qb 结点，qb 后移。

2.3.2 如果 sum==0，删除 qa、qb 结点，qa、qb 后移。

Step 3 有一表为空，执行下列操作：

3.1 如果 qa 不空，qb 为空，删除链表 LB 的头结点，算法结束。

3.2 如果 qa 为空，qb 不空，将 qb 为头的链表接在 qa 之后，删除链表 LB 的头结点，算法结束。

第2章 栈

CHAPTER

栈是限定只能在表的一端进行插入或删除操作的线性表。表中允许进行插入和删除操作的一端称为**栈顶**(top),另一端(不允许插入和删除操作)称为**栈底**(bottom)。栈中没有数据元素时,称为**空栈**。向栈中增加元素称为**入栈**/进栈/压栈(push),从栈中删除元素称为**出栈**/弹栈(pop)。

因为插入和删除都只能在表的一端进行,所以栈具有“**先进后出**”或“**后进先出**”的特性。

2.1 顺序栈

2.1.1 顺序栈的存储定义和特性

顺序栈是采用顺序存储方式实现的栈,即利用一组地址连续的存储单元存储栈数据元素,存储示意图如图1.2.1所示,存储定义如下:

```
template <class DT>
struct SqStack;                    //顺序栈
{
    DT * base;                     //栈底指针
    int  top;                      //栈顶指针,栈顶元素的下标
    int  stacksize;                //栈可用的最大容量
}
```

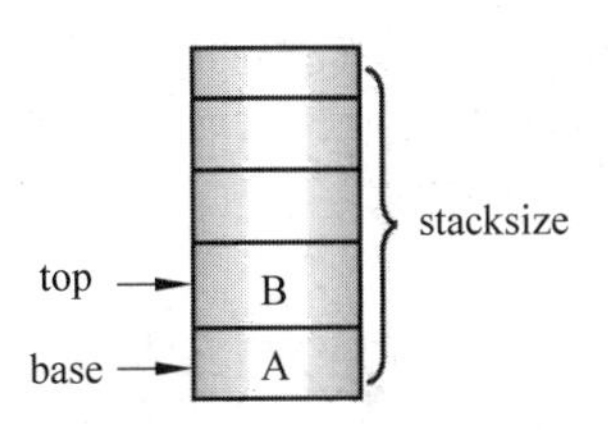

图1.2.1　顺序栈存储示意图

顺序栈创建时需指定栈容量,栈的可用空间是有限的。

2.1.2 顺序栈操作实现原理

1. 初始化顺序栈　bool InitStack (SqStack &S,int m)

初始化顺序栈指在内存中创建一个空的顺序栈。操作步骤如下。

Step 1　申请一组连续的内存空间作为栈的存储空间,首地址为栈的基址 S.base。

Step 2　申请失败,退出。

Step 3　申请成功,为栈属性赋值:

　3.1　栈顶 S.top=-1,表示空栈。

　3.2　栈容量 S.stacksize=申请的内存容量。

　3.3　返回 true,表示创建成功。

2. 销毁顺序栈　void DestroyStack (SqStack &S)

销毁顺序栈指释放栈所占内存空间。操作步骤如下。

Step 1　用 delete 释放顺序栈 S 所占内存空间,即 delete [] S.base。

Step 2　置栈顶 S.top 为-1;栈容量 S. stacksize 为 0。

3. 顺序栈入栈　bool Push (SqStack &S, DT e)

顺序栈入栈指在栈顶插入一个元素 *e*,操作步骤如下。

Step 1　如果栈满,返回 false,表示入栈失败。

Step 2　栈不满,进行下列操作:

　2.1　栈顶指针增 1,即 S.top++。

　2.2　新元素插入栈顶指针位置,即 S.base[S.top]←e。

　2.3　返回 true,表示入栈成功。

4. 顺序栈出栈　bool Pop (SqStack &S, DT &e)

顺序栈出栈指删除栈顶元素,操作步骤如下。

Step 1　如果栈空,返回 false,表示出栈失败。

Step 2　栈不空,删除栈顶元素,操作如下:

　2.1　取栈顶元素,即 e← S.base[S.top]。

　2.2　指针减 1,即 S.top--。

　2.3　返回 true,表示出栈成功。

5. 顺序栈取栈顶元素　bool GetTop (SqStack S, DT &e)

在顺序栈中取栈顶元素的操作步骤如下。

Step 1　如果是空栈,返回 false,表示未取到栈顶元素。

Step 2　如果栈不空,取栈顶元素赋给 e;返回 true,表示操作成功。

注意:此操作栈顶指针保持不变。

2.2 链　栈

2.2.1 链栈的存储定义和特性

链栈是用链表实现的栈。

链栈的结点结构与单链表的结点结构相同，名字改为 SNode，定义如下。

```
template <class DT>
struct SNode                    //结点类型名
{
  DT data;                      //数据域，存储数据元素
  SNode * next;                 //指针域，指向后继结点
};
```

根据栈的操作特性，可以采用无头结点的单链表表示链栈，存储示意图如图 1.2.2 所示。S 为栈顶位置。

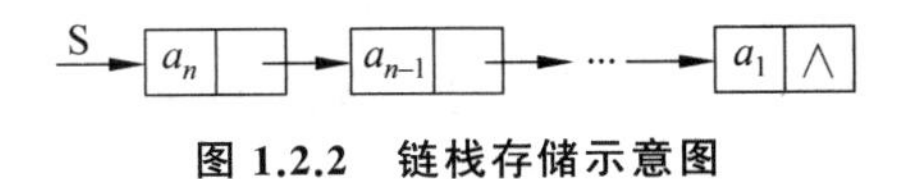

图 1.2.2　链栈存储示意图

2.2.2　链栈操作实现原理

1. 初始化链栈　bool InitStack (SNode * &S)

初始化链栈指在内存中构造一个空栈。因为链栈无头结点，直接将栈顶指针置空即可，即 S=NULL。

2. 销毁栈　void DestroyStack (SNode * &S)

销毁栈指释放链栈所占的内存空间，方法与销毁单链表类似。从第 1 个结点开始，将链栈中各结点逐个销毁。

3.链栈入栈　bool Push (SNode * &S, DT e)

链栈入栈指在栈顶插入一个元素 e，操作步骤如下。

Step 1　新建一个结点 p，且 p->data←e。

Step 2　将 p 插在栈顶 S 的前面，并成为新的栈顶，即 p→next=S;p=S;。

Step 3　返回 true，表示入栈成功。

4. 链栈出栈　bool Pop(SNode * &S, DT &e)

链栈出栈指删除栈顶元素，操作步骤如下。

Step 1　p 指向栈顶。

Step 2　如果 p 为空，返回 false，表示空栈不能出栈。

Step 3　否则，执行下列操作：

　3.1　把栈顶元素值赋给 e，即 e←S.data。

　3.2　栈顶指针后移，即 S=S→next。

　3.3　释放 p 结点所占内存，返回 true，表示出栈成功。

5. 链栈取栈顶元素　bool GetTop(SNode *S, DT &e)

如果栈空无栈顶元素，返回 false；否则栈顶元素值给 e。此操作栈顶指针保持不变。

2.3 栈的应用

1. 括号匹配的校验

表达式中的括号匹配要求“**就近匹配**”，即从左往右，出现右括号时，最近的左括号先被匹配，一层层由内而外。栈具有“先进后出”的特性，可以借助栈来判断表达式中的括号是否匹配。

设表达式中含有圆括号和中括号。判断表达式中的括号是否匹配的操作步骤如下。

Step 1 初始化。

1.1 创建一个空栈 S。

1.2 设置匹配标志 flag，初始化为 1，表示匹配。

Step 2 从左往右扫描表达式，读入字符 ch，如果 ch 不是结束符或 flag 非 0，循环执行下列操作：

2.1 若 ch 是左括号“(”或“[”，ch 入栈。

2.2 若 ch 是右括号“)”，如果栈不空，且栈顶元素是“(”，匹配成功，栈顶元素出栈，继续扫描；否则 flag 置为 0，表示匹配失败。

2.3 若 ch 是右方括号“]”，如果栈不空，且栈顶元素是“[”，匹配成功，栈顶元素出栈后继续扫描，否则 flag 置为 0，表示匹配失败。

Step 3 循环结束后，判断括号是否匹配：

3.1 如果栈空并且 flag 为 1，返回 true，表示匹配成功。

3.2 否则返回 false，表示括号不匹配。

2. 中缀表达式求值

中缀表达式计算需要两个栈，一个用于存储操作数(设为 OD)，另一个用于存储操作符栈(设为 OP)；操作符根据优先级出栈；当操作符出栈时，从操作数栈中弹出相应的操作数。设表达式中只有圆括号，求值计算的操作步骤如下。

扫描表达式，读入字符 ch。当读到的字符不是表达式结束符(设为 #)或 OP 的栈顶元素不是表达式结束符 #，循环执行以下操作。

Step 1 若 ch 是操作数，则入 OD 栈，读入下一个字符 ch。

Step 2 若 ch 是运算符，则根据 OP 的栈顶元素 θ_1 和 ch(θ_2) 的优先级比较结果，进行相应处理：

2.1 如果 $\theta_1<\theta_2$，则 ch 入 OP 栈，读入下一个字符 ch。

2.2 如果 $\theta_1=\theta_2$，则 OP 栈顶元素为“(”且 ch 为“)”，将 OP 栈顶元素弹出，相当于括号匹配成功，消去括号，读入下一个字符 ch。

2.3 如果 $\theta_1>\theta_2$，则弹出 OP 栈顶元素，并从 OD 栈弹出两个操作数 b 和 a，进行相应运算 $a\ \theta_1\ b$，并将运算结果入 OD 栈。

Step 3 操作数栈的栈顶元素为表达式求值的结果。

3. 中缀表达式转为后缀表达式

将中缀表达式转为后缀表达式，操作数直接输出，操作符需按优先级顺序输出，所以，需要一个存储操作符的栈。操作步骤如下。

从左到右读取表达式,读入字符 ch 执行下列操作,直至表达式结束符。

Step 1 如果 ch 是操作数,输出。

Step 2 如果 ch 是运算符 θ_2,把它与运算符栈的栈顶运算符 θ_1 比较:

2.1 若 $\theta_1<\theta_2$,θ_2 入栈。

2.2 若 $\theta_1=\theta_2$,则遇到"右括号",将栈顶元素出栈并输出。

2.3 若 $\theta_1>\theta_2$,从运算符栈输出所有比 θ_2 优先级高的运算符,直至栈顶运算符优先级小于 θ_2,θ_2 入运算符栈。

4. 后缀表达式求值

后缀表达式中的运算符已按优先级排好,当且仅当操作符出现时,离它最近的两个操作数分别作为第 2 操作数 b 和第 1 操作数 a 参与运算。所以,后缀表达式计算需一个栈存储操作数。具体操作步骤如下。

从左到右读取后缀表达式,设读入字符为 ch,执行下列运算,直至表达式结束符。

Step 1 如果 ch 是操作数,入栈。

Step 2 如果 ch 是运算符 θ,从操作数栈中连续出栈两个元素 b、a(两个运算数),进行运算 $a\ \theta\ b$,并把运算结果入操作数栈。

Step 3 循环结束,操作数栈的栈顶元素为该后缀表达式的计算结果。

第3章 队 列

CHAPTER

队列是限定允许在表的一端进行插入操作,而在另一端进行删除操作的线性表。允许插入的一端称为**队尾**,允许删除的一端称为**队首**。向队列中插入新元素称为**进队**或**入队**,新元素入队后就成为新的队尾元素。从队列中删除元素称为**出队**或**离队**,出队后,出队元素的后一个元素为新的队首元素。

队列具有"先进先出"或"后进后出"的特性,与日常生活中的队列相似。

3.1 循环队列

3.1.1 循环队列存储定义和特性

采用顺序存储方式实现的队列称为顺序队列。顺序队列定义如下:

```
template <class DT>
struct  SqQueue
{
    DT * base;              //存储空间基地址
    int  front;             //队头指针,指向队首元素
    int  rear;              //队尾指针,指向队尾元素的后面
    int  queuesize;         //队列容量
}
```

为了解决顺序队列中的"假溢出"问题,假设顺序队列首尾相连,如图 1.3.1 所示,此时,顺序队列称为"**循环队列**"。本定义中,队尾指针指向队尾元素后,队头指针指向队首元素。

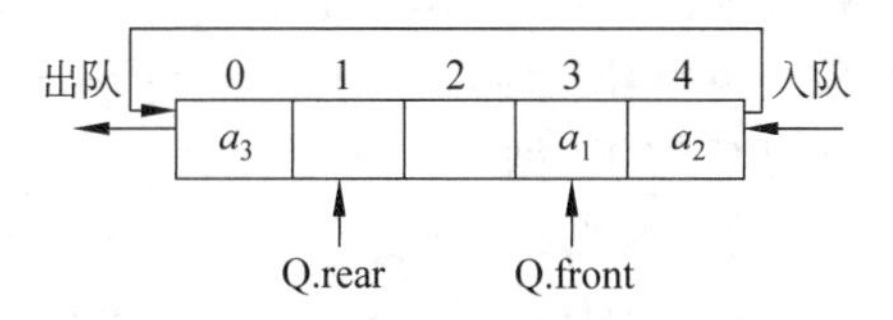

图 1.3.1 循环队列存储示意图

循环队列中的入队和出队，指针的运算为对队容量求模，入队时队尾指针变化为

```
Q.rear=(Q.rear+1)%Q.queuesize
```

出队时队头指针变化为

```
Q.front=(Q.front+1)%Q.queuesize
```

为了区分队空和队满，将队空条件设为 Q.front==Q.rear；入队中当 Q.rear 与 Q.front 之间差一个单元时，认为队满，即队满条件为(Q.rear+1) % Q.queuesize==Q.front。

3.1.2 循环队列操作实现原理

1. 初始化队列 bool InitQueue (SqQueue &Q,int m)

初始化队列指在内存中创建一个空队。操作步骤如下：

Step 1 申请一组连续的内存空间作为队列的存储空间，首地址为队列基址 Q.base。

Step 2 申请失败，退出。

Step 3 申请成功，给队列属性赋值。

3.1 队头 Q.front=0，队尾 Q.rear=0。

3.2 队列容量 Q.queuesize=申请的容量。

3.3 返回 true，表示创建成功。

2. 销毁队列 void DestroyQueue (SqQueue &Q)

销毁队列指释放队列所占的内存空间。操作步骤如下：

Step 1 对应申请内存空间的 new 命令，用 delete 释放循环队列 Q 所占内存空间。

Step 2 设置队列属性值：

2.1 队头指针 Q.front=0，队尾指针 Q.rear=0。

2.2 队列容量 Q.queuesize =0，表示队列不可用。

3. 入队 bool EnQueue (SqQueue &Q, DT e)

入队指在队尾插入元素 *e*。操作步骤如下。

Step 1 如果队满，返回 false，表示入队失败。

Step 2 否则在队尾插入元素，操作如下：

2.1 将新元素插入队尾，即 Q.base[Q.rear]←e。

2.2 队尾指针后移 1，循环队列中，Q.rear=(Q.rear+1) %Q.queuesize。

2.3 返回 true，表示入队成功。

4. 出队 bool DeQueue(SqQueue &Q, DT &e)

出队指在队头删除元素 *e*。操作步骤如下。

Step 1 如果队空，返回 false，表示出队失败。

Step 2 否则，删除队首元素，操作如下：

2.1 取队头元素赋给 *e*，即 e←Q.base[Q.front]。

2.2 队头指针后移 1，循环队列中，Q.front=(Q.rornt+1) %Q.queuesize。

2.3 返回 true，表示出队成功。

5. 取队头元素 bool GetHead (SqQueue Q, DT &e)

取队头元素的操作步骤如下。

Step 1　如果队空，返回 false，表示无队头元素。

Step 2　队非空，取队头元素，操作如下：

2.1　把队头元素值赋给 e，即 e←Q.base[Q.front]。

2.2　返回 true，表示操作成功。

注意：相比于出队，此操作不删除队头元素，也无须移动队头指针。

3.2 链　　队

3.2.1 链队的存储定义和特性

链队是采用链式存储实现的队列，可用有头结点的单链表表示。

链队的结点结构与单链表的结点结构相同，定义如下：

```
template <class DT>
struct QNode                        //结点类型名
{
    DT data;                        //数据域，存储数据元素
    QNode * next;                   //指针域，指向后继结点
};
```

队列的链式存储结构定义如下：

```
template <class DT>
struct LinkQueue
{
    QNode<DT> * front;              //队头
    QNode<DT> * rear;               //队尾
}
```

链队的存储示意图如图 1.3.2 所示。

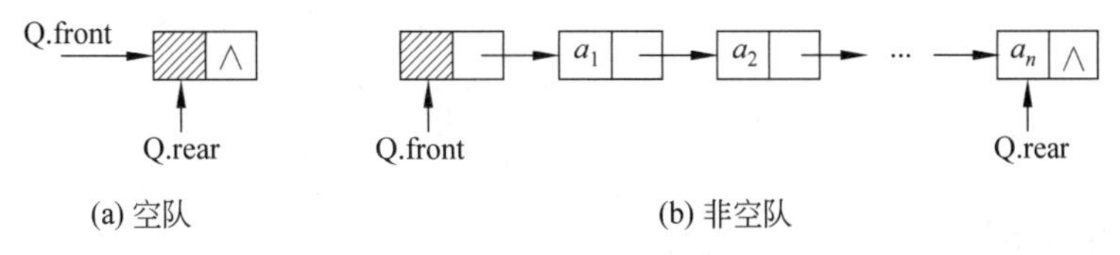

图 1.3.2　链队存储示意图

因为有头结点，队头指针指向头结点，队头元素是 Q.front->next 所指结点，所以元素出队时，不需要调整队头指针。

入队时，是在 Q.rear 后增加结点；出队时是删除 Q.front 后的结点。如果队列中只有一个元素，出队后为空队，需把 Q.rear 指向头结点。

3.2.2 链队的操作实现原理

1. 初始化队列　bool InitQueue (LinkQueue &Q)

初始化队列指在内存中创建一个空队。操作步骤如下。

Step 1 创建一个结点作为头结点。

Step 2 队头指针和队尾指针均指向该结点。

2. 销毁队列 void DestroyQueue (LinkQueue &Q)

销毁队列指释放队列所占的内存空间。从头结点开始,依次销毁,与单链表的销毁类似。

3. 入队 bool EnQueue (LinkQueue &Q, DT e)

入队指在队尾插入一个元素。操作步骤如下。

Step 1 创建一个结点 p。

Step 2 创建失败,返回 false,表示入队失败。

Step 3 创建成功,给结合点 p 赋值 e 后在队尾插入新元素结点,操作如下:

3.1 p 结点链在队尾 Q.rear 之后,为链表的尾结点。

3.2 队尾指针指向 p。

3.3 返回 true,表示入队成功。

4. 出队 bool DeQueue(LinkQueue &Q, DT &e)

出队指删除队头元素 e。操作步骤如下。

Step 1 如果队空,返回 false,表示不能出队。

Step 2 否则,删除队头元素,操作如下:

2.1 取队头元素赋给 e,即 e←Q.front→next→data。

2.2 删除队头结点。

2.3 如果出队后队列为空,调整队尾指针指向头结点。

2.4 返回 true,表示出队成功。

5. 取队头元素 bool GetHead (LinkQueue Q, DT &e)

如果队空,返回 false,表示无队头元素;否则把队头元素值赋给 e。相比于出队,此操作不删除队头元素。

3.3 队列的应用

以舞伴匹配作为队列的应用示例。

设周末舞会上需男女搭配跳舞。依据先来先配对原则,分别设立男队和女队,入场时男队和女队的队头各出一人配成舞伴。若两队初始人数不等,则较多的那队中未配对者等待下一轮。操作步骤如下。

Step 1 创建两个空队,一个为男队 GenQueue,一个为女队 LadyQueue。

Step 2 反复循环,依次将等待的跳舞者根据其性别插入男队或女队。

Step 3 舞曲开始,只要男队和女队都不空,重复执行下列操作:

男队和女队各出队一人,配对入场。

Step 4 配对结束,从非空队列中输出下一轮第一个出场的未配对者的姓名。

第4章 数组和矩阵

CHAPTER

数组和矩阵在数据的组织形式上相似，本章主要讨论它们的数据存储方式。

4.1 数组和矩阵的存储

多维数组/矩阵存储到一维内存中有两种映射方式：**低下标/行优先和高下标/列优先**。对于特殊矩阵可以进行压缩存储，即根据元素的分布规律，相同的元素只存储一次，其后通过分布规律查找。例如：

(1) 对称矩阵可以存储对角线及其以下或以上的元素，未存储元素可根据对称性找到。

(2) 三角阵的对角线上或下的常数可以只存储一个。

(3) 对角阵只需存储对角线及其平行线上的非零元素。

特殊矩阵压缩存储后依然具有随机访问特性，但需要根据分布规律找到未存储的元素，不能直接用原下标访问元素。

稀疏矩阵指非零元素很少的矩阵，其压缩存储时只存储非零元素。三元组表、带行指针向量的链式存储及十字链表等均为稀疏矩阵的压缩存储方法。稀疏矩阵的非零元素分布没有规律性，压缩存储后失去随机访问特性，这使得传统的处理方法不能使用。

4.2 稀疏矩阵转置

矩阵转置不会改变矩阵中非零元素个数，即可以预知存储空间，所以可以采用三元组表的顺序存储，存储类型定义如下：

```
struct MTNode                   //三元组
{
    int i, j;                   //非零元素的行号和列号
    int e;                      //非零元素的值
};
```

```
struct TSMatrix
{
    MTNode * data;              //三元组表
    int mu,nu,tu;               //矩阵行数、列数、非零元素个数
};
```

下面介绍稀疏矩阵转置的两种算法。

1. 直接取,顺序存

按照转置后元素在压缩存储中位置的先后,从矩阵 ***A*** 中取元素,顺序存入转置矩阵 ***B*** 中。操作步骤如下。

Step 1 设置转置后矩阵 ***B*** 的行数、列数和非零元素个数。

Step 2 在矩阵 ***B*** 中设置初始存储位置 q。

Step 3 按列号从矩阵 ***A*** 中取非零元素,对每个非零元素进行下列操作:

3.1 交换其行号和列号,存入矩阵 ***B*** 中 q 位置。

3.2 q++,指向下一个元素的存储位置。

该算法扫描 A.data[]的次数等于矩阵 ***A*** 的列数,所以算法时间复杂度较高,为 $O(mu \times nu^2)$。

2. 顺序取,直接存

在矩阵 ***A*** 中依次取非零元素,交换其行号和列号放到矩阵 ***B*** 中适当位置。该算法需要预先知道矩阵 ***A*** 中每一个元素在矩阵 ***B*** 中的存储位置。所以,需根据每列非零元素个数计算出矩阵 ***A*** 中每列的第 1 个非零元素在矩阵 ***B*** 中的位置,同列非零元素按顺序存储。具体操作步骤如下。

Step 1 设置转置矩阵 ***B*** 的行数、列数、非零元素个数。

Step 2 计算矩阵 ***A*** 中每一列非零元素个数 **num[col]**。

Step 3 由 **num[col]**计算矩阵 ***A*** 中第 col 列第 1 个非零元素在矩阵 ***B*** 中的存储位置 **cpot[col]**,cpot[col]=cpot[col-1]+num[col+1]。

Step 4 扫描矩阵 ***A*** 的三元组表,对每个元素执行下列操作:

4.1 交换行号、列号(col)放入矩阵 ***B*** 的三元组 **cpot[col]**中。

4.2 **cpot[col]++**,预设该元素下一个元素存储位置。

该算法的时间复杂度较低,为 $O(mu \times nu)$,称为快速转置算法。

4.3 稀疏矩阵求和

设稀疏矩阵 ***A***、***B*** 的和为 ***C***(***C***=***A***+***B***)矩阵,因难于预先知道矩阵 ***C*** 中非零元素个数,故采用链式存储比较好。算法中采用了带行指针向量的链式存储方式,其结点定义如下:

```
template <class DT>
struct MTNode
{
    int i,j;                    //行号,列号
    DT e;                       //元素值,DT 为元素类型
    MTNode * next;              //指针域,指向同行下一个结点
}
```

稀疏矩阵的带行指针向量的链式存储结构定义为

```
struct LMatrix
{
    MTNode **rpos;              //存储各行链表的头指针
    int mu,nu,tu;               //行数、列数、非零元素个数
}
```

求 $\boldsymbol{C}=\boldsymbol{A}+\boldsymbol{B}$,即对每一行 i 按列号 j 进行两个有序单链表的合并,操作步骤如下。

Step 1　如果 $\boldsymbol{A}$、$\boldsymbol{B}$ 的行数、列数不一样,不能进行加法运算,结束运行。

Step 2　工作变量初始化。

　2.1　和矩阵 $\boldsymbol{C}$ 各行向量指针为空。

　2.2　工作指针 pa、pb、pc 分别指向 $\boldsymbol{A}$、$\boldsymbol{B}$、$\boldsymbol{C}$ 首行链表首元结点。

Step 3　行号 i 从 0 到 $n-1$,扫描 $\boldsymbol{A}$、$\boldsymbol{B}$ 各行链表,执行下列操作:

　3.1　pc 定位在矩阵第 i 行向量处。

　3.2　只要 pa、pb 指针不空,执行下列操作:

　　3.2.1　如果 pa 所指三元组列号小于 pb 所指三元组列号,复制 pa 结点并链接到 pc 后,pa、pc 后移。

　　3.2.2　如果 pa 所指三元组列号大于 pb 所指三元组列号,复制 pb 结点并链接到 pc 后,pb、pc 后移。

　　3.2.3　如果 pa 所指三元组列号等于 pb 所指三元组列号,求两结点值域的和 sum:

　　　3.2.3.1　如果 sum==0,pa、pb 后移。

　　　3.2.3.2　如果 sum≠0,pc 链新增一个结点,值域为 sum,行号为 i,列号为当前列号,pa、pb、pc 后移。

　3.3　如果 pa 空但 pb 不空,把 pb 所指及其后的结点复制到 pc 链表的表尾。

　3.4　如果 pb 空但 pa 不空,把 pa 所指及其后的结点复制到 pc 链表的表尾。

图 1.4.1 为两个稀疏矩阵 $\boldsymbol{A}$、$\boldsymbol{B}$ 求和存储示意图。

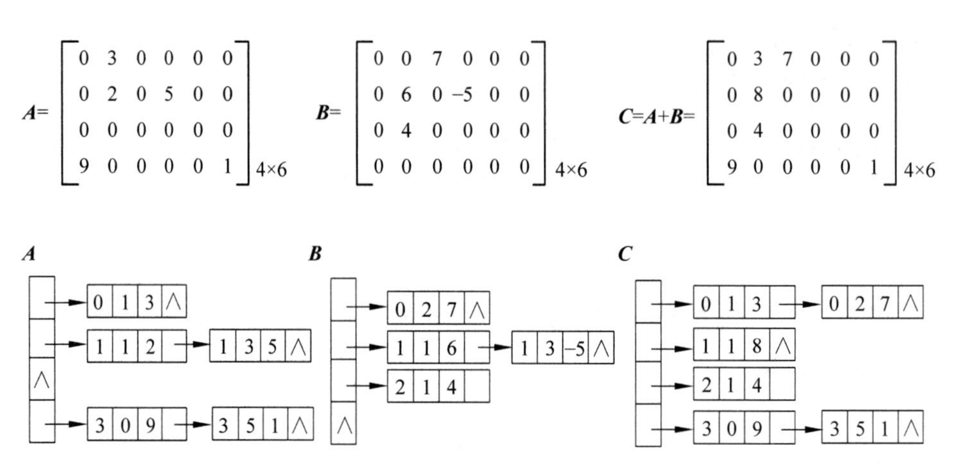

图 1.4.1 稀疏矩阵求和示例

第5章 树和二叉树

CHAPTER

树与二叉树均属于树形结构,树形结构中的数据元素具有层次特性,适合表示数据元素之间具有一对多关系的数据对象。树与二叉树的定义是递归的,所以树与二叉树的许多问题可用递归方法解决。

5.1 树

树是 $n(n \geq 0)$ 个数据元素的有限集合,集合中的数据元素之间存在一对多的关系。$n=0$ 时,为空树。树结构具有以下特性。

(1) 非空树中唯一一个没有前驱的结点,为根结点。

(2) 非空树可以看成由根和根的互不相交的子树组成。

(3) 树中没有后继的结点,为叶结点。

(4) 树中元素具有层次结构。

5.2 二叉树

5.2.1 二叉树的存储定义

二叉树是度不超过 2 的有序树。二叉树的子树有左、右之分。满二叉树和完全二叉树适合顺序存储。常用的二叉树存储方式有二叉链表或三叉链表。二叉树的二叉链表结点结构如图 1.5.1 所示,存储定义如下:

```
template <class DT>
struct BTNode                        //结点定义
{
    DT data;                         //数据域
    BTNode * lchild;                 //左孩子指针
    BTNode * rchild;                 //右孩子指针
};
```

一个结点指针类型的变量,如 BTNode<DT> * bt,如果 bt 指向二叉树的根,则可以标识该二叉树。图 1.5.1 为二叉树二叉链表存储示意图。

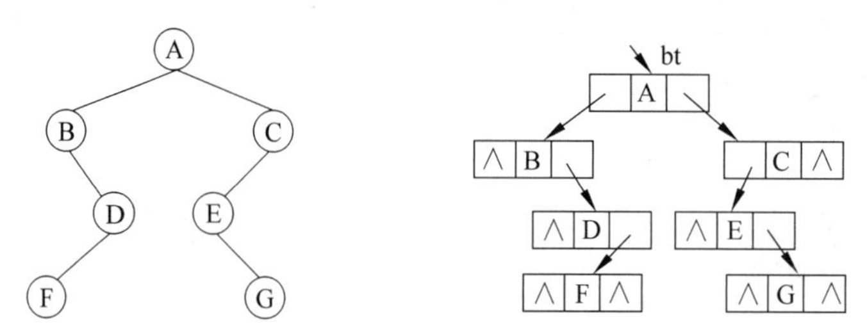

图 1.5.1 二叉树二叉链表存储示意图

5.2.2 二叉树操作实现原理

以下二叉树的遍历只考虑从左往右的顺序。

1. 先序递归遍历 void PreOrderBiTree(BTNode * bt)

先序遍历指按根(D)、左子树(L)、右子树(R)遍历二叉树和子树。先序遍历的递归算法步骤如下。

若二叉树为空,则返回;否则:a.访问根结点;b.先序遍历左子树;c.先序遍历右子树。

2. 中序递归遍历 void InOrderBiTree(BTNode * bt)

中序遍历指按左子树(L)、根(D)、右子树(R)遍历二叉树和子树。中序遍历的递归算法步骤如下。

若二叉树为空,则返回;否则:a. 中序遍历左子树;b. 访问根结点; c. 中序遍历右子树。

3. 后序递归遍历 void PostOrderBiTree(BTNode * bt)

后序遍历指按左子树(L)、右子树(R)、根(D)遍历二叉树和子树。后序遍历的递归算法步骤如下。

若二叉树为空,则返回;否则:a. 后序遍历左子树;b. 后序遍历右子树;c. 访问根结点。

4. 先序非递归遍历 void PreOrderBiTree_N(BTNode * bt)

先序遍历的顺序是根(D)、左子树(L)、右子树(R)。遍历从根开始,然后转向左子树,左子树遍历完遍历右子树。所以,在先序的非递归遍历中,需将根入栈,以便遍历完左子树后通过回溯找到右子树。先序遍历的非递归算法步骤如下。

Step 1 p 指向树根。

Step 2 p 非空或栈非空,重复下列操作:

2.1 访问 p 并将 p 入栈。

2.2 如果 p 有左孩子,转向 p 的左孩子(即 p=p->lchild)。

2.3 如果 p 没有左孩子,出栈至 p,执行下列操作:

2.3.1 如果出栈结点 p 有右孩子,转向 p 的右孩子。

2.3.2 否则,继续出栈。

当 p 和栈均为空时,遍历结束。

5. 中序非递归遍历　void InOrderBiTree_N(BTNode * bt)

中序遍历的顺序是左子树(L)、根(D)、右子树(R),一个结点被访问的前提是其左子树已遍历。所以,中序非递归遍历中需保存根,以便左子树遍历结束后通过回溯找到根以及之后转向根的右子树。中序遍历的非递归算法步骤如下。

Step 1　p 指向树根。

Step 2　只要结点 p 非空或栈不空,重复执行下列操作:

2.1　只要结点 p 有左孩子:

2.1.1　p 进栈。

2.1.2　左行,即 p=p->lchild。

2.2　栈非空,执行下列操作:

2.2.1　出栈至 p。

2.2.2　访问 p。

2.2.3　右行,即 p=p->rchild。

当 p 和栈均为空,遍历结束。

6. 后序非递归遍历　void PostOrderBiTree_N(BTNode * bt)

后序遍历的顺序是左子树(L)、右子树(R)、根(D),一个结点被访问的前提是其左、右子树均已被遍历。所以,后序非递归遍历中,需保存各结点,以便左子树访问完后通过回溯找到双亲的右子树和双亲。设置指针 r 指向刚被访问的结点,当栈顶点结点 p 的右孩子等于 r 时,表示 p 的左右子树均已遍历,p 可出栈访问。后序遍历的非递归算法步骤如下:

Step 1　p 指向根。

Step 2　重复下列操作,直至栈空:

2.1　p 非空,重复下列操作:

2.1.1　p 入栈。

2.1.2　左行,即 p=p->lchild。

2.2　处理栈顶元素的初始化:

2.2.1　r 为空,即 r=NULL。

2.2.2　设置标识 flag 为 1,表示可以连续处理从右子树上回溯的结点。

2.3　如果栈不空且访问标志 flag=1,重复下列操作:

2.3.1　获取栈顶元素 p。

2.3.2　如果 p->rchild==r,p 出栈,访问 p 结点,r 指向 p。

2.3.3　如果 p->rchild≠r,转向 p 的右孩子,访问标志 flag=0。

7. 层序遍历　void LevelOrderBiTree(BTNode * bt)

层序遍历指从上往下、从左往右依次访问各结点。操作步骤如下。

Step 1　p 指向根结点。

Step 2　p 非空,入队。

Step 3　队列非空,重复下列操作:

3.1　出队至 p。

3.2 访问 p->data。

3.3 如果 p 有左孩子,将 p 的左孩子(p->lchild)入队。

3.4 如果 p 有右孩子,将 p 的右孩子(p->rchild)入队。

退出 Step 3 循环时,队空,遍历结束。

8. 创建二叉树 void CreateBiTree(BTNode * &bt)

二叉树中的结点除根之外必须有唯一双亲,创建二叉树的结点,必须先创建其双亲结点(根除外)。所以,创建二叉树按先序遍历进行。操作步骤如下。

Step 1 输入数据元素值 *e*。

Step 2 如果值为空,根指针为空。

Step 3 如果值非空,创建一个结点 s,执行下列操作:

3.1 给 s 的值域赋值,即 s->data=e。

3.2 递归创建 s 的左子树。

3.3 递归创建 s 的右子树。

9. 销毁二叉树 void DestroyBiTree(BTNode * &bt)

二叉树的结点被销毁前应该先销毁其孩子结点,所以销毁二叉树按后序遍历进行。从根结点开始,操作步骤如下。

p 指向树根,如果 p 非空。

Step 1 递归销毁 p 的左子树。

Step 2 递归销毁 p 的右子树。

Step 3 销毁 p 结点。

10. 结点查询 BTNode * Search(BTNode * bt, DT e)

如果遍历中对元素的访问操作为结点元素值与查找值的比较,就可以实现结点的查询。先序、中序、后序或层序遍历均可以。以先序遍历为例,操作步骤如下。

Step 1 根结点 bt 空,返回空指针,表示未找到。

Step 2 如果 bt->data 等于查找值,返回 bt 值,表示结点所在位置。

Step 3 如果 bt->data 不等于查找值,到 bt 的左子树上递归查找:

3.1 若找到,返回结点位置。

3.2 若未找到,到 bt 右子树上递归查找,若找到,返回结点位置。

11. 计算二叉树深度 int Depth(BTNode * bt)

二叉树的深度为左、右子树深度的较大者加 1,其递归定义如下。

$$\text{depth(BTNode * bt)}=\begin{cases}0 & \text{bt=NULL}\\ \text{Max\{depth(bt->lchild),depth(bt->rvhild)\}}+1 & \text{其他}\end{cases}$$

因为要计算完左、右子树的高度,才能计算树的高度,所以,基于后序遍历思想求树的深度。操作步骤如下。

Step 1 空树,返回 0。

Step 2 非空树,进行下列操作:

2.1 递归求左子树深度 hl。

2.2 递归求右子树深度 hr。

2.3　树深为 max(hl,hr)+1。

12. 结点计数　int NodeCount(BTNode * bt)

二叉树由根、左子树和右子树构成,所以从递归角度看,二叉树的结点个数等于左子树结点个数+右子树结点个数+1(根结点)。结点计数的递归定义如下:

$$\begin{cases} 0 & bt=NULL \\ NodeCount(bt\text{->}lchild)+NodeCount(bt\text{->}rchild)+1 & 其他 \end{cases}$$

基于先序遍历的结点计数操作步骤如下。

Step 1　空树,返回 0。

Step 2　非空树,进行下列操作:

2.1　递归求左子树结点数。

2.2　递归求右子树结点数。

2.3　返回左、右子树结点数的和+1。

5.3　线索二叉树

利用二叉链表的空指针存储遍历序列的前驱或后继信息的二叉树,称为**线索二叉树**,被存储的前驱和后继信息,称为**线索**。

5.3.1　线索二叉树的存储定义

在线索二叉树中,用无左孩子结点的左孩子指针指向遍历的前驱结点,形成前驱线索;用无右孩子结点的右孩子指针指向遍历的后继结点,形成后继线索。为了区分左或右孩子指针是指向孩子结点还是遍历的前驱或后继,在线索二叉树的存储中另设了两个标志域来区分孩子信息和线索信息。线索二叉树存储定义如下:

```
template <class DT>
struct BiThrNode
{
  DT data;         //数据域
  int lflag;       //lfag=0,lchild 指向左孩子结点;lflag=1,lchild 指向遍历的前驱结点
  int rflag;       //rfag=0,rchild 指向右孩子结点;rflag=1,rchild 指向遍历的后继结点
  BiThrNode * lchild;        //左指针域
  BiThrNode * rchild;        //右指针域
};
```

中序线索二叉树存储示意图如图 1.5.2 所示。

5.3.2　线索二叉树操作实现原理

1. 线索化

给二叉树设置线索的过程称为**线索化二叉树**。进行二叉树的线索化时,设置指针 p 指向当前遍历结点,pre 为 p 的前驱,线索化的主要工作如下。

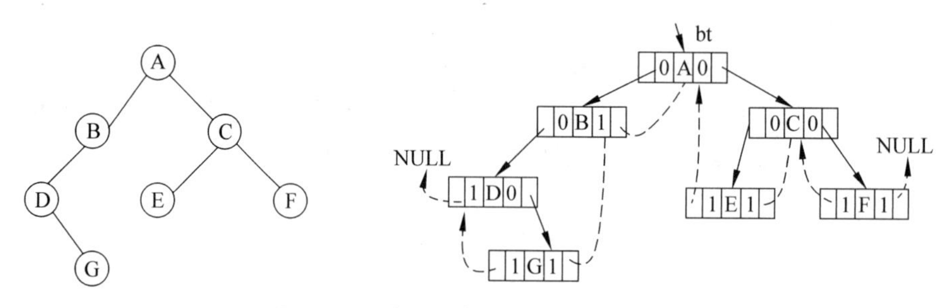

图 1.5.2 中序线索二叉树存储示意图

(1) 如果 p 没有左孩子,设置前驱线索标志(p->lflag=1),并把 p->lchild 指向 p 的前驱 pre;

(2) 如果 pre 没有右孩子,设置后继线索标志(p->rflag=1),并把 pre->rchild 指向 pre 的后继 p。

以中序遍历线索化二叉树为例,操作步骤如下。

Step 1 p 指向树根,pre=NULL。

Step 2 结点 p 非空,进行下列操作:

2.1 递归线索化 p 的左子树。

2.2 通过下列操作进行线索化:

2.2.1 如果 p 无左孩子,p->lflag =1; pre->lchild=pre。

2.2.2 如果 pre 无右孩子,pre->rflag=1,pre=p。

2.3 递归线索化 p 的右子树。

2. 先序遍历先序线索二叉树

先序线索二叉树上的后继线索给先序线索二叉树的先序遍历带来方便,整个过程不需要回溯。对于任一结点 p:

(1) 如果 p->rflag==1,p 的后继为线索所指结点(p->rchild);

(2) 否则,如果 p 有左孩子(即 p->lflag==0),p 的后继为 p 的左孩子(p->lchild);如果 p 无左孩子,有右孩子(即 p->rflag==0),p 的后继为 p 的右孩子(p->rchild)。

归纳起来,先序遍历先序线索二叉树的操作步骤如下。

Step 1 p 指向树根。

Step 2 p 非空,重复下列操作:

2.1 访问 p 结点。

2.2 如果 p->lflag==0,p=p->lchild;否则,p=p->rchild。

3. 中序遍历中序线索二叉树

中序线索二叉树上的后继线索给中序线索二叉树的中序遍历带来方便,整个过程不需要回溯。对于任一结点 p:

(1) 如果 p->rflag==1,则 p 的后继为后继线索所指结点(p->rchild);

(2) 否则(即 p 有右孩子),p 的后继为其右子树上中序遍历的第一点(即右子树上最左下的点)。

据此，中序遍历中序线索二叉树的操作步骤如下。

Step 1　p 指向树根。

Step 2　p 非空，重复下列操作：

2.1　只要 p->lflag==0，p=p->lchild。

2.2　访问 p 结点。

2.3　只要 p->rflag==1 且 p->rchild 非空，重复下列操作：

2.3.1　p=p->rchild。

2.3.2　访问 p 结点。

2.4　p=p->rchild。

5.4　最优二叉树

5.4.1　最优二叉树的存储定义和特性

最优二叉树指 n 个叶结点的二叉树中树的带权路径最小的二叉树。哈夫曼给出了最优二叉树的构造方法，最优二叉树也称为**哈夫曼树**。n 个叶结点的最优二叉树具有 $2n-1$ 个结点，可知的结点个数及构造的需要，最优二叉树采用顺序存储，存储结构定义如下：

```
struct HTNode                //结点结构
{
    int weight;              //权值域
    int parent;              //双亲结点在数组中的下标
    int lchild;              //左孩子结点在数组中的下标
    int rchild;              //右孩子结点在数组中的下标
};
```

最优二叉树具有以下特性：

(1) n 个叶结点的最优二叉树共有 $2n-1$ 个结点。

(2) 最优二叉树中没有度为 1 的结点。

5.4.2　最优二叉树的构建

构建最优二叉树的步骤如下。

Step 1　初始化。

1.1　所有结点的 parent、lchild、rchild 为 −1。

1.2　前 n 个结点的权值为叶结点权值，其余结点权值为 0。

Step 2　重复下列操作，求 $n-1$ 个中间结点。

2.1　从双亲为 −1 的前 k 个结点中，选择权值最小的两个结点，设下标为 $i1$，$i2$。

2.2　设生成的中间点序号为 k，则第 k 个结点的权值为第 $i1$，$i2$ 个结点权值的和。

2.3 下标 $i1$,$i2$ 分别为第 k 个结点的左、右孩子。

2.4 k 为第 $i1$,$i2$ 结点的双亲。

5.4.3 哈夫曼编码的构建

由最优二叉树生成的前缀编码为哈夫曼编码。每一个字符的编码如果用一个二进制串表示,可以设一个字符数组指针 char * HC[n],指向各编码字符串。

求解思路是依次以叶结点为出发点,向上回溯至根结点为止。回溯时走左分支则生成代码 0,走右分支则生成代码 1。按此方法求得的是低位到高位的各位编码。

因为各字符编码长度不一样,不适合预申请存储空间,计算中用一字符数组 char cd[n]暂存计算结果;设指针 start 初始指向表尾,最先求得编码存在最低位,即 cd[--start]中;当一个回溯结束时,将 start 开始的编码串复制到 HC[]中。

在哈夫曼树上求哈夫曼编码的操作步骤如下。

Step 1 初始化。

1.1 创建工作数组,即 cd=new char[n]。

1.2 添加字符串结束符,即 cd[n-1]='\0'。

Step 2 求每个叶结点的哈夫曼编码。

2.1 start 指向编码结束位置。

2.2 由第 i 个叶结点向上回溯,直到树根:

2.2.1 结点是双亲的左孩子,即 cd[--start]='0'。

2.2.2 结点是双亲的右孩子,即 cd[--start]='1'。

2.2.3 继续向上回溯。

2.3 为第 i 个字符编码分配空间,即 HC[i]=new char[n-start]。

2.4 把求得的编码复制到 HC[i],即 strcpy(HC[i],&cd[start])。

Step 3 释放工作数组空间,即 delete cd。

第6章 图

CHAPTER

图是另一种非线性结构，图中的数据元素之间存在多对多的关系，图能表示的数据对象范围最广。图可抽象表示为一个二元组，即 $G=\{V,E\}$，其中 V 是图的顶点集合，V 是图的边集合。

6.1 邻接矩阵存储

6.1.1 邻接矩阵存储定义与特性

图的邻接矩阵存储定义如下：

```
template<class DT>
struct MGraph                                    //邻接矩阵存储类型名
{
    DT vexs [MAX_VEXNUM];                        //顶点表,存储顶点信息
    int arcs [MAX_VEXNUM][MAX_VEXNUM];           //邻接矩阵,存储边信息
    int vexnum;                                  //顶点数
    int arcnum;                                  //边数
};
```

其中，图的邻接矩阵是一个 $n\times n$ 的方阵，图和网的邻接矩阵 arcs[][]的定义有所区别。图的邻接矩阵定义为

$$\text{arc}[i][j]=\begin{cases}1 & (v_i,v_j)\text{ 或 }<v_i,v_j>\in E\\0 & \text{其他}\end{cases}$$

网的邻接矩阵定义为

$$\text{arc}[i][j]=\begin{cases}w_{ij} & (v_i,v_j)\text{ 或 }<v_i,v_j>\in E\\\infty & \text{其他}\end{cases}$$

其中，w_{ij} 表示边 (v_i,v_j) 或弧 $<v_i,v_j>$ 上的权值；∞ 是一个计算机允许的、大于所有边上权值的数，表示 (v_i,v_j) 或 $<v_i,v_j>$ 之间无边或弧。

图的邻接矩阵存储示意图如图 1.6.1 所示。

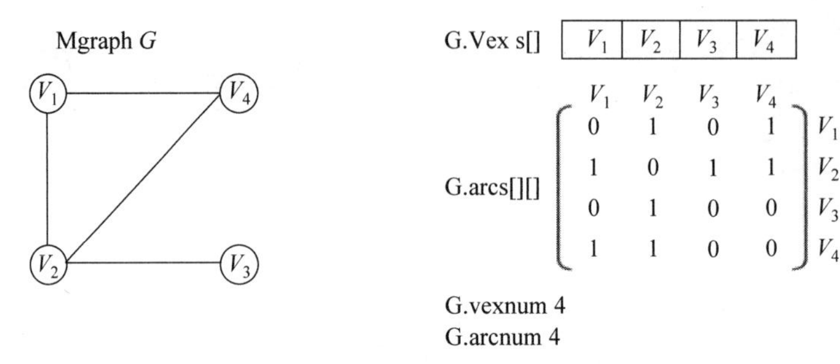

图 1.6.1　图的邻接矩阵存储示意图

邻接矩阵具有以下特性。

(1) 顶点数为 n 的图或网的邻接矩阵的规模为 $n \times n$ 的方阵,与边数无关。

(2) 无向图/网的邻接矩阵一定是对称阵,有向图/网的邻接矩阵不一定是对称阵。

(3) 对于无向图/网,邻接矩阵第 i 行或第 i 列非零元素或非∞元素的个数等于顶点 i 的度。

(4) 对于有向图/网,邻接矩阵第 i 行非零元素或非∞元素的个数等于顶点 i 的出度。邻接矩阵第 i 列非零元素或非∞元素的个数等于顶点 i 的入度。

6.1.2　邻接矩阵操作实现原理

1. 查询顶点位序　int LocateVex(MGraph G, DT v)

顶点位序指顶点在存储中的位序,顶点信息存储在 G.vexs[]中,查询顶点位序的操作步骤如下。

Step 1　遍历 G.vexs[],对每个顶点执行下列操作:

1.1　如果 G.vexs[i]==v,则找到,返回其在 G.vexs[]的下标 i,结束查找。

1.2　否则,继续查找。

Step 2　如果遍历中没有发现值相等的元素,返回−1,表示查找顶点不存在。

2. 创建图　void CreateUDN (MGraph &G)(无向图)

图的邻接矩阵存储需存储顶点信息、边信息、顶点数和边数。以无向图为例,创建图的操作步骤如下。

Step 1　存储顶点数和边数。

Step 2　存储顶点信息,即给数组 G.vexs[]赋值。

Step 3　存储边信息,即构建邻接矩阵,有 n 条边,重复下列操作 n 次:

3.1　以 0 值初始化邻接矩阵所有元素。

3.2　创建下列操作,创建各条边信息。

3.2.1　输入边的两个顶点。

3.2.2　查询顶点位序 i,j。

3.2.3　若是图的顶点,邻接矩阵相关元素赋值,即 G.arcs[i][j]=1、G.arcs[j][i]=1。

3. 顶点 v 的第一个邻接点　int FirstAdjvex(MGraph G,DT v)

顶点 v 的第一个邻接点指 v 的邻接点中序号最小的那个。以无向图为例,操作步骤如下。

Step 1　如果 v 是顶点值，查找顶点 v 的位序。

1.1　若不存在，返回 −1，表示无邻接点，结束查找。

1.2　若存在，设为 k。

Step 2　扫描邻接矩阵的第 k 行或第 k 列。

2.1　若该行或该列无非零项元素，返回 −1，表示无邻接点。

2.2　否则，返回第一个非零项元素的列号 j 或行号 i。

6.2　图的邻接表存储

6.2.1　邻接表存储定义与特性

图/网的邻接表存储定义如下：

```
struct ALGraph
{
    VNode vertices[MAX_VEXNUM];          //邻接表
    int vexnum;                          //顶点数
    int arcnum;                          //边数
}
```

其中，邻接表由顶点信息和边表组成，表结点 VNode 定义如下：

```
struct VNode                             //顶点表结点
{
    DT data;                             //顶点信息
    ArcNode * firstarc;                  //指向链表第一个结点
}
```

边表是由边结点组成的链表，边结点 ArcNode 定义如下：

```
struct ArcNode                           //无权图边结点
{
    int adjvex;                          //邻接点位序
    ArcNode * nextarc;                   //指向邻接的下一条边结点
}
```

图的邻接表存储示意图如图 1.6.2 所示。

无向图的邻接表具有如下性质。

(1) 第 i 个链表中的结点数为顶点 i 的度。

(2) 边结点总数的一半等于图的边数。

(3) 所需的存储单位为 $n+2e$。

有向图的邻接表具有如下性质。

(1) 第 i 个链表中的结点数为顶点 i 的出度。

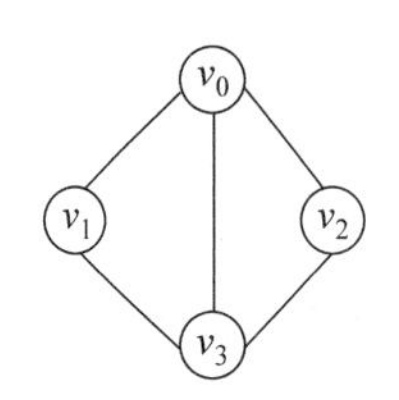

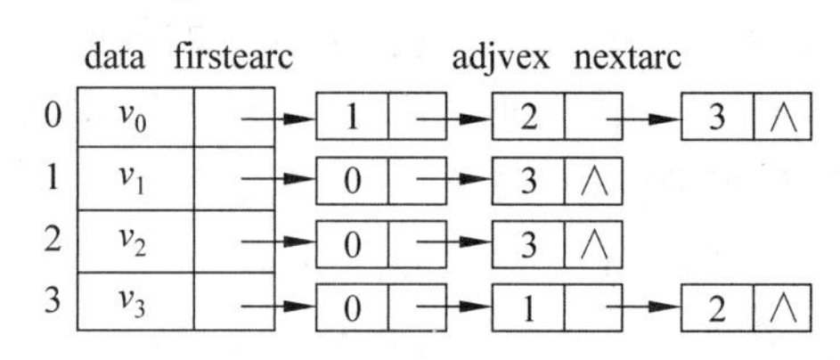

图 1.6.2 图的邻接表存储示意图

（2）边结点总数等于图的弧数。

（3）所需的存储单位为 $n+e$。

6.2.2 邻接表操作实现原理

1. 查询顶点位序 int LocateVex(ALGraph G,DT v)

顶点位序是指顶点在存储中的位序。顶点信息存储在 G.vertices[]中，所以，查询顶点位序的操作步骤如下。

Step 1 遍历 G.vertices[]，依次对每个顶点进行下列操作：

如果 G.vertices[i].data 等于查找值，则找到，返回其在 G.vertices[]的下标 i，结束查找。

Step 2 遍历完，没有发现相等的值，返回－1，表示所查顶点不存在。

2. 创建无向图 void CreateUDG(ALGraph &G)

图的邻接表存储，需建立邻接表、存储顶点数和边数。操作步骤如下。

Step 1 存储顶点数、边数。

Step 2 构造表头，存储顶点信息。

2.1 输入顶点值，即给 G. vertices[i].data 赋值。

2.2 初始化表头指针域为空，即给 G. vertices[i].firstarc＝NULL。

Step 3 构造边结点，有 n 条边，重复下列操作 n 次：

3.1 输入边的两个顶点 v 和 w。

3.2 确定 v,w 的位序 i 和 j，若顶点存在，进行下列操作：

3.2.1 为边(v,w)创建边结点。

3.2.1.1 新建边结点 $p1$。

3.2.1.2 给 $p1$ 的 adjvex 赋值，即 p1->adjvex＝j。

3.2.1.3 $p1$ 插入 v_i 边表头部。

3.2.2 为边(w,v)创建边结点。

3.2.2.1 新建边结点 $p2$。

3.2.2.2 给 $p2$ 的 adjvex 赋值，即 p2->adjvex＝i。

3.2.2.3 $p2$ 插入 v_j 边表头部。

6.3　图的遍历及其应用

图的遍历是指从图中某一顶点出发，对图中所有顶点访问一次且仅访问一次。

6.3.1　深度优先遍历

深度优先遍历的策略为优先选取最后一个被访问顶点的邻接点。

1. 连通图的深度优先遍历(DFS)

对于连通图，在图中任选一个顶点 v 作为遍历的初始点进行深度优先遍历，能遍历到所有顶点。设置一个数组 visited 来标志顶点是否被访问过，深度优先遍历的操作步骤如下。

Step 1　访问顶点 v，将其访问标志设置成 true，表示访问过。

Step 2　从 v 的未被访问的邻接点中选取一个顶点 w，从 w 出发进行深度优先遍历。

Step 3　如果 v 的邻接点均被访问过，则回退到前一个访问顶点。以此类推，直至找到未被访问的邻接点

重复 Step1～Step3，使图中连通的点均被访问到。

2. 非连通图的深度优先遍历

对于非连通图，需要考量图中的每个顶点，只要有未被访问过的顶点，就需从该顶点出发，调用 DFS 算法，最终完成对图中所有顶点的访问。

6.3.2　广度优先遍历

广度优先遍历的策略为越早被访问到的顶点，其邻接点越优先被访问。

1. 连通图的广度优先遍历(BFS)

对于连通图在图中任选一个顶点 v 作为遍历的初始点，均可以遍历完所有顶点。设置一个数组 visited 来标志顶点是否被访问过，广度优先遍历的操作步骤如下。

Step 1　创建一个队。

Step 2　处理顶点 v。

　2.1　访问顶点 v。

　2.2　做访问标志。

　2.3　顶点入队。

Step 3　只要队不空，重复下列操作。

　3.1　出队。

　3.2　对每一个未被访问的出队顶点的邻接点，重复下列操作：

　　3.2.1　访问该顶点。

　　3.2.2　做访问标志。

　　3.2.3　入队。

2. 非连通图的广度优先遍历

对于非连通图，需要考量图中的每个顶点，只要还有未被访问的顶点，就需从该顶点出发，再次调用 BFS 算法，最终完成对图中所有顶点的访问。

6.3.3 连通性问题

1. 顶点的连通性

通过遍历可以判断顶点 v_i、v_j 之间是否连通。以 v_i 或 v_j 任一点为起点进行遍历。遍历完检查另一个点的访问标志，如果已被访问，表明 v_i 与 v_j 之间连通；否则，v_i 与 v_j 之间不连通。操作步骤如下。

Step 1 初始化访问标记为各顶点均未被访问。

Step 2 从第 i 个顶点开始，进行深度或广度优先遍历。

Step 3 遍历结束后检查第 j 个顶点的访问标记：

3.1 如果顶点 j 的标记为 0，返回 false，表示 v_i 和 v_j 不连通。

3.2 如果顶点 j 的标记为 1，返回 true，表示 v_i 和 v_j 连通。

2. 图的连通性

一次深度或广度优先遍历能够遍历到所有顶点，表明图是连通的。判断图的连通性的操作步骤如下。

Step 1 初始化访问标记为各顶点均未被访问。

Step 2 从第 1 个顶点开始进行深度或广度优先遍历。

Step 3 遍历结束后检查所有顶点的访问标志。

3.1 如果有未被访问到的顶点，返回 false，表示图不连通。

3.2 如果所有顶点均被访问到，返回 true，表示图连通。

3. 连通分量

一次遍历可以遍历完一个连通分量上的所有顶点。所以，调用连通图遍历算法的次数即为连通分量个数。将遍历中的访问改为输出顶点，即可得到遍历序列。求连通分量个数及连通分量顶点的操作步骤如下。

Step 1 初始化。

1.1 连通分量个数初始化为 0。

1.2 初始化访问标记为各顶点均未被访问。

Step 2 对每个顶点，重复下列操作：

2.1 检查访问标志。

2.2 若未被访问，连通分量个数增 1，深度优先或广度优先遍历输出顶点。

6.3.4 求最远顶点

图 G 中离 v 最远的点是到其路径最长的顶点。从 v 开始进行广度优先遍历，最后被访问的顶点为距离 v 最远的顶点。操作骤如下。

Step 1 初始化。

1.1 创建一个空队列。

1.2 设置所有顶点的访问标志为未被访问。

Step 2 从顶点 v 开始进行广度优先遍历。

Step 3 返回最后被遍历的顶点，该顶点为距离 v 最远的顶点之一。

6.4　图的应用

6.4.1　求最小生成树

在一个连通网的所有生成树中，各边代价之和最小的树称为连通网的最小代价生成树，简称为最小生成树。

1. Prim 算法

设网的顶点集合为 V，任选网中一个顶点 v_0 作为 U 的初态，剩余的顶点作为 V-U 的初态，将 U 中顶点到 V-U 中的顶点构成的边中权值最小的边，加入 TE 中，并把边中属于 V-U 的邻接点，从 V-U 移到 U 中。重复上述选边操作 $n-1$ 次，直至 $U=V$。

普里姆(Prim)算法的实现采用了图的邻接矩阵存储方式，另设一个工作变量 closeEdge[]，存储 U(已求顶点)到 V-U(未求顶点)的最短距离。closeEdge[]定义如下：

```
struct
{
    int adjvex;              //U 集中的顶点序号
    WT lowcost;              //(V,V-U)中最小边权值
} closeEdge[MAX_VERTEX_NUM];
```

closeEdge[]的下标映射一个目标点。例如 closeEdge[2]={0,10}，表示顶点 0 到顶点 2 的最短距离为 10。计算中通过将 closeEdge[k].lowcost 设为 0，表示已求顶点，使其不参加求最短距离的计算。从顶点 0 开始的求解步骤如下。

Step 1　初始化辅助数组 closeEdge，其中记载顶点 0 到其余顶点的距离。

Step 2　重复 $n-1$ 次，求得生成树的 $n-1$ 条边。

2.1　求 closeEdge[]中最短距离的邻接点 k。注意距离为 0 的值不参与运算。

2.2　输出或存储权值最小边的顶点和权值。

2.3　将顶点 k 标识为已计算顶点，即 closeEdge[k].lowcost=0。

2.4　更新数组 closeEdge[]，如果 G.arcs[k][j]<closeEdge[j].lowcost，修改候选最短边 closeEdge[j]。

2. Kruskal 算法

克鲁斯卡尔(Kruskal)算法求最小生成树是按照网中边的权值递增的顺序依次求构造最小生成树的各边。操作步骤如下。

Step 1　边排序。

Step 2　连通分量标志初始化，顶点各自为一个连通分量。

Step 3　按边值由小到大选边，操作如下。

3.1　获取边的起点、终点所在连通分量。

3.2　如果不属于同一个连通分量，选取此边。

3.3　合并两个连通分量。

3.4　边数增 1。如果边数等于顶点数−1，结束选边操作。

Step 4 如果退出循环时边数小于顶点数－1,返回 false,表示是非连通图,无最小生成树;否则,返回 true,表示求解成功。

6.4.2 单源点最短距离

单源点最短路径问题是求图中某个顶点 v_s(源点)到其余各顶点最短路径的问题。迪杰斯特拉(Dijkstra)求解该问题的思路是按路径长度递增次序,逐步求得各条最短路径。

Dijkstra 算法实现中,图采用邻接矩阵存储方式,另设置 3 个辅助工作变量。

(1) **一维数组 *s*[G.vexnum]**用于标识已求最短距离的顶点,即 $s[v]$为 true 表示 $v_s \to v$ 的最短路距离已求。

(2) **一维数组 *D*[G.vexnum]**记载源点 v_s 到其他各顶点的距离,用下标影射目标点,即 $D[v]$表示源点 $v_s \to v$ 的距离。

(3) **一维数组 *P*[G.vexnum]**记载源点 v_s 到其余各点最短距离的路径信息。如果 $P[v]=w$,表示源点 v_s 到 v 的最短路径上 v 的前驱是 w,即有 $v_s \to \cdots w \to v$。

Dijkstra 算法求解源点 v_s 至其余各顶点最短距离的操作步骤如下。

Step 1 初始化。

1.1 初始化 $S[]$,除源点外其余顶点均为 false。

1.2 初始化 $D[]$,取源点 v_s 在邻接矩阵所在行。

1.3 初始化 $P[]$,如果源点 v_s 到顶点 v_i 有直达路径,则 path[i]为源点 v_s 的序号,否则,记为－1。

Step 2 重复下列操作,求源点到其余 $n-1$ 个顶点的最短距离。

2.1 求 v_s 到尚未求取的顶点的最短距离 $v_s \to v$。

2.2 标识 $S[v]$为 true,表示源点到 v 的最短距离已求。

2.3 如果 $D[v]+(v,w)<D[w]$,更新最短距离 $D[w]$。

2.4 如果 $D[w]$被更新,设置 $P[v]=w$。

6.4.3 任意两点的最短距离

求解图中任意两点之间的最短距离和路径,弗洛伊德(Floyd)给出的解决思路是,如果$<v_i,v_j>$是网的一条弧,则从 v_i 到 v_j 存在着一条长度为 G.arcs[i][j]路径,但不一定是最短路径,尚需依次以各顶点为跳转点,进行 n(n=G.vexnum)次测试,求得各顶点间的最短路径。

求解中,图采用邻接矩阵存储,另设置两个辅助工作变量。

(1) 距离矩阵 *D*。用系列矩阵 $\boldsymbol{D}^{-1},\boldsymbol{D}^{0},\boldsymbol{D}^{1},\cdots,\boldsymbol{D}^{n-1}$记录分别以 $v_0,v_1,\cdots,v_{n-1}$为跳转点时,图中任意两个顶点之间的最短距离。

(2) 路径矩阵 *P*。用二维矩阵 $\boldsymbol{P}[n][n]$记载最短距离路径信息,$\boldsymbol{P}[u][v]=w$,表示 u 到 v 的最短路径上 v 的前驱是 w,即 $u \to \cdots \to w \to v$。

Floyd 算法的求解步骤如下。

Step 1 初始化。

1.1 初始化 $\boldsymbol{D}[][]$,初态 $\boldsymbol{D}^{-1}$等于图的邻接矩阵 G.arcs[][]。

1.2　初始化 **P**[][]，初态时，如果 G.arcs[v][w]不为∞，必有 **P**[v][w]=v。

Step 2　以 k(k=0～n-1) 为中间点对所有顶点对<i,j>进行检测，重复下列操作：

2.1　如果 **D**[i][j]>**D**[i][k]+**D**[k][j]，将 **D**[i][j]改成 **D**[i][k]+**D**[k][j]。

2.2　修改 v_i 到 v_j 的路径上 v_j 的前驱为 k，即 **P**[i][j]=**P**[k][j]。

6.4.4　AOE 网的拓扑排序

构造拓扑序列的过程称为**拓扑排序**。**拓扑序列**指按照有向图边的方向给出的活动次序关系，将网中所有顶点排成的一个线性序列。

求解拓扑排序，采用图邻接表存储。求解过程中需设两个工作变量：一个数组 indegree[]用于存储各顶点的入度；一个堆栈，用于存储入度为 0 的顶点。求解步骤如下。

Step 1　计算各顶点的入度。

Step 2　将入度为 0 的顶点入栈。

Step 3　栈非空，重复下列操作。

3.1　出栈，输出该顶点。

3.2　扫描该顶点的边表，对边表上的每个结点，进行下列操作：

3.2.1　把边表上每一个边结点的邻接点的入度减 1。

3.2.2　如果减 1 后入度为 0，入栈。

Step 4　如果输出了全部顶点，返回 true，所得顶点序列为拓扑序列。

Step 5　如果输出的顶点数小于图的顶点数，返回 false，表示此图有环，不存在拓扑序列。

6.4.5　AOE 网的关键活动

AOE 网通常用于表示一个工程的活动和事件。AOE 网的源点到汇点的最长路径称为**关键路径**，关键路径的长度称为工程的**最短工期**，关键路径上的活动称为**关键活动**。关键活动的最早发生时间与最晚发生时间一样，据此可以找到 AOE 网中的关键活动；通过关键活动可求得关键路径和工期。

活动的最早发生时间等于其顶点事件的最早发生时间；活动的最晚发生时间等于其末端事件的最晚发生时间－活动所需时间。所以，求关键活动需进行以下 4 个计算工作并需设置相应的 4 个数组。

(1) 事件 v_i 的最早发生时间 ve(i)。

(2) 事件 v_i 的最迟发生时间 vl(i)。

(3) 活动 a_k 的最早开始时间 ae(k)。

(4) 活动 a_k 的最晚开始时间 al(k)。

图的存储采用邻接表存储。求解步骤如下。

Step 1　求拓扑序列，如果有环，无解，算法结束。

Step 2　初始化各事件的最早发生时间为 0。

Step 3 按拓扑序列计算各事件的最早发生时间,操作方法如下。

3.1 获取拓扑序列第 i 个顶点序号 k。

3.2 遍历第 k 个结点的边表中各结点的邻接点 j。

3.3 计算顶点 j 的最早发生时间 $ve[j]=Max\{ve[k]+dut(<v_k,v_j>)\}$。

Step 4 将各事件的最迟发生时间初始化为汇点的最早发生时间。

Step 5 根据拓扑逆序列,计算事件最迟发生时间,操作方法如下。

5.1 获取逆拓扑序列第 i 个顶点序号 k。

5.2 遍历第 k 个结点的边表中各结点的邻接点 j。

5.3 计算顶点 k 的最晚发生时间 $vl[k]=Min\{vl[j]-dut(<v_k,v_j>)\}$。

Step 6 计算活动 $<v_i,v_j>$ 的最早开始时间 $ae=ve[i]$。

Step 7 计算活动 $<v_i,v_j>$ 的最晚开始时间 $al=vl[j]-dut(<v_i,v_j>)$。

Step 8 如果最早开始和最晚开始时间相等,为关键活动。

第 7 章 查 找

CHAPTER

查找指在查找表中查找满足查找条件的记录。

7.1 线性表查找

为了简化表述且突出问题本质，设查找表为 int R[1..n]，元素位序从 1 开始，表长为 n。

1. 顺序查找　int Search_sqa(int R[],int n,int key)

线性表的顺序查找指通过遍历依次把元素值与查找值进行比较，查找满足条件的记录。设有监视哨的顺序查找操作步骤如下。

Step 1　将查找值 key 送入 0 单元，形成监视哨。

Step 2　从表尾向表头方向遍历查找表，对每个元素进行下列操作：

　2.1　如果 $R[i]$==key，返回元素位序 i，结束查找。

　2.2　否则，继续查找。

返回为 0，表示未找到；返回值非 0，表示找到。

2. 折半查找　int Search_bin(int R[],int n,int key)

折半查找是在有序顺序表上查找效率最高的查找方法。查找方法为从中位值开始比较；若中位元素值与查找值相等，则查找成功，返回元素位序；若中位元素值大于查找值，则到左半区间继续查找；若中位元素值小于查找值，则到右半区间继续查找。查找区间为 0 时，则查找失败。设查找值为 key，操作步骤如下。

Step 1　low、high 分别存放查找区间的最小和最大位序。

Step 2　当 low≤high 时，重复下列操作：

　2.1　计算中间位置 mid=(low+high)/2。

　2.2　如果 R[mid]>key，到左半区间继续查找，即 high=mid−1。

　2.3　如果 R[mid]<key，到右半区间继续查找，即 low=mid+1。

　2.4　如果 key==R[mid]，结束查找，返回 mid。

Step 3　查找失败，返回 0，表示未找到，即查找表中无此元素。

7.2 串的模式匹配

在串 S 中找串 T 的过程称为**模式匹配**。其中，S 称为**主串**，T 称为**模式串**。如果找到，称为匹配成功；否则称为匹配失败。

1. BF 算法 int IndexBF(char s[],char t[],int pos)

BF 模式匹配算法的思想是将目标串 S 的第一个字符与模式串 T 的第一个字符进行匹配，若相等，则继续比较 S 的第二个字符和 T 的第二个字符；若不相等，则比较 S 的第二个字符和 T 的第一个字符；按此方法比较下去，若 T 中的所有字符被比较完，说明匹配成功，返回此时 T 的第一个字符在 S 中的位置；否则匹配失败，返回 0。设字符序号从 1 开始，操作步骤如下。

Step 1 设置主串和模式串比较的起始下标 i 和 $j(j=1)$。

Step 2 求主串长 n，求模式串长 m。

Step 3 当(i<=n-m+1 and j<=m)时，重复下列操作：

3.1 如果 S[i]==T[j]，i++，j++。

3.2 如果 S[i]≠T[j]，i，j 分别回溯，即 $i=i-j+2$；$j=1$。

Step 4 进行下列操作判断匹配结果：

4.1 如果 $j>m$，匹配成功，返回 $i-m$。

4.2 否则，匹配失败，返回 0。

2. KMP 算法 int IndexKMP(char s[],char t[],int next[],int pos)

KMP 算法是对 BF 算法的改进，改进之处在于匹配过程中主串不回溯，模式串的回溯位置由其模式串自身特征决定。记 next[j]为不匹配发生在模式串的第 j 个字符时的回溯位置，next[j]由下式决定：

$$\text{next}[j]=\begin{cases}0 & j=1\\ \text{Max}\{k \mid 1<k<j \text{ 且有 } t_1t_2\cdots t_{k-1}=t_{j-k+1}t_{j-k+2}\cdots t_{j-1}\} & \text{集合非空}\\ 1 & \text{其他情况}\end{cases}$$

KMP 算法的操作步骤如下。

Step 1 设置主串和模式串比较的起始下标 i 和 $j(j=1)$。

Step 2 求主串长 n 和模式串长 m。

Step 3 当(i<=n-m+1 and j<=m)时，重复下列操作：

3.1 如果 S[i]==T[j]，i++，j++。

3.2 如果 S[i]≠T[j] 且 j==1，i++，j++。

3.3 如果 S[i]≠T[j] 且 $j>1$，i 不动，j=next[j]。

Step 4 进行下列操作判断匹配结果：

4.1 如果 $j>m$，匹配成功，返回 $i-m$。

4.2 否则，匹配失败，返回 0。

7.3　二叉排序树

7.3.1　二叉排序树存储定义与特性

二叉排序树(又称为二叉查找树)或者是一棵空树;或者是具有下列性质的二叉树。

(1) 若左子树不空,则左子树上所有结点的值均小于根结点的值。

(2) 若右子树不空,则右子树上所有结点的值均大于根结点的值。

(3) 左右子树均为二叉排序树。

二叉排序树上的查找过程与折半查找类似。

二叉排序树采用二叉链表存储方式。

7.3.2　二叉排序树操作实现原理

1. 二叉排序树查找　BTNode * SearchBST(BTNode * bt,DT key)

设待查找的值为 key,二叉排序树上查找的递归操作步骤如下。

Step 1　如果二叉排序树是一棵空树,则查找失败,返回空指针,表示未找到。

Step 2　对于非空树,将 key 和二叉排序树的根结点值作比较,并进行下列操作:

　2.1　若相等则查找成功,返回根结点位置,查找结束。

　2.2　若 key 小于根结点的值,递归到左子树上查找。

　2.3　若 key 大于根结点的值,递归到右子树上查找。

2. 二叉排序树结点插入　bool InsertBST(BTNode *(&bt),DT e)

二叉排序树结点插入需首先查找插入点。若二叉排序树是一棵空树,新插入结点为根结点;否则将插入元素和二叉排序树的根结点值作比较,若相等,不能插入;若比根结点值小,则插在其左子树上;若比根结点值大,则插在其右子树上。新插入的结点,一定是叶结点。

设二叉排序树为 bt,插入元素 e 的递归操作步骤如下。

Step 1　空树,执行下列操作。

　1.1　创建结点 p。

　1.2　给 p->data 赋值 e。

　1.3　将结点的左右指针域赋空值。

　1.4　bt 指向该结点。

Step 2　非空树,执行下列操作。

　2.1　e<根结点值,递归插到左子树上。

　2.2　e>根结点值,递归插到右子树上。

　2.3　e==根结点值,不能插入。

3. 二叉排序树的创建

二叉排序树的创建是依次将数据元素插入二叉排序树中。

4. 二叉排序树结点删除　bool Delete(BTNode<DT> *(&p))

二叉排序树结点 p 的删除,分以下几种情况。

(1) p 为叶结点，直接删除。

(2) 结点 p 只有右子树 p_R 或只有左子树 p_L，只需将 p_R 或 p_L 替换结点 p。

(3) 结点 p 既有左子树 p_L 又有右子树 p_R，用其中序遍历的前驱或后继替换它。

具体操作步骤如下。

Step 1 被删除的结点 p 只有左子树(包含叶结点)，将该结点的左孩子替代该结点。

Step 2 被删除的结点 p 只有右子树，将该结点的右孩子替代该结点。

Step 3 被删结点 p 左右孩子均有，用中序遍历的前驱代替删除结点，执行下列操作：

3.1 定位 s 指向删除结点的中序遍历前驱，即 p 的左子树的极右结点；指针 q 为 s 的双亲。

3.2 互换 p 与 s 的值，即 p->data⟷s->data。

3.3 如果 p 不是 s 的双亲，把 q 的右孩子指针指向 s 的左孩子。

3.4 否则，把 q 的左孩子指针指向 s 的左孩子。

3.5 删除 s 结点。

删除前需按二叉排序树的查找方法，查找被删除结点，操作方法如下。

Step 1 树空，不能删除。

Step 2 树非空，进行下列操作：

2.1 根结点值等于删除元素值，删除根。

2.2 根结点值小于删除元素值，递归到左子树上做删除操作。

2.3 根结点值大于删除元素值，递归到右子树上做删除操作。

7.4 散列查找

7.4.1 散列技术

散列既是一项存储技术，也是一项查找技术。散列查找只能在散列表上进行。

7.4.2 散列表操作实现原理

1. 构造散列表

散列表采用一组连续的内存空间，构造散列表的操作步骤如下。

Step 1 申请一组连续的内存空间 $R[m]$，m 为表长。

Step 2 重复下列操作，将 $n(n<=m)$个记录存入散列表中：

2.1 根据关键字 key_i 和散列函数 H 计算散列地址 $H(key_i)$。

2.2 如果 $H(key_i)$未被占用，将记录填入 $R[H(key_i)]$中。

2.3 如果 $H(key_i)$被占用，按冲突解决方法计算下一个散列地址；如果还冲突，继续计算下一个散列地址，直至找到可用的存储地址。

2. 散列查找

在散列表中查找的操作步骤如下。

Step 1　根据查找关键字 key 和散列函数 H 计算散列地址 H(key)。

Step 2　如果 R[H(key_i)]非空，重复下列操作：

2.1　如果记录 R[H(key_i)].key 等于查找的关键字，则找到，返回元素位序。

2.2　如果 R[H(key_i)].key 不等于查找的关键字，根据冲突解决方法，计算下一个散列地址。

Step 3　如果 R[H(key_i)]单元为空，返回−1，表示未找到。

第8章 排序

CHAPTER

排序指按关键字的有序重新排列记录的过程。为了方便讨论和算法描述，除基排序外，设排序记录存储在 int $R[1..n]$中，元素序号从1开始，进行的是非降序排序。

8.1 插入类排序

插入类排序是基于插入操作的排序方法。通过"插入"操作将无序序列中的记录逐个插入有序序列中，以不断扩大有序序列，减少无序序列，最终实现排序。

1. 直接插入排序 void InsertSort(int R[], int n)

对$R[n]$进行直接插入排序的操作步骤如下。

i从2到n，共$n-1$趟，重复下列每一趟的排序工作。

Step 1 如果$R[i]<R[i-1]$，通过下列操作实现元素插入：

1.1 $R[i]$复制到$R[0]$成为监视哨。

1.2 $R[i]$后移。

1.3 查找插入位置，操作方法如下：

j从$i-2$开始，如果$R[j]>R[0]$，$R[j]$后移，j－－。

1.4 将$R[0]$复制到$R[i]$，完成插入。

1.5 i＋＋，进入下一趟。

Step 2 否则(即$R[i]\geqslant R[i-1]$)，i＋＋，直接进入下一趟。

2. 折半插入排序 void BInsertSort(int R[],int n)

将直接插入排序中顺序查找插入位置改为折半查找，形成折半插入排序。操作步骤如下。

i从2到n，共$n-1$趟，重复下列每一趟的排序工作。

Step 1 如果$R[i]<R[i-1]$，通过下列操作实现元素插入：

1.1 $R[i]$复制到$R[0]$成为监视哨。

1.2 用折半查找方法，查找插入点，操作方法如下：

1.2.1 设置查找范围的下界 low=1 和上界 high=$i-1$。

1.2.2 只要 low<=high,重复下列操作:

1.2.2.1 计算中间位置 mid。

1.2.2.2 R[mid]>R[0],调整查询上界,即 low=mid+1。

1.2.2.3 R[mid]<R[0],调整查找下界,即 high=mid-1。

1.3 插入点为 high+1,$R[i-1]$~R[high+1]依次后移。

1.4 R[0]复制到 R[high+1],完成插入。

1.5 i++,进入下一趟。

Step 2 否则(即 $R[i] \geqslant R[i-1]$),i++,直接进入下一趟。

3. 希尔排序 void ShellSort(int R[],int n,int d[],int t)

希尔排序是对直接插入排序的一种改进。最初将所有记录按增量 d 分为 d 组,每组单独进行直接插入排序,以此"降低参加排序的记录数";然后减小 d 值,降低组数,进行第 2 趟,以此类推,最后一趟 $d=1$,即所有记录一起进行参与排序。对 $R[n]$进行希尔排序的操作步骤如下。

Step 1 选择一个步长序列 $t_1,t_2,\cdots,t_k$,其中 $t_i>t_j$,$t_k=1$。

Step 2 按步长序列个数 k,对序列进行 k 趟排序,每一趟的排序操作如下:

2.1 第 i 趟排序,根据对应的步长 t_i,将待排序列分割成 t_i 组。

2.2 分别对各组进行直接插入排序。

8.2 交换类排序

交换类排序是基于"交换"操作的排序方法。在待排序序列中选两个记录,将它们的关键码进行比较,如果逆序就交换位置。

1. 冒泡排序 void Bubble_Sort(int R[],int n)

对无序区相邻记录关键码两两比较,如果反序则交换。一趟排序结束后,最小的记录或最大的记录浮到无序记录区的首或尾,使有序区得到扩大,无序区得到减少。第 i 趟排序结束,无序序列长度为 $n-i$;如果某趟没有发生任何互换,表示序列已有序,排序工作结束。

对 $R[1..n]$进行冒泡排序的操作步骤如下。

当排序趟数 i 小于或等于 $n-1$ 且数据交换标志为 true,重复下列操作。

Step 1 设置交换标志 exchange 初值为 false。

Step 2 从表首开始,对 $j=1$~$n-i+1$ 的元素两两比较:

2.1 如果相邻元素为逆序,互换位置,即 $R[j] \longleftrightarrow R[j+1]$。

2.2 交换标志 exchange 改为 true。

2.3 j++。

Step 3 i++,进入下一趟。

2. 快速排序 void QSort(int R[],int low,int high)

快速排序是对冒泡排序的一种改进,其基本思想如下。

第 1 趟，选择一个枢轴记录，其关键字为轴值 pivot；将待排序记录按轴值划分为两个子序列，左侧记录的关键字均小于轴值，右侧关键字均大于轴值。第 2 趟，对轴值左、右两侧的两个子序列，同样进行划分，以此类推。若某子序列长度为 1，停止划分。所有子序列长度均为 1，排序结束。每一次划分至少会有一个记录定位。

对于排序序列 $R[1..n]$，设第 1 个记录为枢轴，一趟划分操作如下。

Step 1　初始化。

　　1.1　设置 low 和 high 分别为序列低端和高端位置。

　　1.2　以低端第 1 个记录关键字为枢轴，即 pivot＝R[low]。

Step 2　记录未扫描完（即 low＜high），重复下列操作。

　　2.1　从高端到低端扫描，如果 R[high]＞＝pivot，high－－。
　　　　否则，将高端记录移到低端，即 R[low]←R[high]。

　　2.2　从低端到高端扫描，如果 R[low]＜pivot，low＋＋。
　　　　否则，将低端记录移到高端，即 R[high]←R[low]。

递归对序列长度大于 1 序列进行划分操作。

8.3　选择排序

选择排序是基于“选择”操作的排序方法。其基本思想是每趟从无序序列中选出关键码最小的记录，添加到有序序列尾，从而不断减少无序记录，增加有序记录。

1. 简单选择排序　void SelectSort(int R[],int n)

简单选择排序的基本思想是第 i 趟排序是从 $n-i+1$ 个待排序记录中选择关键码最小的记录，设为 R[min]，将其与第 i 个记录互换位置，即 R[min] ⟷ $R[i]$，使得有序序列增 1，无序序列减 1。

对于排序序列 $R[1..n]$，简单选择排序是 i 从 1 到 $n-1$，重复下列操作：

Step 1　从 $R[i]$～$R[n]$中选择最小关键字记录，下标记为 min。

Step 2　$R[i]$⟷R[min]。

Step 3　i＋＋。

2. 堆排序

堆排序是建立在堆的基础上的排序。堆建好后，对于 n 个记录的排序序列，重复堆输出和堆调整操作 $n-1$ 次。每一次堆输出，使有序序列长度增 1。

(1) 建堆　void CreateHeap(int R[],int n)。

对于序列 $R[1..n]$，大根堆建立的操作步骤如下。

Step 1　把 $R[1..n]$看成一棵完全二叉树的层序遍历，构造一棵完全二叉树。

Step 2　从最后一个分支结点（编号为$\lfloor n/2 \rfloor$的结点）开始，依次将序号为 $\lfloor n/2 \rfloor$，$\lfloor n/2 \rfloor-1$，…，1（根结点）的结点作为根的子树调整为大根堆。

若调整第 i 个记录 $R[i]$为根的树，调整的操作步骤如下。

　　2.1　比较其左、右孩子，取其中大记录的关键码 max 及编号 j。

　　2.2　如果 $R[i]$的关键码小于 max，$R[i]$⟷$R[j]$。

2.3 如果因为 $R[i]$与 $R[j]$的互换，影响了下层的子树，将继续用 2.1 和 2.2 的“调整”方法，进行调整。

(2) 堆排序 void HeapSort(int R[],int n)。

以大根堆为例，堆排序操作步骤如下。

Step 1 建堆。

Step 2 i 从 1 至 $n-1$，重复下列操作：

2.1 输出根，即 $R[1] \longleftrightarrow R[n-i+1]$。

2.2 将 $R[1..n-i]$调整成堆。

2.3 $i++$，进行下一趟。

8.4 二路归并排序

归并排序是借助“归并”操作的排序方法。二路归并排序方法是将若干有序序列两两归并，直至所有记录在一个有序序列中。操作步骤如下。

Step 1 将 n 个待排序的记录序列看成 n 个长度为 1 的有序序列，然后，相邻的序列两两归并，得到 $\lceil n/2 \rceil$个长度为 2(最后一个有序序列可能长度为 1) 的有序序列。

Step 2 对 Step 1 得到的有序序列两两合并，得到$\lceil n/4 \rceil$个长度为 4(最后一个有序序列可能长度小于 4)的有序序列。

以此类推，共需进行 $\lceil \log_2 n \rceil$趟，直至得到一个长度为 n 的有序序列。

排序中，需要长度与记录等长的辅助空间，存放序列合并的中间结果。两个有序序列 $R[s..m]$、$R[m+1..t]$，合并为一个有序序列的 $R1[s..t]$，有以下 3 种情况。

(1) 两个等长的序列合并，设长度为 len，此时，若 $s=i$，则有：$m=i+\text{len}-1$，$t=i+2*\text{len}-1$。

(2) 两个不等长的序列合并。这种情况只会发生在最后两个序列合并中，且最后一个序列小于 len。因序列总长为 n，所以 $t=n$，且当 $s=i$ 时，$m=i+\text{len}-1$。

(3) 一个孤立的序列。在子序列个数为奇数时，最后一个序列为孤立序列，没有可合并的序列。此时，不需要合并，$R1=R$。

8.5 基数排序

基数排序是将关键码 key 看成由若干子关键码 $k^d k^{d-1} \cdots k^2 k^1$ **复合**而成，然后借助分配和收集操作进行的排序。

从最低位关键码 k^1 开始依次对每个关键码 $k^1, k^2, \cdots, k^{d-1}, k^d$，进行下列工作。

Step 1 分配，将具有相同码值的记录分配到一个队列中。码值的值域为 r，则需 r 个队列。

Step 2 收集，依次将 r 个队列首尾相连。

如果进行的是第 i 趟排序，即对 k^i 进行排序，收集后将得到按 $k^i, k^{i-1}, \cdots, k^2, k^1$ 有序的序列。做完最后一趟，即完成对 k^d 的排序，将得到对所有关键子码有序的序列，排序工作结束。

基数排序的实现中，采用链式存储，这样分配时只需移动结点，不需要重建结点。结点定义如下：

```
struct RNode
{
  int keys[MAXD];        //MAXD个子关键字
  RNode * next;          //指向下一个结点
}
```

r 进制数，需建立 r 个队列，d 个数位 d 个子关键字需进行 d 趟分配与收集。每一趟分配与收集的操作步骤如下：

Step 1　创建 r 个空队列。

Step 2　从低位到高位，依次进行分配排序。对第 d_i 位的排序操作如下：

2.1　分配。扫描排序序列，第 d_i 个关键字的为 k 的元素加入第 k 个队列。

2.2　收集。r 个队列，尾首相连。

第2篇

验　证　篇

第1章 绪

CHAPTER

验证性实验的主要内容是主教材中讲授的数据结构及应用举例涉及的算法的上机实现。学习者通过程序的运行,可以得到以下收获。

(1) **验证教材中算法的正确性**。正确性是算法特性之一,只有正确的算法才有意义,才可称为算法。实现是最直观证明算法正确的方法。

(2) **深化理解和掌握理论知识**。通过阅读源码,实现算法描述与程序源码的衔接,在理论与实践间架起桥梁。

(3) **提升编程技能**。算法描述与算法实现之间有一定的距离。越复杂的算法与其实现之间的距离越大。验证程序实现算法的同时也给出了程序设计案例,可以为学习者提供程序设计的借鉴。

(4) **激发学习兴趣**。算法描述具有抽象性,实现的算法赋予了算法生命力,让学习变得可见。通过测试与运行程序,学习者可以真实和感性地体验算法,增加对算法的理解,增加学习兴趣。

为了方便研习,本篇不仅给出了验证程序的设计思路、程序框架和运行方法,也给出了源码。源码的电子档可在主教材或本书配套的数字资源中免费下载使用。验证程序给出的算法内容如表2.1.1所示。

表2.1.1 验证性实验内容

大类	子类	实现的数据结构或应用
线性表	顺序表	顺序表
	链表	单链表
	顺序表应用	集合并、顺序表逆置、多项式求和
特殊线性表	栈	顺序栈、链栈
	栈应用	括号匹配、表达式计算
	队列	循环队列、链队
	队列应用	舞伴问题
数组和矩阵	矩阵	矩阵转置、求矩阵和

续表

大　类	子　类	实现的数据结构或应用
树与二叉树	二叉树	二叉链表存储的二叉树
	线索二叉树	中序线索二叉树
	最优二叉树	最优二叉树、哈夫曼编码
图	图的实现	邻接矩阵存储的图、邻接表存储的图
	图的遍历应用	顶点的连通、图的连通、连通分量、最远顶点
	图的应用	Prim 算法、Kruskal 算法、Dijkstra 算法、Floyd 算法、拓扑排序、关键活动
查找	线性表查找	顺序查找、折半查找、串匹配
	树查找	二叉排序树
	散列查找	开放定址散列查找
排序	插入排序	直接插入排序、折半插入排序、希尔排序
	交换排序	冒泡排序、快速排序
	选择排序	简单选择排序、堆排序
	其他	归并排序、基数排序

1.1 算法到程序转换

算法是对特定问题求解步骤的一种描述。用于描述算法的语言很多，如自然语言、图语言（流程图等）、高级程序设计语言和伪代码等，类程序设计语言是伪代码中抽象级别最高的一种形式。算法实现必须借助某种高级程序设计语言，用类程序设计语言给出的算法描述最接近实现后的程序源码。类程序设计语言是借用某高级语言的部分语法与机制但又不严格遵循其语法规则的一种语言，这样做的目的是更好地把注意力集中在算法处理步骤本身的描述上。在类程序设计语言的算法描述中，只要不影响算法的表述和理解，允许撤除程序设计语言中的某些细节。例如，对于语句 for(i=1;i<n;i++)，如果变量 i、n 不预先定义，不会影响语句所表达的循环意思和读者对它的理解。所以，变量不需要声明可直接使用。

一般用自然语言描述算法思想或算法实施步骤，用类程序设计语言描述算法，以便于算法实现的程序设计。

例　教材【应用 1-4】求一组学生的最高身高者。算法思想为采用打擂的方式求最大值，即先设一个值为最大值（擂主），其余的值与它比较，比它大则设为新的擂主。比完所有值，最后的擂主为最大值。算法的类 C/C++ 语言描述如下。

```
int maxHeight(stu student[], int n)                    //查找身高最高者
{
```

```
    MaxH=1;                                              //设第 1 个学生身高最高
    for(i=2; i<=n; i++)                                  //依次把第 2 至第 n 个学
    {                                                    //生的身高与最大值比较
      if(student[i-1].height > student[MaxH].height)     //如果大于最大值
        MaxH=i;                                          //当前值为新最大值
    }
    return student[maxXH-1].xh;                          //返回身高最高学生的学号
}
```

算法描述给出算法实现的步骤，类程序设计语言为了算法描述的方便与需要并不严格遵守程序设计语言的语法，所以，类程序设计语言的算法描述通常不能直接在机器上运行。从算法描述到算法实现，需要做以下几项工作。

1. 数据的输入

数据是算法的处理对象和程序加工的对象。算法描述只给出数据加工的方法，运行程序前需先准备好数据。如上述求最高身高的学生，实现该算法并使其运行，必须准备好学生数据。

2. 数据的输出

用户或程序员通过数据输出判断算法设计逻辑上是否正确及算法性能等。算法描述中通常并不特别考虑数据输出。另外，用户与程序的交互及用户对程序的良好体验也需要适当的数据输出。例如上述求最高身高的学生问题，可以通过数据输出让用户/程序员了解学生信息和获知哪位学生是最高身高者。

3. 添加库函数说明语句

程序中，如果用到 C++ 提供的库函数，需在程序中增加相应的包含语句。例如：

```
#include<iostream>        //cout,cin
```

4. 变量定义

在 C/C++ 等多数编程语言中，变量必须声明后才能使用。但在算法描述中，不声明变量而直接使用通常不会影响对算法的理解。所以，实现算法时需对所有用到的变量进行说明，除了语言本身无此要求的情况。例如，上例中需对 MaxH、循环变量 i 通过下列语句进行声明：

```
int MaxH, i;
```

5. 语句的转换

类 C/C++ 语言为了算法描述简洁，会使用一些不符合 C/C++ 语法的语句或扩充一些语句，实现中需将它们转换为符合语法规范的语句。

例 1　a[j]⟷a[j+1]；表示两个变量互换值，源码需转换为

```
x= a[j]; a[j]=a[j+1]; a[j+1]=x;
```

例 2　x1＝x2＝2 * a＋b；多个变量赋相同值，源码需转换

```
x1=2 * a+ b; x2=x1;
```

6. 主函数、辅助语句、过程或函数的添加

算法描述只涉及问题的求解部分，通常只对应一个或多个函数或过程，而不是完整的可运行的程序。为了完成对算法函数的调用需编写一个主函数 main()；除此之外，为了完成数据的输入、输出、程序的交互操作和用户的良好体验等，还需添加辅助语句及函数等。

例如在实现教材算法 1.1 中，为了能够运行求最高身高函数(int maxHeight(stu student[], int n))，还需增加显示学生信息的函数(void DispStudent(stu student[],int n))。如果通过初始化获得学生信息，就不需要专门为获取学生信息设计函数了。

综上分析，算法 1.1 的实现函数 main()流程如图 2.1.1 所示。

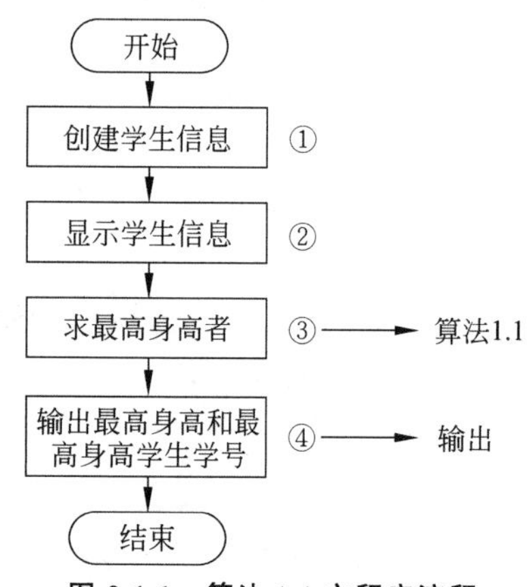

图 2.1.1　算法 1.1 主程序流程

① 创建学生信息，给出程序的加工对象。验证程序中采取了初始化赋值的方法。

② 显示学生信息，用于查看学生信息，调用学生信息显示功能函数 **DispStudent(stu student[],int n)**。

③ 求最高身高者，调用求身高的功能函数 **int maxHeight(stu student[], int n)**。

④ 输出，显示运算结果。

源码如下：

```
#include<iostream>                                //头文件 cout,cin
using namespace std;                              //学生实体定义
struct stu
{
    int xh;                                       //学号
    float height;                                 //身高
};

int maxHeight(stu student[], int n)               //算法 1.1,求最高身高者
{
    int MaxH=1;                                   //设第 1 个学生身高最高
    for(int i=2; i<=n; i++)                       //从第 2 个学生起依次与最高身高比较
    {
      if(student[i-1].height>student[MaxH-1].height)        //大于最高身高
        MaxH=i;                                   //更新最高身高
    }
    cout<<"最高身高为: "<<student[MaxH-1].height<<endl;
    return student[MaxH-1].xh;                    //返回最高身高学生学号
}
```

```
void DispStudent(stu student[],int n)        //显示学生信息
{
    cout<<" 学号\t"<<"身高"<<endl;
      for(int i=1;i<=n;i++)
        cout<<student[i-1].xh<<'\t'<<student[i-1].height<<endl;
    cout<<endl;
}

void main()                                  //主函数
{
    int n;
    int xh;
    stu student[6]=                          //创建学生信息
        {{1703001,176},{1703002,180},{1703003,175},
        {1703004,182.5},{1703005,158.5},{1703005,173.8}};
    n=sizeof(student)/sizeof(stu);
    cout<<"学生信息如下: "<<endl;
    DispStudent(student,n);                  //显示学生信息
    xh=maxHeight(student,n);                 //求最高身高的学生
    cout<<"身高最高者是: "<<xh<<endl;        //显示最高身高学生的学号
    cout<<endl;
    return;
}
```

上述例子展示了算法描述与算法实现之间的距离。因课时及“数据结构”课程关注点等原因,只能把注意力放在算法描述上,这使学习者感到抽象与茫然,验证性实验可以弥补这个缺陷。

1.2 验证性实践步骤

考虑到不同的编程环境和减少存储的需要,**验证性实验源码只提供.cpp主文件及系统头文件之外相关的.h头文件**(系统调用的除外)。例如,在顺序表SqList的验证程序中,有SqList.h和SqList.cpp两个文件,前者提供顺序表SqList的结构定义及基本操作实现的源码,后者为使基本操作得到运行的主程序。如此分成两个文件,还有助于将顺序表SqList.h作为工具解决其他问题。

验证性实验虽然提供了经过调试的源码,但不能保证学生在操作过程中因编程环境相异等原因不出现问题。为了实验的顺利进行且达到实验的目的,建议按以下步骤进行实验。

1. 预备知识的学习

验证性实验程序是为了对教材中给出的数据结构的实现及其应用的相关算法进行验证,因此实验开始前,有必要了解和掌握实验相关的背景和知识,明确本次实验的验证内容。

2. 源程序阅读分析

一个验证性实验的源程序中包括数据结构的定义、基本操作的实现和一个对基本操作调用的主程序等，一般程序较长。为了能够顺利地运行程序，需要在实验前通过阅读源程序弄清下列问题。

（1）程序结构和程序功能。

（2）输入数据有哪些？输入数据的格式是什么？

（3）输出数据有哪些？输出数据的意义是什么？

（4）设计测试用例，为运行程序做准备。

3. 调试源程序

调试源程序指在熟悉编程集成环境的前提下有序进行以下工作。

（1）准备好源程序。验证性实验的源程序可在教材配套的数字资源中下载。

（2）编译、链接、运行程序。源程序只提供必要的.h头文件和.cpp应用程序文件，需要学习者编译、链接产生可执行程序。

（3）用测试用例运行程序。

（4）对运行结果进行分析。

分析运行结果的正确性，判断算法逻辑上的正误，进一步理解算法思想与实现。

4. 补充和改进源程序

为了方便学习者学习，源程序设计中尽量做到简洁、明了、操作简单，但从设计上来讲未必是最好的，程序的健壮性也许不强。学习者可在此基础上，根据使用要求对其进行改进、补充和完善。

1.3 实验环境简介

本书的编程工具为面向结构C/C++程序设计，以模板实现泛型程序设计。“数据结构”课程及“C/C++程序设计”课程教学中用得最广泛、时间最长的是微软公司提供的Windows操作系统下的Visual Studio集成编程环境。其中VC++ 6.0推出的时间相对较早，操作比较简单，编译较快，更适合初学者。但微软已停止对VC++ 6.0的更新维护，使其在Windows 7以上操作系统中会有一些不兼容。从VS 2002中的VC 7.0版本开始，微软公司就引进.NET的架构，与以前的版本有很大的不同，以下将VS 2002之后的Visual Studio简称为VS系列。从编程的角度上说，VS系列功能更强，VC 6.0能实现的功能，它基本上都能实现。

本书提供的验证性实验源程序在Windows操作系统下的VC++ 6.0、VS 2010、Codeblocks等集成编程环境中通过测试。Codeblocks自身并没有编译功能，需要借鸡生蛋。这里介绍在VC++ 6.0和VS 2010下如何运行验证程序。

1.3.1 VC++ 6.0

VC++ 6.0下运行验证源程序，需要做的工作有下载源程序文件，打开源程序文件，编译源程序文件，链接程序和运行程序。

1. 创建文件夹,下载源程序文件

创建存储源文件的文件夹。例如在E盘的DS目录下创建SqList文件夹,将源文件"2-SqList-顺序表"中的两个源程序文件SqList.cpp和SqList.h下载到E:\DS\SqList(用户自己创建)下,如图2.1.2所示。

建议为每一个验证项目建立独立的文件夹,如主教材提供的源程序目录如图2.1.3所示。

图2.1.2　自建项目目录示例

图2.1.3　源程序部分目录结构

2. 打开源程序文件

打开源程序文件可以用以下两种方式。

方式一:用菜单中的"文件\打开(O)…"命令打开。

启动VC++ 6.0,选择菜单"文件\打开(O)…"命令弹出"打开文件"对话框,选择需打开的文件。这是正常状态下开启VC++各类文件的方法,此处不赘述。

因为微软公司已不提供对VC++ 6.0的支持,所以,某些系统下"文件\打开"命令不可用,此时可用方式二打开源程序文件。

方式二:用快捷菜单打开。

右击.cpp文件,在弹出的快捷菜单中选择"打开方式(H)"→Microsoft(R) Developer Studio命令,即可打开.cpp文件。图2.1.4所示为用Visual C++ 6.0打开"E:\DS\SqList\SqList_main.cpp"文件。

3. 编译源程序文件,自动生成项目

单击"编译"按钮,在先后弹出的两个对话框中均选择"是(Y)"命令,如图2.1.5所示。

编译通过后可得到图2.1.6所示的工程信息,双击左侧的.cpp文件或.h文件,可查阅和

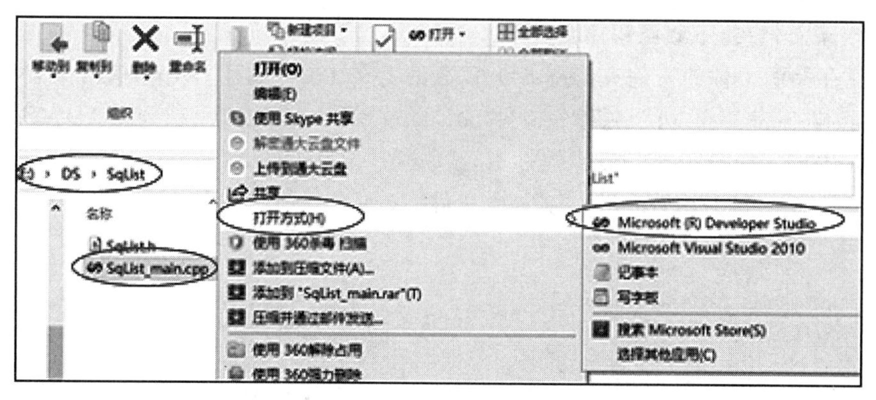

图 2.1.4　用 Visual C++ 6.0 打开.cpp 源文件

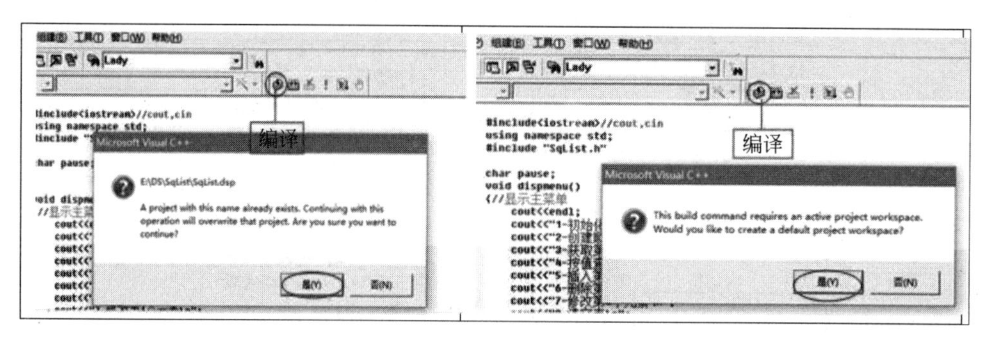

图 2.1.5　编译源程序文件

修改源程序;如果有语法错误,编译不能通过,此时需根据提示,修改.cpp 源程序后再次编译;重复编译工作,直至编译通过,出现“0 error(s), 0 warning(s)信息”,继续下一步。

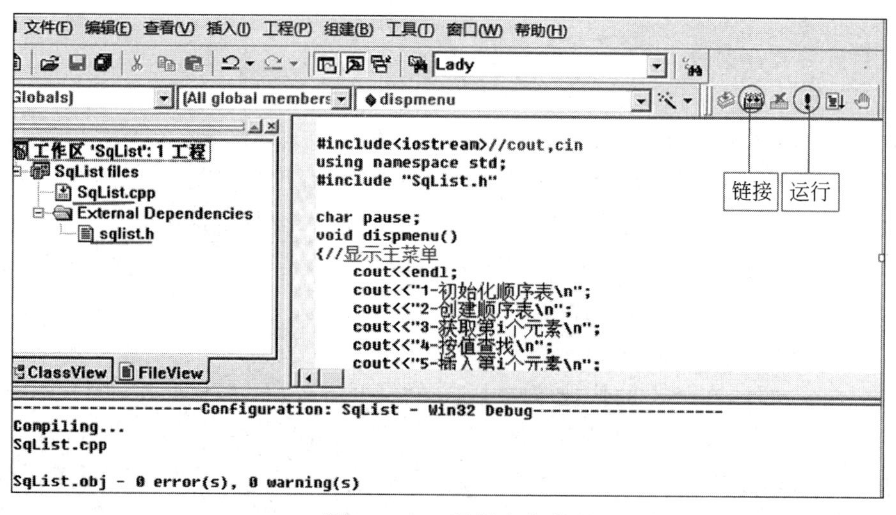

图 2.1.6　工程创建成功

注意:如果菜单“文件\打开”功能可用,可直接打开.cpp、.h、.dsw 等文件。此种情况下,如果已经创建工程文件,则可直接打开.dsw 文件,不需要每次都创建工程。

4. 链接程序

单击“链接”按钮，链接相关文件；如果链接成功，则生成可执行的.exe 文件；如果链接不成功，需根据提示，进行修改。

5. 运行程序

链接通过后单击“运行”按钮，运行源程序。

1.3.2　VS 系列

VS 系列不能像 VC++ 6.0 那样通过打开.cpp 文件自动创建项目，需要先创建一个项目，其余步骤与 VC++ 6.0 差不多。下面以 VS 2010 为例，介绍验证程序的运行方法。

1. 创建空项目

创建一个空项目的步骤如下。

Step 1　启动 Microsoft Visual Studio。

Step 2　选择“文件”→“新建”→“项目(P)...”命令，如图 2.1.7 所示，弹出如图 2.1.8 所示的对话框。

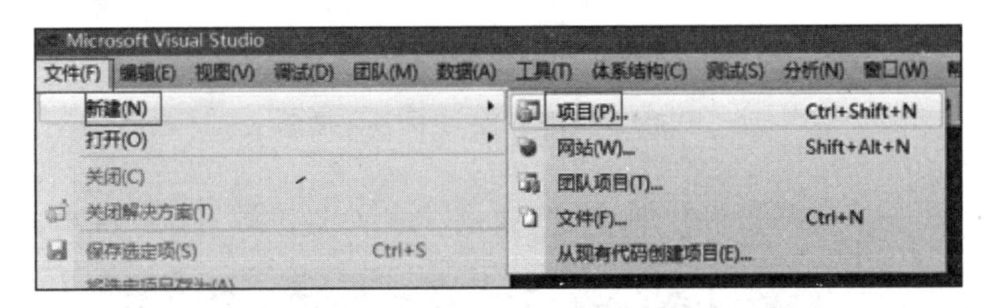

图 2.1.7　创建 VS 项目菜单

图 2.1.8　创建 VS 项目对话框 1

Step 3 填写 VS 项目创建对话框。

（1）在“已安装的模板”中选择“Visual C++”。

（2）在中间栏选择“Win32 控制台应用程序”。

（3）通过单击“浏览”按钮，选择文件夹的上层文件夹（例“E:\DS”——用户创建）。

（4）在“名称”栏里填写项目名（以第 2 章顺序表为例，输入项目名 SqList）。

注意：系统自动创建以该名字命名的文件夹。

（5）单击“确定”按钮，打开创建 VS 项目对话框 2，如图 2.1.9 所示。

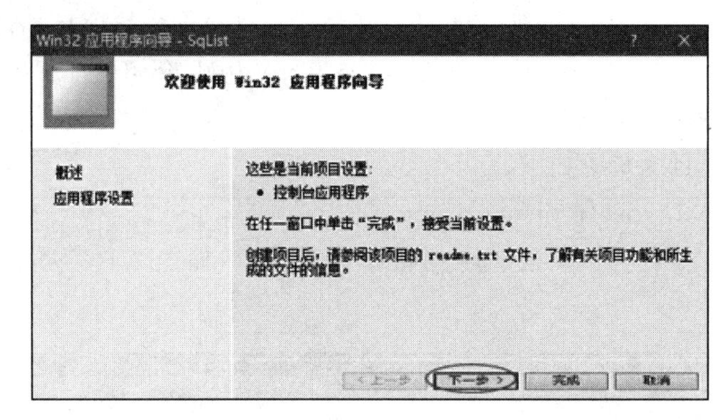

图 2.1.9 创建 VS 项目对话框 2

（6）单击“下一步”按钮，打开创建 VS 项目对话框 3，如图 2.1.10 所示。

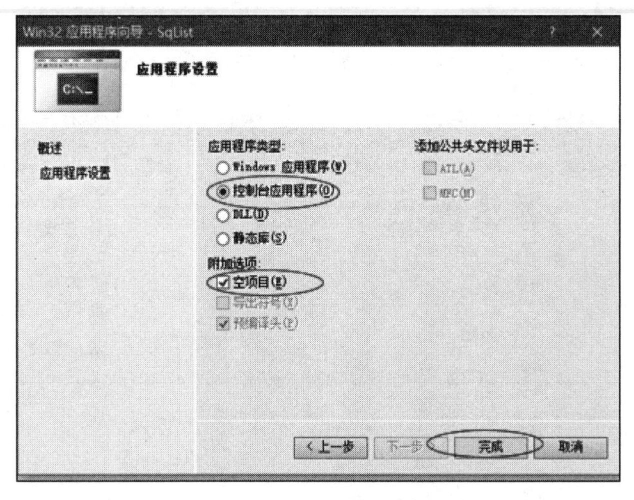

图 2.1.10 创建 VS 项目对话框 3

（7）选中“控制台应用程序”单选按钮和勾选“空项目”复选框，单击“完成”按钮。项目创建成功，界面如图 2.1.11 所示。

2. 复制源程序文件

将项目所需源文件复制到上述创建项目的文件夹里。以第 2 章顺序表为例，将源文件“2-线性表\2-1-SqList-顺序表”中的两个源程序文件 SqList.cpp 和 SqList.h 复制到 E:\DS\SqList 下。

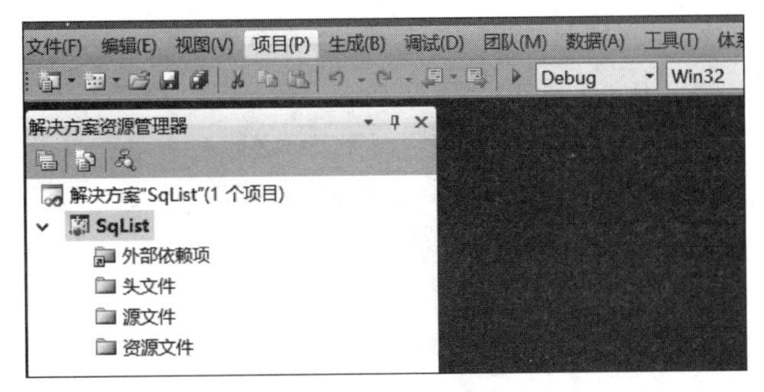

图 2.1.11　VS 空项目图

3. 将源文件添加到项目中

以添加头文件为例，添加的步骤如下。

Step 1　右击 SqList 资源列表中"头文件"。

Step 2　选择"添加"→"现有项…"命令，如图 2.1.12 所示，弹出"添加现有项-SqList"对话框，如图 2.1.13 所示。

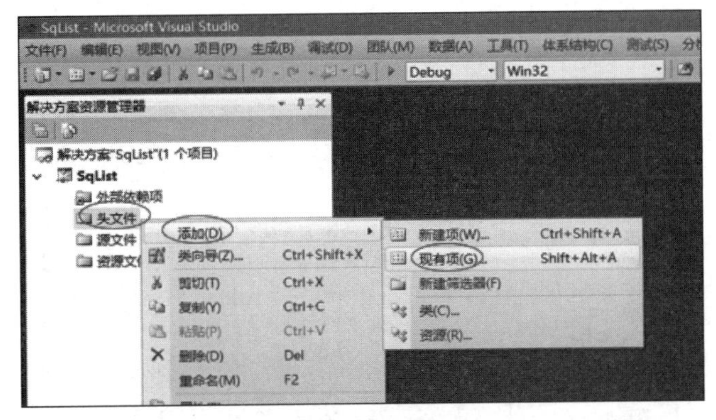

图 2.1.12　添加资源菜单项

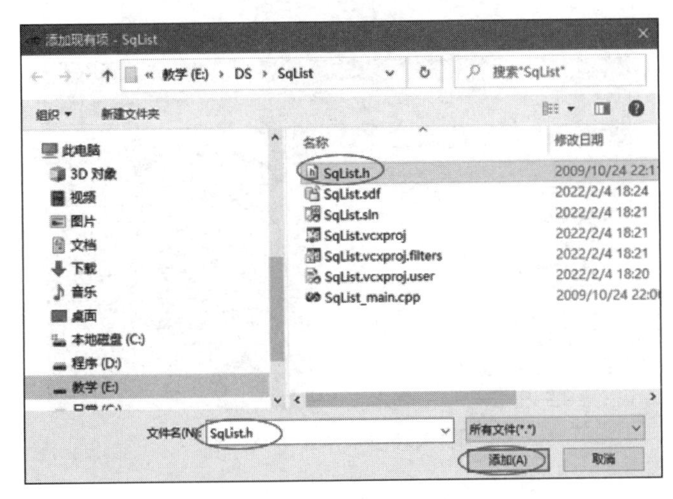

图 2.1.13　添加资源对话框

Step 3　选择所需加入项目的头文件，单击“添加”按钮，完成添加。添加成功后，左侧项目资源中可见加入的头文件名，如图 2.1.14 所示。

图 2.1.14　项目资源列表

选择不同的文件类型，可以将主文件及其他资源文件加入项目中。

4. 编译、链接、运行程序

选择“调试”→“启动调试”命令或工具栏中的 ▶ Debug 编译主程序文件，如图 2.1.15 所示。

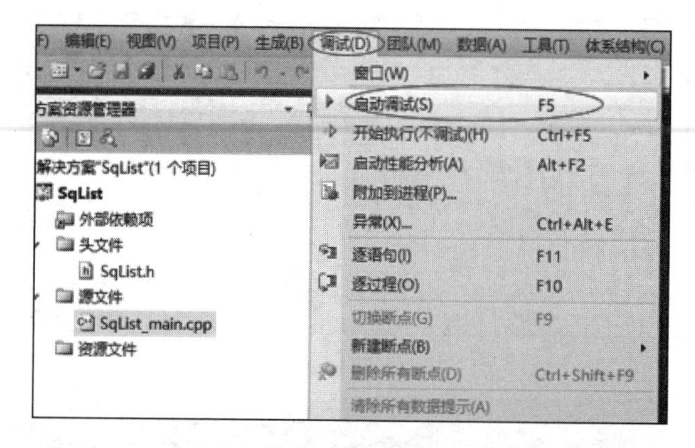

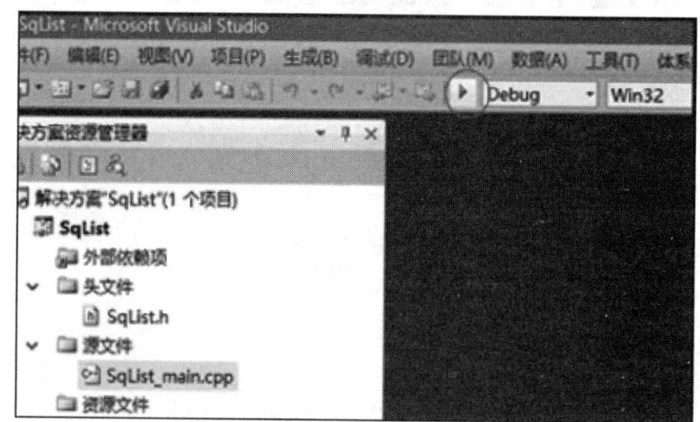

图 2.1.15　编译菜单与工具

如果有语法错误，根据提示进行逐一修改。如果没有错误，运行程序。

1.4　验证程序的设计

以学习者易用、易学为出发点进行验证程序的设计。

1. 风格一致，界面友好，交互性强

验证程序均为控制台程序，采用菜单方式进行功能选择，如顺序表的验证程序启动成功后的界面如图 2.1.16 所示，稀疏多项式求和的验证程序启动成功后的界面如图 2.1.17 所示。用户通过菜单提示输入相应的功能编号，进行功能测试。

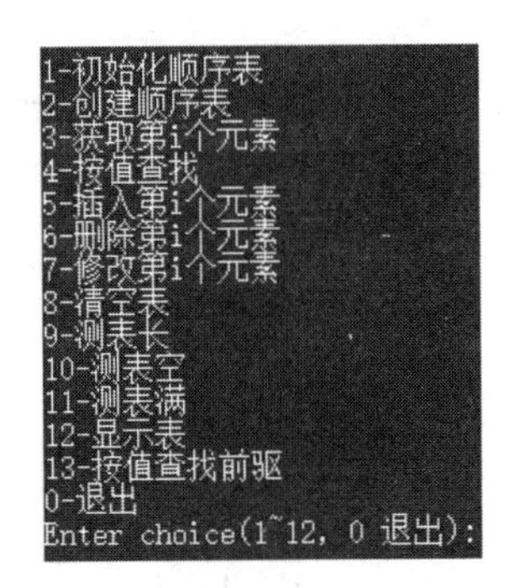

图 2.1.16　顺序表程序功能选择界面

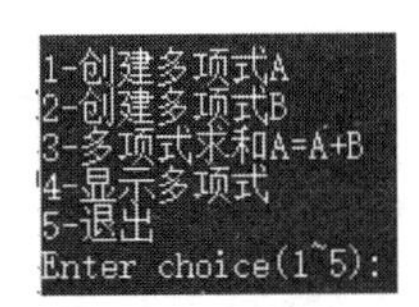

图 2.1.17　稀疏多项式求和功能选择界面

功能选择的设计提供不限次数的测试，用户可以输入不同的测试数据运行程序，验证算法的正确性、理解算法和分析算法。

2. 功能与算法对应，设计完整

菜单的功能选项设计基本与算法相对应。对于特定结构的实现，如顺序表、链表、顺序栈、链栈、顺序队列、链队、二叉树（二叉链表存储）、邻接矩阵存储的图、邻接表存储的图，根据结构的基本操作设计了功能选项，如图 2.1.16 所示为顺序表的功能设置。对于应用型问题程序的菜单设计，会增添数据输入、输出显示等辅助功能，如稀疏多项式求和，如图 2.1.17 所示，除多项式求和功能外，提供了创建多项式、显示多项式的功能选项。

3. 使用方便，可用性强

验证程序设计中充分考虑了学习者使用上的需求。

(1) 源码中通过注释语句标出了主教材中的算法编号，学习者极易找到算法对应的源码。

(2) 如果没有主教材，验证篇的所有算法在本书的第 1 篇均有对应的原理介绍。

(3) 对于复杂的数据输入，预设测试数据。

① 对于比较难正确输入的数据，给出输入提示。例如，创建二叉树时的提示信息如图 2.1.18 所示。提示中给出了各种形态二叉树的输入序列范例，学生可以按此来构建二叉树。

② 预设与主教材示例一致的数据，验证主教材中示例的正确性。例如求哈夫曼树，如图 2.1.19 所示。学生可以用预设的数据，看到与教材示例一致的结果；也可以自己输入一组值，查看运行结果。

```
测试参考数据:
满二叉树: a b d # # e # # c f # # g # #
完全二叉树: a b d # # e # # c # #
一般二叉树: a b # d # # c e # # #
左斜二叉树: a b c d # # # # #

请按先序序列的顺序输入二叉树,#为空指针域标志:
```

图 2.1.18　创建二叉树的输入提示

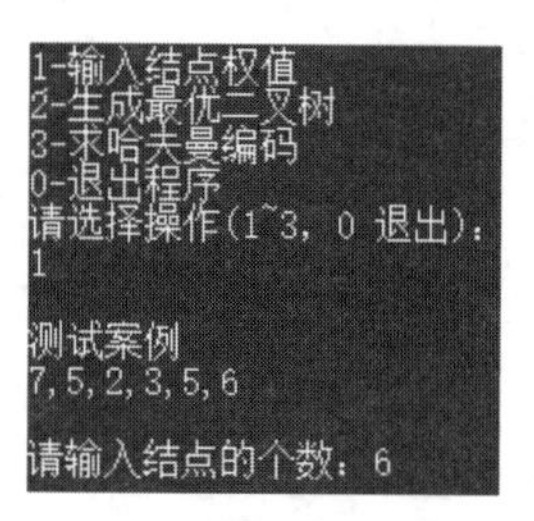

1-输入结点权值
2-生成最优二叉树
3-求哈夫曼编码
0-退出程序
请选择操作(1~3, 0 退出):
1
测试案例
7,5,2,3,5,6
请输入结点的个数: 6

图 2.1.19　最优二叉树创建结点

4. 与算法描述高度一致

源码与算法的类语言描述高度一致,例如图 2.1.20(a)和图 2.1.20(b)所示分别是二叉树的层序遍历类 C/C++ 的算法描述与算法实现的 C++ 源码,从中可见两者几乎是一样的。

算法 5.4【算法描述】　　　　　　　　【算法步骤】

```
0   template < class DT>
1   void LevelBiTree (BTNode<DT> * bt)        //层序遍历二叉树
2   {  Queue  Q;                              //1. 初始化:1.1 建一个元素类型为 BTNode *的队列
3      p=T;                                   //1.2 工作指针指向树根
4      if  (p)  EnQueue (Q,p) ;               //2. p 非空, 入队
5      while (!QueueEmpty (Q))                //3. 队不空, 重复下列操作
6      { DeQueue (Q,p) ;                      //   3.1 出队
7        cout<<p->data;                       //   3.2 访问
8        if(p->lchild!=NULL)                  //   3.3 有左孩子,
9          Q.EnQueue (p->lchild) ;            //      左孩子入队;
10      if(p->rchild!=NULL)                   //   3.4 有右孩子,
11         Q.EnQueue(p->rchild);              //      右孩子入队
12      }
13  };
```

(a) 类C/C++的算法描述

```
template<class DT>
void LevelBiTree(BTNode<DT> *bt)
{
    SqQueue<DT> Q;
    int m=20;
    InitQueue(Q,m);
    BTNode<DT>* p;
    p=bt;
    if(p) EnQueue(Q,p);
    while (!QueueEmpty(Q))
    {
        DeQueue(Q,p);
        cout<<p->data;
        if(p->lchild!=NULL)
            EnQueue(Q, p->lchild);
        if(p->rchild!=NULL)
            EnQueue(Q, p->rchild);
    }
    DestroyQueue(Q);
}
```

(b) C++源码

图 2.1.20　二叉树的层序遍历

源码与算法的类语言描述高度一致,一方面证实"类语言算法描述易于实现"的观点;另一方面说明算法描述虽属于设计层面上的内容,但不能随意涂鸦,需保证其正确性和可实现,以此提高学生设计正确和可行算法的能力。

第2章 线性表

CHAPTER

2.1 顺序表

顺序表验证程序实现了主教材定义的顺序表 SqList,结构定义与基本操作的实现放在头文件 SqList.h 中。通过调用它即可使用顺序表 SqList,验证程序通过源程序文件 SqList.cpp 给出了最简单的使用展示,其中包括顺序表各个基本操作的功能调用。

1. 程序设计简介

本验证程序包括两个文件:SqList.h 和 SqList.cpp。

(1) 头文件 SqList.h,其中包括如下3项内容。

① 顺序表的结构定义。

② 顺序表基本操作的实现,包括初始化顺序表 InitList()(算法2.2)、创建顺序表 CreateList()(算法2.3)、销毁顺序表 DestroyList()(算法2.4)、获取第 i 个元素 GetElem_i()(算法2.5)、按值查找元素位序 LocateElem_e()(算法2.6)、插入第 i 个元素 InsertElem_i()(算法2.7)、删除第 i 个元素 DeleteElem_i()(算法2.8)、修改第 i 个元素 PutElem_i()(算法2.9)、清空表 ClearList()、测表长 ListLength()、测表空 ListEmpty()、测表满 ListFull()、显示表元素 DispList()(算法2.10)等。

③ 用顺序表的基本操作实现"按值查找前驱 PriorElem_e()(算法2.1)"。

(2) 源程序文件 SqList.cpp,通过调用 SqList.h 中定义的操作实现程序的各功能,用菜单提供交互界面。程序功能结构如图2.2.1所示,功能1~13分别对应顺序表的基本操作,功能0为退出程序,顺序表的销毁在功能0中完成。

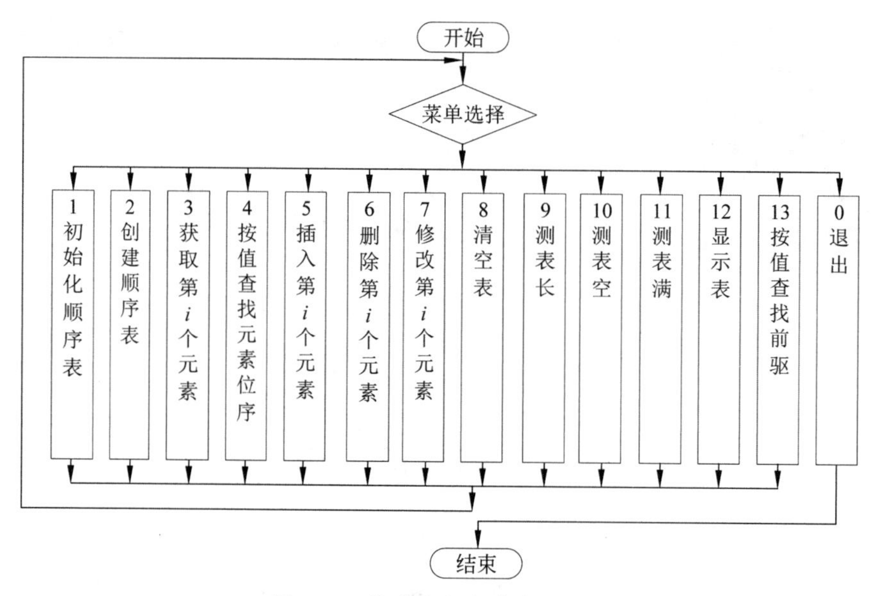

图 2.2.1 顺序表程序功能结构图

2. 源程序

(1) SqList.h 源程序。

```
template <class DT>                                    //顺序表结构定义
struct SqList
{
    DT * elem;                                         //表首地址
    int length;                                        //表长
    int size;                                          //表容量
};

template <class DT>                                    //算法 2.1
bool PriorElem_e(SqList<DT>L, DT e, DT &pre_e)         //求值为 e 的元素前驱
{
    int k;
    k=LocateElem_e(L,e);                               //获取 e 的位序 k
    if(k>1)                                            //位序 k 大于 1
    {
        GetElem_i(L,k-1,pre_e);                        //第 k-1 个元素为 e 的前驱
        return true;
    }
    else                                               //元素 e 无前驱
        return false;                                  //返回 false
}

template <class DT>                                    //算法 2.2
bool InitList(SqList<DT>&L, int m)                     //初始化顺序表
```

```
{
    L.elem=new DT[m];                            //申请表空间
    if(L.elem==NULL)                             //申请失败,结束运行
    {
        cout<<"未创建成功!";
        exit (1);
    }
    L.length=0;                                  //申请成功,属性赋值: 表长为 0
        L.size=m;                                //表容量为 m
        return true;                             //创建成功,返回 true
}

template <class DT>                              //算法 2.3
bool CreateList(SqList<DT>&L,int n)              //创建顺序表
{
    if(n>L.size)                                 //元素个数大于表容量,不能创建
    {
        cout<<"元素个数大于表长,不能创建!"<<endl;
        return false;                            //创建失败,返回 false
    }
    cout<<"请依次输入"<<n<<"个元素值: "<<endl;    //依位序输入各元素值
    for(int i=1;i<=n;i++)
        cin>>L.elem[i-1];
    L.length=n;                                  //表长为创建的元素个数
    return true                                  //创建成功,返回 true
}

template <class DT>                              //算法 2.4
void DestroyList(SqList<DT>&L)                   //销毁顺序表
{
    delete [] L.elem;                            //释放表空间
    L.length=0;                                  //赋空表属性值
    L.size=0;
}

template<class DT>                               //算法 2.5
bool GetElem_i(SqList<DT>L,int i, DT &e)         //获取第 i 个元素
{
    if(i<1 || i>L.length)                        //位序不合理,不能获取
    {
        cout<<"该元素不存在!"<<endl;
        return false;
    }
    e=L.elem[i-1];                               //否则,获取第 i 个元素值
    return true;                                 //获取成功,返回 true
}
```

```
template<class DT>                                  //算法 2.6
int LocateElem_e(SqList<DT>L, DT e)                 //按值查找元素位序
{
    for(int i=0; i<L.length; i++)                   //顺序查找
        if(L.elem[i]==e)                            //找到
            return i+1;                             //返回元素位序
    return 0;                                       //未找到,返回 0
}

template<class DT>                                  //算法 2.7
bool InsertElem_i(SqList<DT>&L,int i, DT e)         //插入第 i 个元素
{
    if(L.length>=L.size)                            //表满,不能插入
        return false;
    if(i<1 || i>L.length+1)                         //位置不合理,不能插入
        return false;                               //返回 false
    for(int j=L.length; j>=i; j--)                  //an~ai 依次后移
        L.elem[j]=L.elem[j-1];
    L.elem[i-1]=e;                                  //第 i 个位序元素为 e
    L.length++;                                     //表长增 1
    return true;                                    //插入成功,返回 true

}

template<class DT>                                  //算法 2.8
bool DeleElem_i(SqList<DT>&L,int i)                 //删除第 i 个元素
{
    if(L.length==0)                                 //表空,不能删除
        return false;                               //返回 false
    if(i<1 || i>L.length)                           //位置不合理,不能删除
        return false;                               //返回 false
    for(int j=i; j<L.length; j++)                   //ai+1~an 依次前移
        L.elem[j-1]=L.elem[j];
    L.length--;                                     //表长减 1
    return true;                                    //删除成功,返回 true
}

template<class DT>                                  //算法 2.9
bool PutElem(SqList<DT>&L,int i, DT e)              //修改第 i 个元素
{
    if(i<1 || i>L.length)                           //位序不合理,不能修改
        return false;                               //返回 false
    L.elem[i-1]=e;                                  //重置第 i 个元素值
    return true;                                    //修改成功,返回 true
}
```

```
template<class DT>
void ClearList(SqList<DT>&L)                    //清空表
{
    L.length=0;                                 //空表,表长为 0
}

template<class DT>
int ListLength(SqList<DT>L)                     //测表长
{
    return L.length;                            //返回表长
}

template<class DT>
bool ListEmpty(SqList<DT>L)                     //测表空
{
    if(L.length==0)                             //空表返回 true
        return true;
    else
        return false;                           //非空表返回 false
}

template<class DT>
bool ListFull(SqList<DT>L)                      //测表满
{
    if(L.length==L.size)                        //表满返回 true
        return true;
    else
        return false;                           //表不满返回 false
}

template <class DT>                             //算法 2.10
void DispList(SqList<DT>L)                      //遍历输出
{
    for(int i=0;i<L.length;i++)                 //依位序输出元素值
    {
        cout<<L.elem[i]<<"\t";
    }
    cout<<endl;
}
```

(2) SqList.cpp 源程序。

```
#include<iostream>                             //cout,cin
using namespace std;
#include "SqList.h"
```

```
void dispmenu()                                         //功能菜单
{
    cout<<"1-初始化顺序表\n";
    cout<<"2-创建顺序表\n";
    cout<<"3-获取第 i 个元素\n";
    cout<<"4-按值查找元素位序\n";
    cout<<"5-插入第 i 个元素\n";
    cout<<"6-删除第 i 个元素\n";
    cout<<"7-修改第 i 个元素\n";
    cout<<"8-清空表\n";
    cout<<"9-测表长\n";
    cout<<"10-测表空\n";
    cout<<"11-测表满\n";
    cout<<"12-显示表\n";
    cout<<"13-按值查找前驱\n";
    cout<<"0-退出\n";
}

void main()                                             //主函数
{
    int i;
    int e,pre_e;
    SqList<int>L;                                       //顺序表元素类型为整型
    system("cls");                                      //执行系统命令 cls,清屏
    int choice;
    do
    {
        dispmenu();                                     //显示菜单
        cout<<"Enter choice(1~12,0 退出):";
        cin>>choice;                                    //功能选择
        switch(choice)
        {
            case 1:                                     //初始化顺序表
                cout<<"请输入要创建的顺序表的长度:";
                cin>>i;                                 //输入表容量
                if(InitList(L,i))                       //创建空顺序表
                    cout<<endl<<"创建成功!"<<endl;
                break;
            case 2:                                     //创建顺序表
                cout<<"请输入要创建的元素个数:";
                cin>>i;                                 //输入要创建的元素个数
                if(CreateList(L,i))                     //创建成功
                    cout<<"创建的顺序表元素为:\n";
                DispList(L);                            //显示表元素
                break;
            case 3:                                     //获取第 i 个元素
```

```
        cout<<"请输入元素序号:";
        cin>>i;                              //输入元素序号
        if(GetElem_i(L,i, e))                //取到元素
            cout<<endl<<"第"<<i<<"个元素为:"<<e<<endl;
        break;
    case 4:                                  //按值查找元素位序
        cout<<"请输入要查询的元素值:";
        cin>>e;                              //输入要查询的元素值
        i=LocateElem_e(L, e);                //查找操作
        cout<<"位序为: "<<i<<endl;           //输出位序,0 表示不存在
        break;
    case 5:                                  //插入第 i 个元素
        cout<<"输入要插入的位置: "<<endl;
        cin>>i;                              //输入要插入的位置
        cout<<"输入要插入的元素值: "<<endl;
        cin>>e;                              //输入要插入的元素值
        if(InsertElem_i(L,i,e))              //插入成功
        {
            cout<<endl<<"插入成功!"<<endl;//显示插入元素后的表
            DispList(L);
        }
        else
            cout<<endl<<"插入不成功!"<<endl;
        break;
    case 6:                                  //删除第 i 个元素
        cout<<"输入删除元素位置: "<<endl;
        cin>>i;                              //输入删除元素位序
        if(DeleElem_i(L,i))                  //删除成功
        {
            cout<<endl<<"删除成功!"<<endl;              //显示元素删除后的表
            DispList(L);
        }
        else
            cout<<endl<<"删除失败!"<<endl;
        break;
    case 7:                                  //修改第 i 个元素
        cout<<"输入修改元素位置: "<<endl;
        cin>>i;                              //输入要修改元素的位序
        cout<<"输入新元素值: "<<endl;
        cin>>e;
        if(PutElem(L,i,e))                   //修改成功
        {
            cout<<"修改成功!"<<endl;         //显示元素修改后的表
            DispList(L);
        }
        else
```

```
                cout<<"修改失败!"<<endl;
            break;
        case 8:                                     //清空表
            ClearList(L);
            break;
        case 9:                                     //测表长
            cout<<"表长为: "<<ListLength(L)<<endl;
            break;
        case 10:                                    //测表空
            if(ListEmpty(L))                        //空表
                cout<<"空表!"<<endl;
            else                                    //非空表
                cout<<"不是空表!"<<endl;
            break;
        case 11:                                    //测表满
            if(ListFull(L))                         //表满
                cout<<"表满!"<<endl;
            else                                    //表不满
                cout<<"表不满!"<<endl;
            break;
        case 12:                                    //显示表
            DispList(L);
            break;
        case 13:                                    //按值查找前驱
            cout<<"测试顺序表为\n";
            DispList(L);
            cout<<"输入查找前驱的元素值:\n";
            cin>>e;                                 //输入查找前驱的元素值
            if(PriorElem_e(L,e,pre_e))              //有前驱元素
                cout<<e<<"的前驱元素为: "<<pre_e<<endl;
            else                                    //无前驱元素
                cout<<e<<"无前驱元素!"<<endl;
            break;
        case 0:                                     //退出
            DestroyList(L);                         //销毁顺序表
            cout<<"结束运行"<<endl;
            break;
        default:                                    //无效选择
            cout<<"无效选择,重新选择! \n";
            break;
        }
    }while(choice!=0);
    return;
}                                                   //end of main function
```

3. 运行说明

程序启动成功，顺序表程序运行界面如图2.2.2所示。

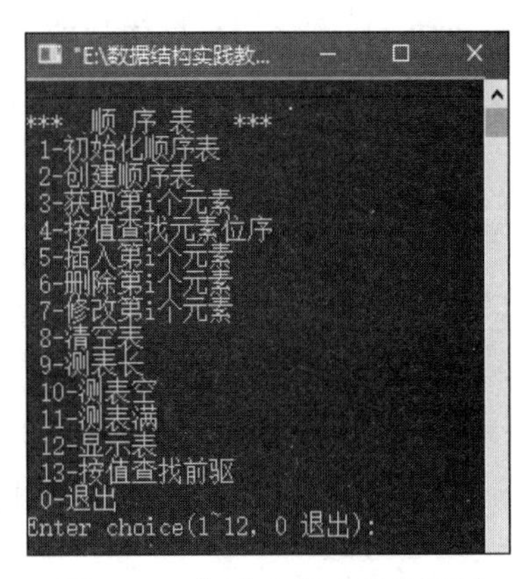

图 2.2.2 顺序表程序运行界面

case 1：输入 1，选择功能 1，初始化顺序表。

按屏幕提示，输入要创建的顺序表容量（一个整数），按回车键。

case 2：输入 2，选择功能 2，创建顺序表。

2.1 按屏幕提示，输入要创建的顺序表元素个数，按回车键。

2.2 依次输入各元素（整型）值，元素之间用空格相隔或按回车键。

case 3：输入 3，选择功能 3，获取第 *i* 个元素。

3.1 按屏幕提示，输入要查询的元素位序。

3.2 若位序合法，显示该元素；否则显示元素不存在的信息。

case 4：输入 4，选择功能 4，按值查找元素位序。

4.1 按屏幕提示，输入要查询的元素值。

4.2 屏幕显示位序值，0 表示不存在。

case 5：输入 5，选择功能 5，插入第 *i* 个元素。

5.1 按屏幕提示，输入插入位置。

5.2 按屏幕提示，输入插入元素值。

5.3 如果插入位置合理，屏幕显示插入成功后的表元素；否则显示不能插入的提示信息。

case 6：输入 6，选择功能 6，删除第 *i* 个元素。

6.1 按屏幕提示，输入删除元素序号。

6.2 若序号合法，显示删除元素的值。

6.3 如果删除位置合理，屏幕显示删除成功后的表元素；否则显示不能删除的提示信息。

case 7：输入 7，选择功能 7，修改第 *i* 个元素的值。

7.1 按屏幕提示，输入要修改元素位序。

7.2 若位序合法，按屏幕提示输入元素新值。

7.3 如果输入的位序合理，元素值被修改；否则显示修改失败的提示信息。

注意：可通过功能“12-显示表”，验证操作是否正确。

case 8：输入 8，选择功能 8，清空顺序表。

注意：用功能“10-测表空”，验证操作是否正确。

case 9：输入 9，选择功能 9，测表长。

屏幕显示表长。

case 10：输入 10，选择功能 10，测表空。

屏幕显示测试结果。

case 11：输入 11，选择功能 11，测表满。

屏幕显示测试结果。

case 12：输入 12，选择功能 12，显示表元素。

屏幕依次显示表元素值。

case 13：输入 13，选择功能 13，按值查找元素前驱。

13.1 按屏幕提示，输入查询元素值。

13.2 显示查询结果。

case 0：输入 0，选择功能 0，程序退出。

屏幕显示“结束运行 bye-bye!”，按任意键，结束程序运行。

4. 思考题

研读源程序，回答下列问题。

(1) 该程序处理的数据是什么逻辑结构和物理结构?

(2) 程序中哪个函数实现顺序表的创建? 其中包括顺序表的初始化工作吗?

(3) 程序中提供了几种元素查找方法，分别用哪个函数实现?

(4) 为什么初始化操作 InitList()中，内存申请不成功，用 exit 退出，可以改用 return false 吗?

(5) 如果 LocateElem_e()函数返回值为－1、0、1，分别表示什么意思?

(6) 程序退出时，调用了哪个函数? 该函数的主要工作是什么?

(7) 根据求元素前驱的算法，如何实现求后继的算法?

(8) 表容量是在哪里确定的?

运行程序，回答下列问题。

(9) 功能“1-初始化顺序表”起什么作用? 可以不执行此功能直接执行后续功能吗?

(10) 对于空表，选择功能 3～13，理解和分析运行结果。

(11) 对于满表，选择功能 3～13，理解和分析运行结果。

(12) 对于非空表和非满表，选择功能 3～13，理解和分析运行结果。

(13) 创建一个 10 个元素的顺序表，可插入元素的合理位序是什么? 在 $i=1$、5、10、11、12 处插入元素，理解和分析运行结果。

(14) 顺序表中可删除元素的合理位序是什么? 删除 $i=1$、5、10、11、12 的元素，理解和分析运行结果。

(15) 程序启动成功后，直接按 0 退出程序，结果是什么? 试分析其原因。

2.2 单 链 表

单链表验证程序实现了主教材定义的单链表，其结构定义与基本操作实现放在头文件 LinkList.h 中，通过调用它即可使用单链表。验证程序通过源程序 LinkList.cpp 给出了最简单的使用展示，提供单链表各个基本操作的功能调用。

1. 程序设计简介

本验证程序包括两个文件：LinkList.h 和 LinkList.cpp。

(1) 头文件 LinkList.h。

头文件 LinkList.h 包括以下 3 项内容。

① 单链表结点 LNode 的结构定义。

② 用已定义的单链表基本操作实现按值查找前驱 PriorElem_e()(算法 2.1)。

③ 单链表的基本操作实现,包括初始化单链表 InitList()(算法 2.11)、尾插法创建单链表 CreateList_1()(算法 2.12)、头插法创建单链表 CreateList_2()(算法 2.13)、销毁单链表 DestroyList()(算法 2.14)、获取第 i 个元素 GetElem_i()(算法 2.15)、按值查找元素位序 LocateElem_e()(算法 2.16)、插入第 i 个元素 InsertElem_i()(算法 2.17)、删除第 i 个元素 DeleteElem_i()(算法 2.18)、修改第 i 个元素 PutElem_i()(算法 2.19)、清空表 ClearList()、测表长 ListLength()(算法 2.20)、测表空 ListEmpty()、遍历输出表元素 DispList()(算法 2.21)等。

(2) 源程序文件 LinkList.cpp。

LinkList.cpp 包括以下 3 项内容。

① 菜单定义函数 dispmenu(),定义交互功能。

② 单链表逆置函数 ReverseLinkList(),是单链表的一个应用,实现单链表逆置(算法 2.25)。

③ 主函数 main(),通过调用 LinkList.h 中定义的操作实现程序的各功能,用菜单提供交互界面。

单链表程序功能结构图如图 2.2.3 所示,功能 1～13 分别对应单链表的基本操作,功能 0 为退出程序,链表的销毁在功能 0 中完成。

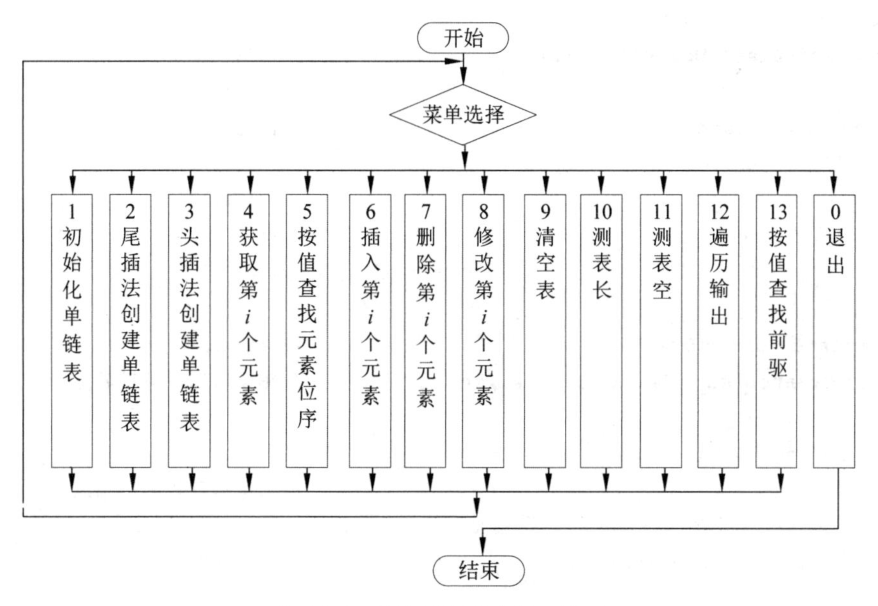

图 2.2.3　单链表程序功能结构图

2. 源程序

(1) LinkList.h。

```
template <class DT>                              //链表结点定义
struct LNode
{
    DT data;                                     //数据域,存储数据元素值
    LNode * next;                                //指针域,指向下一个结点
};

template <class DT>                              //算法 2.1
bool PriorElem_e(LNode<DT> * L, DT e, DT &pre_e) //求值为 e 的元素前驱
{
    int k;
    k=LocateElem_e(L,e);                         //获取 e 的位序 k
    if(k>1)                                      //位序 k 大于 1
    {
        GetElem_i(L,k-1,pre_e);                  //第 k-1 个元素为 e 的前驱
        return true;
    }
    else                                         //无前驱元素
        return false;                            //返回 false
}

template <class DT>                              //算法 2.11
bool InitList(LNode<DT> * &L)                    //初始化单链表
{
    L=new LNode<DT>;                             //创建头结点
    if(!L) exit(1);                              //创建失败,退出
    L->next=NULL;                                //创建成功
    return true;                                 //返回 true
}

template <class DT>                              //算法 2.12
bool CreateList_1(LNode<DT> * &L,int n)          //尾插法创建单链表
{
    LNode<DT> * p, * s;
    p=L;                                         //工作指针指向尾结点
    cout<<"依次输入"<<n<<"个数据元素: "<<endl;
    for(int i=1; i<=n;i++)                       //按位序创建结点
    {
        s=new LNode<DT>;                         //新建一个结点 s
        if(!s)                                   //创建失败,返回 false
            return false;
```

```
        cin>>s->data;                           //输入结点值
        s->next=p->next;                        //s 链在表尾
        p->next=s;
        p=s;                                    //工作指针指向 s
    }
    return true;                                //创建成功,返回 true
}

template <class DT>                             //算法 2.13
bool CreateList_2(LNode<DT> * (&L),int n)       //头插法创建单链表
{
    LNode<DT> * s;
    cout<<"逆序输入"<<n<<"个数据元素: "<<endl;
    for(int i=1; i<=n;i++)                      //按位序逆序创建结点
    {
        s=new LNode<DT>;                        //新建一个结点 s
        if(!s)                                  //创建失败,返回 false
            return false;
        cin>>s->data;                           //输入结点值
        s->next=L->next;                        //s 插在头结点后
        L->next=s;
    }
    return true;                                //创建成功,返回 true
}

template <class DT>                             //算法 2.14
void DestroyList(LNode<DT> * (&L))              //销毁单链表
{
    LNode<DT> * p;
    while(L)                                    //表非空,循环
    {
        p=L;                                    //从头结点开始
        L=L->next;                              //头指针后移
        delete p;                               //释放表头结点所占内存
    }
        L=NULL;                                 //头指针指向空
}

template<class DT>                              //算法 2.15
bool GetElem_i(LNode<DT> * L,int i, DT &e)      //获取第 i 个元素
{
    LNode<DT> * p;
    p=L->next;                                  //从首结点开始数结点
    int j=1;                                    //计数器初始化
    while(p&&j<i)                               //定位到第 i 个元素结点
```

```
    {
        p=p->next;j++;
    }
    if(!p ||j>i)                                    //未找到,返回 false
        return false;
    else                                            //找到
    {
        e=p->data;                                  //获取第 i 个元素值
        return true;                                //操作成功,返回 true
    }
}

template<class DT>                                  //算法 2.16: 按值查找元素位序
int LocateElem_e(LNode<DT> * L, DT e)               //查找值为 e 的元素位序
{
    LNode<DT> * p;
    p=L->next;                                      //从首元开始查找
    int j=1;                                        //计数器初值
    while(p && p->data!=e)                          //顺序查找
    {
        p=p->next;                                  //未找到指针后移
        j++;                                        //计数器增 1
    }
    if(p==NULL)                                     //判断是否找到
        return 0;                                   //未找到,返回 0
    else
        return j;                                   //找到,返回位序
}

template<class DT>                                  //算法 2.17
bool InsertElem_i(LNode<DT> * &L,int i, DT e)       //插入第 i 个元素
{
    int j=0;
    LNode<DT> * p;
    p=L;                                            //从头结点开始
    while(p && j<i-1)                               //定位到插入点前驱
    {
        p=p->next;
        j++;
    }
    if(!p||j>i-1)                                   //定位失败
        return false;                               //不能插入,返回 false
    else                                            //定位成功
    {
```

```
        LNode<DT> * s;
        s=new LNode<DT>;                        //建立新结点
        s->data=e;                              //新结点赋值
        s->next=p->next;                        //结点 s 链接到结点 p 之后
        p->next=s;
    return true;                                //插入成功,返回 true
    }
}

template<class DT>                              //算法 2.18
bool DeleteElem_i(LNode<DT> * (&L),int i)       //删除第 i 个元素
{
    LNode<DT> * p, * q;                         //设置工作指针
    p=L;                                        //查找从头结点开始
    int j=0;                                    //计数器初始化
    while(p->next && j<i-1)                     //p 定位到删除点的前驱
    {
        p=p->next;
        j++;
    }
    if(!p->next||j>i-1)                         //删除位置不合理
        return false;                           //删除失败,返回 false
    else                                        //定位成功
    {
        q=p->next;                              //暂存删除结点位置
        p->next=q->next;                        //从链表中摘除删除结点
        delete q;
        return true;                            //删除成功,返回 true
    }
}

template<class DT>                              //算法 2.19
bool PutElem_i(LNode<DT> * (&L),int i, DT e)    //修改第 i 个元素
{
    LNode<DT> * p;                              //设置工作指针
    p=L->next;                                  //从首结点开始数结点
    int j=1;                                    //计数器初始化
    while(p&&j<i)                               //定位到第 i 个结点
    {
        p=p->next;j++;
    }
    if(!p||j>i)                                 //元素不存在
        return false;                           //不能修改,返回 false
    else                                        //定位成功
```

```
    {
        p->data=e;                              //修改元素值
        return true;                            //修改成功,返回 true
    }
}

template<class DT>                              //释放链表所占空间
void ClearList(LNode<DT> * (&L))
{
    LNode<DT> * p;
    while(L->next)                              //从首元结点开始,
    {                                           //依次释放结点
        p=L->next;
        L->next=p->next;
        delete p;
    }
    cout<<endl<<"表已清空!"<<endl;
}

template<class DT>                              //算法 2.20
int ListLength(LNode<DT> * L)                   //测表长
{                                               //初始化
    int len=0;                                  //结点计数器赋初值 0
    LNode<DT> * p;                              //设置工作指针
    p=L;                                        //指向头结点
    while(p->next)                              //数结点个数,有后继结点
    {
        len++;p=p->next;                        //结点数增 1,指针后移
    }
    return len;                                 //返回表长
}

template<class DT>
bool ListEmpty(LNode<DT> * L)                   //测表空
{
    if(L->next==NULL)
        return true;                            //空表,返回 1
    else
        return false;                           //不空,返回 0
}

template <class DT>                             //算法 2.21
void DispList(LNode<DT> * L)                    //遍历输出表元素
{
```

```
    LNode<DT> * p;                          //设置工作指针
    p=L->next;                              //从首元结点开始遍历
    while(p)                                //依次输出各结点值
    {
        cout<<p->data<<"\t";
        p=p->next;
    }
    cout<<endl;
}
```

(2) LinkList.cpp。

```
#include<iostream>                          //头文件
using namespace std;
#include "LinkList.h"

void ReverseLinkList(LNode<int> * &L)       //算法 2.22
{                                           //单链表逆置
    LNode<int> * p, * q;                    //q 是 p 的前驱
    p=L->next;                              //原链表头结点为逆置后表的头结点
    L->next=NULL;
    while(p)                                //依次摘除原链表结点
    {                                       //以头插法插入逆置链表中
        q=p;                                //q 取当前结点位置
        p=p->next;                          //p 指向下一个待处理结点
        q->next=L->next;                    //将 q 插入头结点之后
        L->next=q;
    }
}

void dispmenu()                             //功能菜单
{
    cout<<" * * *   单链表   * * * \n";
    cout<<" 1-初始化单链表\n";
    cout<<" 2-尾插法创建单链表\n";
    cout<<" 3-头插法创建单链表\n";
    cout<<" 4-获取第 i 个元素\n";
    cout<<" 5-按值查找元素位序\n";
    cout<<" 6-插入第 i 个元素\n";
    cout<<" 7-删除第 i 个元素\n";
    cout<<" 8-修改第 i 个元素\n";
    cout<<" 9-清空表\n";
    cout<<"10-测表长\n";
    cout<<"11-测表空\n";
    cout<<"12-遍历输出\n";
```

```
    cout<<"13-按值查找前驱\n";
    cout<<"0-退出\n";
}
int main()                                      //主函数
{
    int i,n;
    int e,pre_e;
    LNode<int> * L;                             //元素类型为整型的单链表
    system("cls");                              //清屏
    int choice;
    do
    {
        dispmenu();                             //显示菜单
        cout<<"Enter choice(1~12,0 退出):";
        cin>>choice;                            //功能选择
        switch(choice)
        {
            case 1:                             //初始化单链表
                if(InitList(L))
                    cout<<endl<<"创建成功!"<<endl;
                break;
            case 2:                             //尾插法创建单链表
                cout<<"尾插法创建单链表"<<endl;
                cout<<"输入要创建的顺序表中元素个数:";
                cin>>n;                         //输入元素个数
                if(CreateList_1(L,n))           //创建成功
                    cout<<"创建的单链表为: ";
                DispList(L);                    //显示表
                break;
            case 3:                             //头插法创建单链表
                cout<<"头插法创建单链表"<<endl;
                cout<<"输入要创建的顺序表中元素个数:";
                cin>>n;                         //输入元素个数
                if(CreateList_2(L,n))           //创建成功
                    cout<<"创建的单链表为: ";
                DispList(L);                    //显示表
                cout<<endl;
                break;
            case 4:                             //获取第 i 个元素
                cout<<"请输入元素序号:";
                cin>>i;                         //输入元素序号
                cout<<endl;
                if(GetElem_i(L,i, e))           //获取成功
                    cout<<"第"<<i<<"个元素为:"<<e<<endl;
```

```
        else                                    //获取失败
            cout<<"元素不存在!"<<endl;
        break;
    case 5:                                     //按值查找元素位序
        cout<<"请输入要查询的元素值:";
        cin>>e;                                 //输入要查询的元素值
        i=LocateElem_e(L, e);                   //获取元素位序
        cout<<"位序为: "<<i<<endl;              //显示位序,0 表示不存在
        break;
    case 6:                                     //插入第 i 个元素
        cout<<"输入插入位置: "<<endl;
        cin>>i;                                 //输入插入位序
        cout<<"输入插入元素值: "<<endl;
        cin>>e;                                 //输入插入元素值
        if(InsertElem_i(L,i,e))                 //插入成功
        {
            cout<<"插入成功!"<<endl;
            cout<<"插入元素后的单链表为: "<<endl;
            DispList(L);
        }
        else                                    //插入不成功
            cout<<"插入不成功!"<<endl;
        break;
    case 7:                                     //删除第 i 个元素
        cout<<"输入删除元素位置: "<<endl;
        cin>>i;                                 //输入删除元素位序
        if(DeleElem_i(L,i))                     //删除成功
        {
            cout<<"删除成功!"<<endl;
            cout<<"删除元素后的单链表为: "<<endl;
            DispList(L);
        }
        else                                    //删除失败
            cout<<"删除失败!"<<endl;
        break;
    case 8:                                     //修改第 i 个元素
        cout<<"输入修改元素位置: "<<endl;
        cin>>i;
        cout<<"输入新元素值: "<<endl;
        cin>>e;                                 //输入元素新值
        if(PutElem_i(L,i,e))                    //修改成功
        {
            cout<<"修改成功!"<<endl;
            cout<<"修改后的单链表为: "<<endl;
```

```
                DispList(L);
            }
            else                                    //修改失败
                cout<<"修改失败!"<<endl;
            break;
        case 9:                                     //清空表
            ClearList(L);
            break;
        case 10:                                    //测表长
            cout<<"表长为: "<<ListLength(L)<<endl;
            break;
        case 11:                                    //测表空
            if(ListEmpty(L))                        //空表
                cout<<endl<<"空表!"<<endl;
            else                                    //非空表
                cout<<endl<<"不是空表!"<<endl;
            break;
        case 12:                                    //遍历输出
            DispList(L);
            cout<<endl;
            break;
        case 13:                                    //按值查找前驱
            cout<<"测试链表为\n";
            DispList(L);
            cout<<"输入查找前驱的元素值: \n";
            cin>>e;                                 //输入元素值
            if(PriorElem_e(L,e,pre_e))              //有前驱元素
                cout<<e<<"的前驱元素为: "<<pre_e<<endl;
            else                                    //无前驱元素
                cout<<e<<"无前驱元素!"<<endl;
            break;
        case 0:                                     //退出,销毁链表
            DestroyList(L);
            cout<<"结束运行,bye-bye!"<<endl;
            break;
        default:                                    //无效选择
            cout<<"无效选择,重新选择! \n";
            break;
        }
    }while(choice!=0);
    return 0;
}
```

3. 运行说明

运行程序,启动成功后单链表程序运行界面如图 2.2.4 所示。

图 2.2.4　单链表程序运行界面

case 1：输入 1，选择功能 1，初始化单链表。

运行成功，创建一个空的单链表。

case 2：输入 2，选择功能 2，尾插法创建单链表。

2.1　按屏幕提示，输入要创建的元素个数。

2.2　依次输入各元素(整型)，元素之间用空格相隔或按回车键。

2.3　屏幕显示所有表元素。

case 3：输入 3，选择功能 3，头插法创建单链表。

3.1　按屏幕提示，输入要创建的元素个数。

3.2　逆序输入各元素(整型)，元素之间用空格相隔或按回车键。

3.3　屏幕显示所有表元素。

case 4：输入 4，选择功能 4，获取第 *i* 个元素。

4.1　按屏幕提示，输入要查询的元素位序。

4.2　若位序合法，显示该元素；否则给出不存在提示信息。

case 5：输入 5，选择功能 5，按值查找元素位序。

5.1　按屏幕提示，输入要查询的元素值。

5.2　显示位序值，0 表示不存在。

case 6：输入 6，选择功能 6，插入第 *i* 个元素。

6.1　按屏幕提示，输入插入位置。

6.2　按屏幕提示，输入插入的元素值。

6.3　若插入位置合法，屏幕显示插入元素后的表所有元素；否则显示插入不成功提示。

case 7：输入 7，选择功能 7，删除第 *i* 个元素。

7.1　按屏幕提示，输入删除元素序号。

7.2　若删除位置合法，屏幕显示插入元素后的表所有元素；否则显示删除不成功提示。

case 8：输入 8，选择功能 8，修改第 *i* 个元素。

8.1　按屏幕提示，输入要修改元素位序。

8.2 按屏幕提示,输入元素新值。

8.3 若位序 i 合法,屏幕显示修改元素值后的表所有元素;否则显示修改失败提示。

case 9:输入 9,选择功能 9,清空单链表。

注意:完成后用"测表空"检测表是否为空。

case 10:输入 10,选择功能 10,测表长。

屏幕显示表长。

case 11:输入 11,选择功能 11,测表空。

屏幕显示测试结果。

case 12:输入 12,选择功能 12,遍历输出表。

屏幕依次显示表元素值。

case 13:输入 13,选择功能 13,按值查找前驱。

13.1 按屏幕提示,输入查询元素值。

13.2 显示查询结果。

case 14:输入 14,选择功能 14,单链表逆置。

运行成功,屏幕显示逆置前、后的单链表。

case 0:输入 0,选择功能 0,程序退出。

屏幕显示"结束运行 bye-bye!",按任意键,结束程序运行。

4. 思考题

研读源程序,回答下列问题。

(1) 该验证程序数据对象采用了什么样的逻辑结构和物理结构?

(2) 分别给出按值查找和按位序查找的算法流程图?两者有何区别?

(3) 分析按位序查找算法的时间复杂度。

(4) 顺序表和单链表中均有【算法 2.1】的实现,两者有何区别?

(5) 查找的元素不存在,LocateElem_e()函数返回什么值?

(6) 分析单链表逆置算法的时间复杂度和空间复杂度?

(7) 单链表逆置算法能用于顺序表吗?

(8) 单链表中没有表长属性,如何测表空?遍历输出时如何判断遍历是否完成?

运行程序,回答下列问题。

(9) 通过执行功能 1、2、3,说明创建工作是在空表基础上创建的,还是在已有表的基础上创建?

(10) 分别用尾插法和头插法创建单链表,用功能 12 查看链表元素,说明两者的区别。

(11) 对于空表,选择功能 4~13,理解和分析运行结果。

(12) 对于非空表,选择功能 4~13,理解和分析运行结果。

(13) 链表会出现"表满"吗?

(14) 举例说明合法的插入、删除范围是多少?在程序中如何控制?

2.3　顺序表的应用

顺序表应用的验证程序采用顺序表解决了 3 个线性表问题：①集合并；②顺序表逆置；③多项式求和。3 个功能之间没有关联。

1. 程序设计简介

顺序表应用程序功能结构图如图 2.2.5 所示，功能 1～3 分别对应 3 个应用，功能 0 为结束运行。

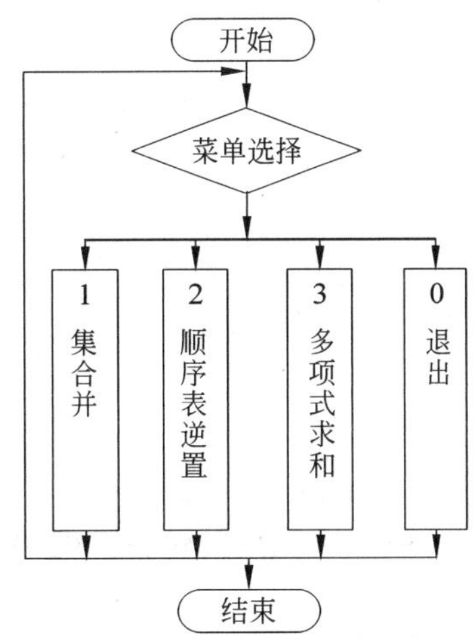

图 2.2.5　顺序表应用程序功能结构图

(1) 集合并。分别用顺序表表示两个集合 A、B，用顺序表的基本操作求 A＝A∪B，由函数 Union()(算法 2.23)实现。

顺序表的容量按照实际集合大小设置，求 A＝A∪B 要求 A 集合能容纳两个集合的数据元素，所以创建时需先输入两个集合的元素个数，依此初始化两个顺序表，然后分别创建集合元素。

(2) 顺序表逆置。实现一个顺序表逆置，由函数 ReverseSqList()(算法 2.24)实现。程序提供顺序表的创建、逆置与显示功能。

(3) 多项式求和。分别用顺序表表示两个一元多项式 fa、fb，求 fc＝fa＋fb，由函数 PolyAdd()(算法 2.25)实现。为了更直观地显示一元多项式，添加了多项式显示函数 void DispPoly(float A[],int n)。

问题中涉及顺序表的初始化、创建、显示等工作，通过调用 SqList.h 完成。所以，源程序中包括两个文件：SqList.h 和 SqListApp.cpp。SqList.h 作为 SqListApp.cpp 包含的头文件被使用，即由语句 #include "SqList.h"实现。

该验证程序展示了解决顺序表相关问题时，如何以顺序表(SqList)为工具，省略顺序表基本操作的重复实现，将注意力集中在所需求解的问题上。

2. 源程序

```
#include<iostream>                                    //cout,cin
using namespace std;
#include "SqList.h"
void dispmenu()                                       //功能菜单
{
    cout<<endl;
    cout<<"1-集合并 A=A∪B\n";
    cout<<"2-顺序表逆置\n";
    cout<<"3-多项式求和\n";
    cout<<"0-退出\n";
}

template <class DT>                                   //算法 2.23
```

```
void Union(SqList<DT>&La, SqList<DT>Lb)                //求 La=La∪La
{
    DT e;
    int k;
    for(int i=1;i<=Lb.length;i++)                      //扫描 Lb
    {
        GetElem_i(Lb,i,e);                             //获取 Lb 的第 i 个元素
        if(!LocateElem_e(La,e))                        //如果 La 中无此元素
        {
            k=La.length+1;                             //添加在 La 的表尾
            InsertElem_i(La,k,e);
        }
    }
}

template <class DT>                                    //算法 2.24
void ReverseSqList(SqList<DT>&L)                       //顺序表逆置
{
    DT t;
    for(int i=0; i<L.length/2; i++)                    //前半元素,循环
    {
        t=L.elem[i];                                   //与倒数相同位置上元素互换
        L.elem[i]=L.elem[L.length-i-1];
        L.elem[L.length-i-1]=t;
    }
    return;
}

void PolyAdd(SqList<float>la, SqList<float>lb, SqList<float>&lc)  //算法 2.25
{                                                      //多项式求和 lc=la+lb
    int i=0;                                           //设置处理起始位置
    while(i<la.length && i<lb.length)                  //两个多项式均未处理完
    {
        lc.elem[i]=la.elem[i]+lb.elem[i];              //相同位序上的系数相加
        i++;
    }
    if(la.length>lb.length)                            //la 未处理完,lb 已处理完
    {
        while(i<la.length)                             //lc 取 la 中剩余项
        {
            lc.elem[i]=la.elem[i];
            i++;
        }
    }
    else                                               //lb 未处理完,la 已处理完
    {
```

```
        while(i<lb.length)                          //lc 取 lb 中剩余项
        {
            lc.elem[i]=lb.elem[i];
            i++;
        }
    }
}

void DispPoly(float A[],int n)                      //显示多项式
{
    cout<<A[0]<<"+";
    for(int i=1; i<n-1;i++)
        cout<<A[i]<<"x^"<<i<<" +";
    cout<<A[i]<<"x^"<<i;
    cout<<endl;
}

int main()                                          //主函数
{
    int e;
    int na,nb,nc;
    SqList<int>La, Lb;                              //集合 A、B
    SqList<int>Lc;                                  //顺序表
    SqList<float>fa,fb,fc;                          //多项式 A、B、C
    system("cls");                                  //清屏
    int choice;
    do
    {
        dispmenu();                                 //显示菜单
        cout<<"Enter choice(1~4,0 退出):";
        cin>>choice;
        switch(choice)
        {
            case 1:                                 //求集合并
                cout<<"创建集合 A、B\n";
                cout<<"输入集合 A 元素个数: ";
                cin>>na;
                cout<<"输入集合 B 元素个数: ";
                cin>>nb;
                InitList(La,na+nb);                 //创建集合 A
                cout<<"创建集合 A 的元素,";
                CreateList(La,na);
                InitList(Lb,nb);                    //创建集合 B
                cout<<"创建集合 B 的元素,";
                CreateList(Lb,nb);
                cout<<"集合 A 为: "<<endl;            //显示集合 A
```

```
        DispList(La);
        cout<<"集合 B 为: "<<endl;          //显示集合 B
        DispList(Lb);
        Union(La, Lb);                      //求集合并
        cout<<"A∪B 为:"<<endl;              //显示结果
        DispList(La);
        cout<<endl;
        DestroyList(La);
        DestroyList(Lb);
        break;
    case 2:                                 //顺序表逆置
        cout<<"请输入要创建的顺序表中元素个数:";
        cin>>nc;                            //输入表中元素个数
        InitList(Lc,nc);                    //初始化表
        cout<<endl;
        CreateList(Lc,nc);                  //创建表
        cout<<"创建的顺序表为: "<<endl;     //显示表
        DispList(Lc);
        ReverseSqList(Lc);                  //逆置表
        cout<<"逆置后的顺序表为: "<<endl;   //显示逆置后的表
        DispList(Lc);
        cout<<endl;
        DestroyList(Lc);
        break;
    case 3:                                 //多项式求和
        cout<<"\n 创建多项式 A\n";          //创建多项式 A
        cout<<"输入多项式 A 的项数: ";
        cin>>na;                            //输入多项式 A 项数
        InitList(fa,na);                    //初始化多项式 A
        cout<<"按幂升序输入多项式 A 各项系数,";
        CreateList(fa,na);                  //创建多项式
        cout<<"\n 创建多项式 B\n";
        cout<<"输入多项式 B 的项数: ";
        cin>>nb;                            //输入多项式 B 项数
        InitList(fb,nb);                    //初始化多项式 B
        cout<<"按幂升序输入多项式 B 各项系数,";
        CreateList(fb,nb);                  //创建多项式 B
        cout<<"\n 多项式 A 为: "<<endl;
        DispPoly(fa.elem,na);               //显示多项式 A
        cout<<"\n 多项式 B 为: "<<endl;
        DispPoly(fb.elem,nb);               //显示多项式 B
        nc=(na>=nb)? na:nb;
        InitList(fc,nc);                    //初始化多项式 C
        PolyAdd(fa,fb,fc);                  //求 C=A+B
        cout<<"\n 多项式 A +多项式 B = "<<endl;
        DispPoly(fc.elem,nc);               //显示多项式 C
```

```
            cout<<endl;
            DestroyList(fa);                        //销毁多项式
            DestroyList(fb);
            DestroyList(fc);
            break;
        case 0:                                     //退出
            cout<<"结束运行 bye-bye!"<<endl;
            break;
        default:                                    //无效选择
            cout<<"无效选择,重新选择!\n";
            break;
        }
    }while(choice!=0);
    return 0;
}                                                   //end of main function
```

3. 运行说明

运行程序,启动成功后程序运行主界面如图2.2.6所示。

case 1:**输入1,选择功能1,集合并A=A∪B**。

1.1　按屏幕提示,输入集合A、B元素个数,元素之间用空格相隔或按回车键。

1.2　按屏幕提示,输入集合A的元素(整型),元素之间用空格相隔或按回车键。

1.3　按屏幕提示,输入集合B的元素(整型),元素之间用空格相隔或按回车键。

注意:集合中的元素具有相异性,数据输入时不要在同一集合中输入相同元素。

1.4　屏幕显示集合A、集合B及集合A∪B的结果,如图2.2.7所示。

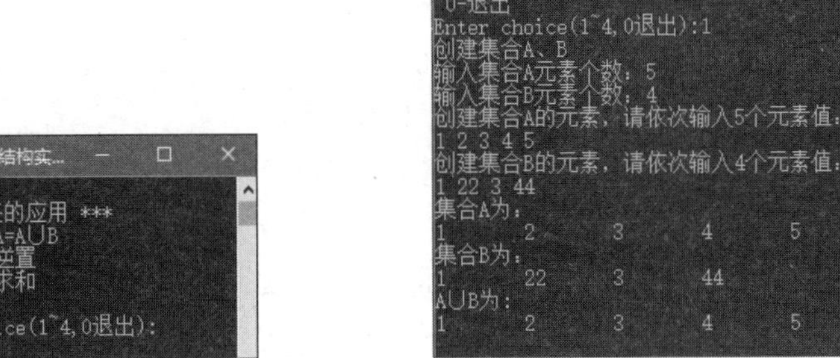

图2.2.6　程序运行主界面　　图2.2.7　集合并运行截图

case 2:**输入2,选择功能2,顺序表逆置**。

2.1　按屏幕提示,输入顺序表元素个数。

2.2　按屏幕提示,输入顺序表元素。

2.3　屏幕显示逆置前后的顺序表。

case 3：输入 3，选择功能 3，多项式求和。

3.1 按屏幕提示，创建多项式 A：①输入多项式项数；②按幂升序输入各项系数。

3.2 按屏幕提示，创建多项式 B：①输入多项式项数；②按幂升序输入各项系数。

注意：用顺序表表示多项式时用位序映射幂指数，如果没有对应幂的项，系数取 0。

3.3 屏幕显示运行结果。多项式求和运行截图如图 2.2.8 所示。

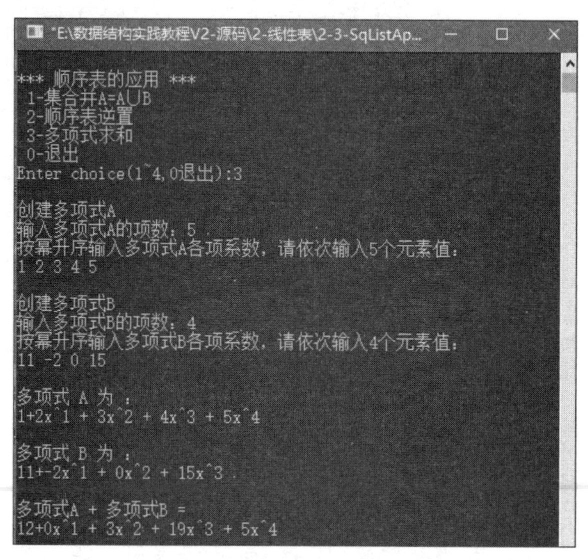

图 2.2.8 多项式求和运行截图

case 0：输入 0，选择功能 0，程序退出。

屏幕显示“结束运行 bye-bye!”，按任意键，结束程序运行。

4. 思考题

研读源程序，回答下列问题。

(1) 该源程序实现了哪几个顺序表的应用？

(2) “求集合并”中用到了哪些顺序表的基本操作？

(3) “顺序表逆置”中用到了哪些顺序表的基本操作？

(4) “顺序表逆置”中，当元素个数分别为 10 和 11 时，分别发生了几次数据互换？

(5) 一个有序顺序表通过逆置实现逆序，时间复杂度是多少？

(6) “多项式求和”中用到了哪些顺序表的基本操作？

(7) “多项式求和”操作中，系数为 0 表示该项不存在，实际存储了吗？

(8) 程序可改进之处有哪些？

运行程序，回答下列问题。

(9) 用运行示例说明“求集合并”中元素按什么顺序输出？

(10) 用运行示例说明“求集合并”运行后原集合 A、B 的内容分别是什么？

(11) 求集合并中，分别给出下列数据的运行结果。

① 两个空集；② A、B中有一个空集；③ 两个非空集合；④ 两个具有包含关系的集合；⑤ 两个相等集合。

(12)“顺序表逆置”中，分别给出下列数据的运行结果。

① 奇数个元素；② 偶数个元素。

(13) 对于多项式求和，分别给出下列数据的运行结果。

① 两个多项式等长；② 两个多项式不等长；③ 有一个空多项式；④ 和为空的两个多项式。

(14) 在“多项式求和”操作中，系数为0表示该项不存在，该项显示了吗？如何修改程序，不显示该项。

2.4　一元稀疏多项式求和

一元稀疏多项式求和是链表的一个应用。本验证程序解决的问题是求 fa(x)= fa(x)+ fb(x)，fa(x)和 fb(x)均为稀疏多项式，和存于 fa(x)中。一元稀疏多项式求和本质上是两个有序链表的合并。在稀疏多项式求和问题中，序指“指数幂升序”。

1. 程序设计简介

验证程序采用具有头结点的单链表表示一元稀疏多项式，结点定义与主教材一致，如下：

```
struct PolyNode                              //多项式结点
{
    float coef;                              //系数
    int exp;                                 //指数
    PolyNode * next;                         //指向下一项结点
};
```

设用链表 LA、LB 分别存储两个稀疏多项式。所有的源码都放在文件 PolyAdd.cpp 中。根据多项式求和需要，除主函数 main()之外，设计了以下7个函数：

(1) void InitPoly(PolyNode * &L)，创建一个空的多项式链表。

(2) void DispPoly(PolyNode * L)，显示一元多项式。

(3) bool CreatePoly(PolyNode * &L,int n)，创建一个有 n 项的一元多项式，其中调用了初始化多项式链表和显示一元多项式的函数，后者用于展示所创建的多项式。

(4) void PolyAdd(PolyNode * &LA,PolyNode * &LB)，求一元多项式 LA 和 LB 的和，结果存于 LA 中。

(5) void DestroyPoly(PolyNode * &L)，销毁多项式链表所占内存，在程序退出功能中调用该函数。

(6) void SortPoly(PolyNode * &L)，多项式链表按幂升序排序。

多项式求和是建立在多项式链表按幂升序排序的基础上，为避免输入不合理时出现异常结果，增加了排序操作。采用的排序方式是直接插入排序。与顺序表上直接插入排序算法不一样的是，查找插入位置时是从有序序列的表头开始比较而不是从有序序列尾开始比较,这主要是因为单链表的单向性。

(7) void dispmenu(),菜单定义。

程序功能结构如图 2.2.9 所示,功能 1～2 用于创建两个多项式,功能 3 用于求两个多项式的和,功能 4 用于显示多项式,功能 0 为退出程序运行。

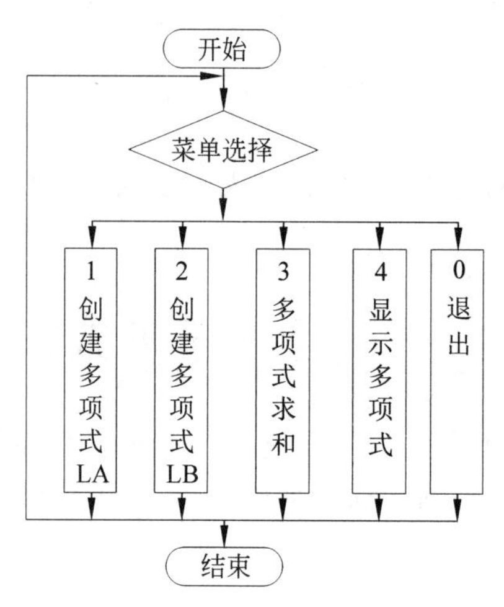

图 2.2.9　多项式求和功能结构图

2. 源程序

```
#include<iostream>                              //头文件
using namespace std;
struct PolyNode                                 //多项式结点
{
    float coef;                                 //系数
    int exp;                                    //指数
    PolyNode *next;                             //指向下一项结点
};

void InitPoly(PolyNode *&L)                     //创建一个空多项式
{
    L=new PolyNode;
    L->next=NULL;
}

bool CreatePoly(PolyNode *&L,int n)             //尾插法创建多项式各项
{
    PolyNode *p, *s;
    p=L;
    for(int i=1; i<=n; i++)                     //多项式有 n 项,循环 n 次
    {
        s=new PolyNode;                         //申请结点
```

```
        if(!s)                                   //申请失败
            return false;                        //创建失败,返回 false
        cout<<"输入第"<<i<<"项系数和幂指数: ";
        cin>>s->coef>>s->exp;                    //输入系数和幂指数
        s->next=p->next;                         //插在表尾
        p->next=s;
        p=s;
    }
    return true;                                 //创建成功,返回 true
}

void DispPoly(PolyNode * L)                      //显示多项式
{
    PolyNode * p;
    if(!L)                                       //空表,返回
    {
        cout<<"空表!";
        return;
    }
    p=L->next;                                   //从首元开始
    while(p && p->next)                          //显示多项式前 n-1 项
    {
        cout<<p->coef<<"x^"<<p->exp<<" +";
        p=p->next;
    }
    cout<<p->coef<<"x^"<<p->exp;                 //显示最后一项
    cout<<endl;
}

void PolyAdd(PolyNode * &LA, PolyNode * &LB)     //算法 2.26
{                                                //求多项式 LA=LA+LB
    float sum;
    PolyNode * pa, * pb, * qa, * qb;             //工作指针初始化
    pa=LA;                                       //pa 是 qa 前驱
    qa=pa->next;                                 //qa 指向 LA 首元结点
    pb=LB;                                       //pb 是 qb 前驱
    qb=pb->next;                                 //qa 指向 LB 首元结点
    while (qa!=NULL && qb!=NULL)                 //两表均不空
    {
        if(qa->exp <qb->exp)                     //LA 的幂小
        {                                        //pa、qa 后移
            pa=qa;qa=qa->next;
        }
        else if(qa->exp >qb->exp)                //LA 的幂大
```

```
        {
            pb->next =qb->next;                     //qb 链接到 pa 之后
            qb->next=qa;
            pa->next=qb;
            pa=qb;
            qb=pb->next;
        }
        else                                        //LA 与 LB 幂相同
        {
            sum=qa->coef+qb->coef;                  //计算系数和
            if(sum!=0)                              //系数和不为 0
            {
                qa->coef=sum;                       //qa->coef←sum
                pa=qa; qa=qa->next;                 //pa,qa 后移
                pb->next=qb->next;
                delete qb;                          //删除 qb
                qb=pb->next;
            }
            else                                    //系数和为 0
            {
                pa->next=qa->next;
                delete qa;                          //删除 qa
                qa=pa->next;                        //qa 为 pa 后继;
                pb->next=qb->next;
                delete qb;                          //删除 qb
                qb=pb->next;                        //qb 为 pb 的后继
             }
          }
    }                                               //while
    if(qb!=NULL)                                    //LA 处理结束,LB 未结束
        pa->next=qb;                                //qb 链接到 qa 之后
    delete pb;                                      //删除 LB 头结点
    LB=NULL;
}                                                   //Add

void DestroyPoly(PolyNode * &L)                     //释放链表所占空间
{
    PolyNode * p;
    while(L)                                        //从头结点开始,依次销毁结点
    {
        p=L;
        L=L->next;
        delete p;
    }
```

```
    L=NULL;                                         //头指针为空
}

void SortPoly(PolyNode * &L)                        //将多项式按幂升序排序
{
    PolyNode * p1, * p2, * q, * r;                  //采用插入排序算法
    p1=L;p2=p1->next;                               //p1 是 p2 的前驱
    if(p2==NULL || p2->next==NULL)                  //空表或只有 1 项的多项式
    {                                               //不需要排序
        cout<<"不需要排序!"<<endl;
        return;
    }
    r=L->next;                                      //r 指向有序子表的表尾
    q=r->next;                                      //q 为当前处理项,有序表的后一项
    while(q)                                        //未处理完
    {                                               //从首元结点开始查找插入点
        p1=L;p2=p1->next;
        while(q->exp>p2->exp && p2!=q)              //当前结点幂大,插入点后移
        {
            p1=p2;p2=p2->next;
        }
        if(p2==q)                                   //当前项无须移动
        {
            r=q;                                    //有序表表尾顺移
        }
        else                                        //q 插入 p2 前面
        {
            r->next=q->next;                        //摘除 q 结点
            q->next=p1->next;                       //在 p1 后插入结点 q
            p1->next=q;
        }
        q=r->next;                                  //下一个需处理的项

    }
    return;
}

void dispmenu()                                     //功能菜单
{
    cout<<endl;
    cout<<"1-创建多项式 LA\n";
    cout<<"2-创建多项式 LB\n";
    cout<<"3-多项式求和\n";
    cout<<"4-显示多项式\n";
```

```
    cout<<"0-退出\n";
}

int main()                                      //主函数
{
    int m,n;
    char c;
    PolyNode * LA, * LB;
    system("cls");                              //清屏
    do
    {
        dispmenu();                             //显示菜单
        cout<<"Enter choice(1~4,0 退出):";
        cin>>choice;
        switch(choice)
        {
            case 1:                             //创建多项式 LA
                InitPoly(LA);
                cout<<"请输入多项式 LA 的项数: "<<endl;
                cin>>m;                         //输入多项式 LA 项数
                CreatePoly(LA, m);              //创建多项式 LA
                cout<<"创建的多项式 LA 为: "<<endl;
                DispPoly(LA);                   //显示多项式 LA
                SortPoly(LA);                   //按幂排序多项式 LA
                cout<<"排序后多项式 LA 为: "<<endl;
                DispPoly(LA);                   //显示排序后的多项式 LA
                break;
            case 2:                             //创建多项式 LB
                InitPoly(LB);
                cout<<"请输入多项式 LB 的项数: "<<endl;
                cin>>n;                         //输入多项式 LB 项数
                CreatePoly(LB, n);              //创建多项式 LB
                cout<<"创建的多项式 LB 为: "<<endl;
                DispPoly(LB);                   //显示多项式 LB
                SortPoly(LB);                   //按幂排序多项式 LB
                cout<<"排序后多项式 LB 为: "<<endl;
                DispPoly(LB);                   //显示排序后的多项式 LB
                break;
            case 3:                             //多项式求和
                PolyAdd(LA,LB);                 //求和操作
                cout<<"A+B="<<endl;
                DispPoly(LA);                   //显示多项式和
                cout<<endl;
                break;
```

```
        case 4:                              //显示多项式
            cout<<"选择要显示的多项式 LA 或 LB: "<<endl;
            cin>>c;                          //选择 LA 或 LB
            if(c=='A'||c=='a')
                DispPoly(LA);                //显示多项式 LA
            else if(c=='B'||c=='b')
                DispPoly(LB);                //显示多项式 LB
            else                             //选择错误,不显示多项式
                cout<<"选择错误!"<<endl;
            break;
        case 0:                              //退出
            DestroyPoly(LA);                 //销毁多项式
            DestroyPoly(LB);
            cout<<"结束运行 bye-bye!"<<endl;
            break;
        default:                             //非法选择
            cout<<"非法选择,重新选择!\n";
            break;
        }
    }while(choice!=0);

    return 0;
}                                            //end of main function
```

3. 运行说明

运行程序,启动成功后多项式程序运行界面如图 2.2.10 所示。

case 1：输入 1,选择功能 1,创建多项式 LA。

1.1 按屏幕提示,输入多项式 LA 的项数。

1.2 按屏幕提示,输入多项式 LA 的各项系数和幂指数。

1.3 屏幕显示输入的多项式和按幂指数升序的多项式 LA。如果用户按幂指数升序输入各项,则排序前后的两个式子一样。

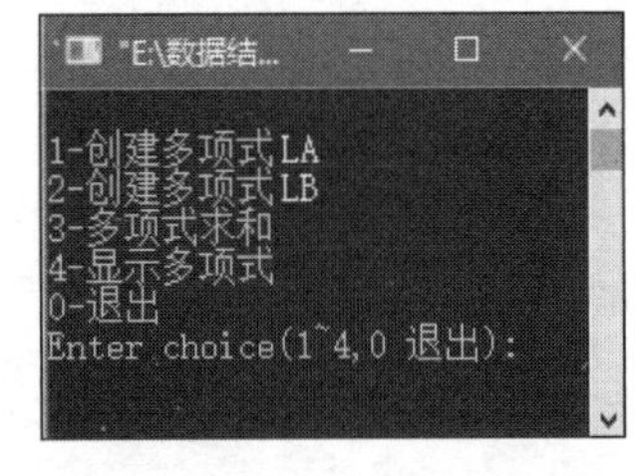

图 2.2.10 多项式程序运行界面

测试：(1)按幂指数升序输入各项;(2)不按幂指数升序输入各项。

case 2：输入 2,选择功能 2,创建多项式 LB。

2.1 按屏幕提示,输入多项式 LB 的项数。

2.2 按屏幕提示,输入多项式 LB 的各项系数和幂指数。

2.3 屏幕显示输入的多项式和按幂指数升序的多项式 LB。如果用户按幂指数升序输入各项,则排序前后的两个式子一样。

测试：(1)按幂指数升序输入各项;(2)不按幂指数升序输入各项。

case 3：输入 3，选择功能 3，多项式求和。

屏幕显示，两个被求和的多项式与和多项式。

测试：(1)主教材样例；(2)两个多项式幂指数相同；(3)其中一个只有一项。

case 4：输入 4，选择功能 4，显示多项式。

按屏幕提示，输入要显示的多项式的代号。

注意：排序操作是自动进行的，所以看到的一定是按幂指数升序的多项式。

case 0：输入 0，选择功能 0，程序退出。

屏幕显示“结束运行 bye-bye!”，按任意键，结束程序运行。

4. 思考题

研读源程序，回答下列问题。

(1) 创建一个一元多项式，需要完成哪些工作？

(2) 如果一个多项式为空，对应的多项式链表为空，程序能正常运行给出结果吗？

(3) 给出程序中所用排序方法的算法思想。

(4) 分析排序的时间和空间复杂度。

(5) 如何修改程序，实现减法运算？

(6) 顺序表中也有求两个一元多项式和的算法，两者有什么区别？分别适用于什么情况？

运行程序，回答下列问题。

(7) 如果多项式不是按幂有序的，且不进行排序操作，运算结果对吗？

(8) 如果多项式中有相同幂指数的项两项，运算结果对吗？

(9) 如果有一个多项式为空，会出现什么结果？

(10) 根据上述问题，为了提高程序的健壮性，需要做哪些工作？

第3章 栈和队列

CHAPTER

3.1 顺序栈

顺序栈验证程序实现了主教材定义的顺序栈 SqStack。顺序栈结构定义与基本操作的实现放在头文件 SqStack.h 中，通过调用它即可使用顺序栈。验证程序通过源程序 SqStack.cpp 给出了最简单的使用展示，实现各个顺序栈基本操作的功能调用。栈是数据元素插入和删除操作限制在表的一端的线性表，所以，栈的基本操作个数要少于线性表。

1. 程序设计简介

本验证程序包括两个文件 SqStack.h 和 SqStack.cpp。

(1) 头文件 SqStack.h，其中包括 2 项内容。

① 顺序栈(SqStack)的结构定义。

② 顺序栈的基本操作实现，包括初始化顺序栈 InitStack()(算法 3.1)、销毁顺序栈 DestroyStack()(算法 3.2)、元素入栈 Push()(算法 3.3)、元素出栈 Pop()(算法 3.4)、取栈顶元素 GetTop(算法 3.5)、清空栈 ClearStack()、测栈空 StackEmpty()、测栈满 StackFull()、显示栈元素 DispStack()等。

(2) 源程序文件 SqStack.cpp。通过调用 SqStack.h 中基本操作实现程序的各功能，并增加了查看栈顶指针功能，以方便观察操作对栈顶的影响及栈空、栈满时的栈顶值。程序功能结构如图 2.3.1 所示，功能 1～8 对应顺序栈的各个基本操作，功能 9 为查看栈顶指针，功能 0 为结束程序运行。

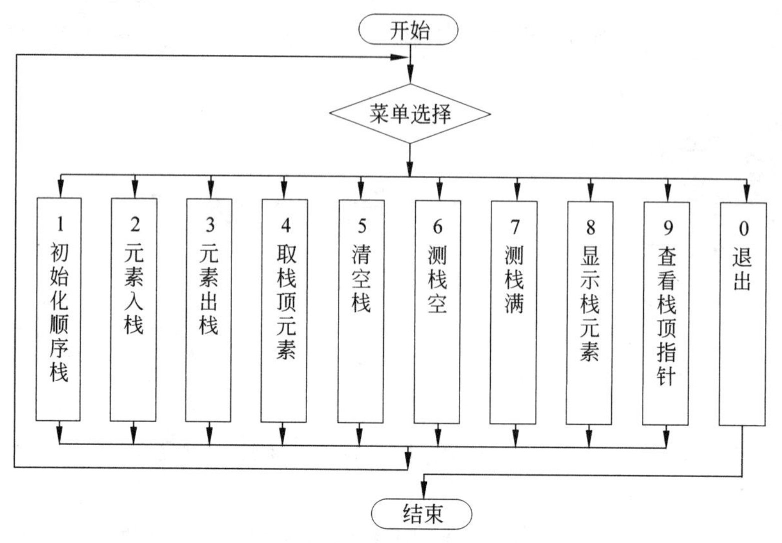

图 2.3.1 顺序栈程序功能结构图

2. 源程序

(1) SqStack.h。

```
template <class DT>
struct SqStack                              //顺序栈定义
{
    DT *base;                               //栈底
    int top;                                //栈顶
    int stacksize;                          //栈容量
};

template <class DT>                         //算法 3.1
void InitStack(SqStack<DT>&S, int m)        //初始化顺序栈
{
    S.base=new DT[m];                       //申请栈空间
    if(S.base==NULL)                        //申请失败,退出
    {
        cout<<"未创建成功!";
        exit (1);
    }
    S.top=-1;                               //设置空栈属性
    S.stacksize=m;
}

template <class DT>                         //算法 3.2
void DestroyStack(SqStack<DT>&S)            //销毁顺序栈
{
    delete [] S.base;                       //释放栈空间
```

```
    S.top=-1;
    S.stacksize=0;                          //设置栈属性
}

template<class DT>                          //算法 3.3
bool Push(SqStack<DT>&S,DT e)               //元素入栈
{
    if(S.top==S.stacksize-1)                //栈满,不能入栈
        return false;                       //返回 false
    S.top++;
    S.base[S.top]=e;
    return true;                            //入栈成功,返回 true
}

template<class DT>                          //算法 3.4
bool Pop(SqStack<DT>&S,DT &e)               //元素出栈
{
    if(S.top==-1)                           //栈空
        return false;                       //返回 false
    e=S.base[S.top];                        //取栈顶元素
    S.top--;                                //栈顶指针下移
    return true;                            //出栈成功,返回 true
}

template<class DT>                          //算法 3.5
bool GetTop(SqStack<DT>S,DT &e)             //取栈顶元素
{
    if(S.top==-1)                           //栈空
        return false;                       //返回 false
    e=S.base[S.top];                        //栈非空,取栈顶元素
    return true;                            //返回 true
}

template<class DT>
void ClearStack(SqStack<DT>&S)              //清空栈
{
    S.top=-1;
    return;
}

template<class DT>
bool StackEmpty(SqStack<DT>S)               //测栈空
{
    if(S.top==-1)                           //空栈,返回 true
        return true;
    else                                    //空栈,返回 false
```

```
        return false;
}

template<class DT>
bool StackFull(SqStack<DT>S)                   //测栈满
{
    if(S.top==S.stacksize-1)                   //栈满,返回 true
        return true;
    else                                       //栈空,返回 false
        return false;
}

template<class DT>
void DispStack(SqStack<DT>S)                   //显示栈元素
{
    int i=S.top;
    while(i>=0)
    {
        cout<<S.base[i--]<<"\t";
    }
    cout<<endl;
}
```

(2) SqStack.cpp 主文件。

```
#include<iostream>                             //cout,cin
using namespace std;
#include "SqStack.h"

void dispmenu()                                //功能菜单
{
    cout<<endl;
    cout<<"1-初始化顺序栈\n";
    cout<<"2-元素入栈\n";
    cout<<"3-元素出栈\n";
    cout<<"4-取栈顶元素\n";
    cout<<"5-测栈空\n";
    cout<<"6-显示栈元素\n";
    cout<<"0-退出\n";
}

int main()                                     //主函数
{
    int i, e;
    SqStack<int>S;                             //元素类型为整型的空顺序栈
    system("cls");                             //清屏
```

```
int choice;
do
{
    dispmenu();                          //显示菜单
    cout<<"Enter choice(1~6,0 退出):";
    cin>>choice;
    switch(choice)
    {
        case 1:                          //初始化顺序栈
            cout<<"请输入要创建的顺序栈的长度";
            cin>>i;                      //输入栈容量
            cout<<endl;
            if(InitStack (S,i))          //初始化栈
                cout<<endl<<"创建成功!"<<endl;
            break;
        case 2:                          //元素入栈
            cout<<"输入要入栈的元素值: "<<endl;
            cin>>e;                      //输入入栈元素
            if(Push(S,e))                //入栈成功
            {
                cout<<"入栈后栈元素为: "<<endl;
                DispStack(S);            //显示栈元素
            }
            else
                cout<<endl<<"栈满,不能入栈!"<<endl;
            break;
        case 3:                          //元素出栈
            if(Pop(S,e))                 //出栈成功
            {
                cout<<"出栈元素为:"<<e<<endl;
                cout<<"出栈后栈元素为: "<<endl;
                DispStack(S);            //显示栈元素
            }
            else                         //出栈失败
                cout<<endl<<"栈空,出栈失败!"<<endl;
            break;
        case 4:                          //取栈顶元素
            if(GetTop(S,e))              //取到栈顶元素
            {
                cout<<endl<<"栈顶元素为:"<<e<<endl;
            }
            else                         //操作失败
                cout<<endl<<"栈空!"<<endl;
            break;
```

```
            case 5:                          //清空栈
                ClearStack(S);
                cout<<endl<<"栈已空!"<<endl;
                break;
            case 6:                          //测栈空
                if(StackEmpty(S))            //空栈
                    cout<<endl<<"空栈!"<<endl;
                else                         //非空栈
                    cout<<endl<<"不是空栈!"<<endl;
                break;
            case 7:                          //测栈满
                if(StackFull(S))             //栈满
                    cout<<endl<<"栈满!"<<endl;
                else                         //非栈满
                    cout<<endl<<"栈不满!"<<endl;
                break;
            case 8:                          //显示栈元素
                DispStack(S);
                cout<<endl;
                break;
            case 9:                          //查看栈顶指针
                cout<<"栈顶指针 top="<<S.top<<endl;
                cout<<endl;
                break;
            case 0:                          //退出
                DestroyStack(S);             //销毁栈
                cout<<"结束运行 bye-bye!"<<endl;
                break;
            default:                         //无效选择
                cout<<"无效选择,重新选择!\n";
                break;
        }
    }while(choice!=0);

    return 0;
}                              //end of main function
```

3. 运行说明

运行程序,启动成功后顺序栈程序运行界面如图 2.3.2 所示。

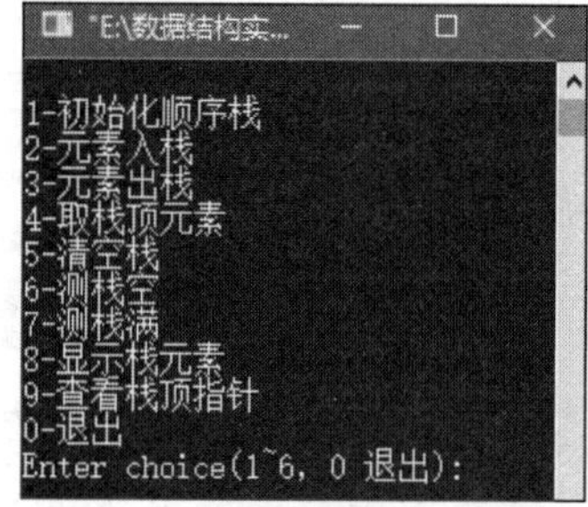

图 2.3.2 顺序栈程序运行界面

case 1:输入 1,选择功能 1,初始化顺序栈。

按屏幕提示,输入要创建的顺序栈容量。

case 2:输入 2,选择功能 2,元素入栈。

2.1 按屏幕提示,输入入栈元素值(1 个整数)。

2.2　若栈非满，入栈成功，屏幕显示入栈后栈中所有元素。

case 3：输入 3，选择功能 3，元素出栈。

3.1　屏幕显示出栈元素。

3.2　栈非空，出栈成功，屏幕显示出栈元素及出栈后栈中所有元素。

case 4：输入 4，选择功能 4，取栈顶元素。

4.1　栈非空时，屏幕显示栈顶元素。

4.2　用功能 8 查看栈中元素；用功能 9 查看取栈顶元素前后栈顶的变化。

case 5：输入 5，选择功能 5，清空栈。

5.1　屏幕显示测试结果。

5.2　用功能 9 查看清空栈前后栈顶的变化；用功能 6 测栈空。

case 6：输入 6，选择功能 6，测栈空。

6.1　屏幕显示测试结果。

6.2　用功能 8 查看栈中元素，用功能 9 查看栈顶指针，验证正确性。

case 7：输入 7，选择功能 7，测栈满。

7.1　屏幕显示测试结果。

7.2　用功能 8 查看栈中元素，用功能 9 查看栈顶指针，验证正确性。

case 8：输入 8，选择功能 8，显示栈元素。

屏幕显示栈中所有元素。

case 9：输入 9，选择功能 9，查看栈顶指针。

屏幕显示栈顶指针的值。

case 0：输入 0，选择功能 0，程序退出。

屏幕显示“结束运行 bye-bye!”，按任意键，结束程序运行。

4. 思考题

研读源程序，回答下列问题。

(1) 验证程序中栈元素类型是什么？如果取其他类型，如何修改程序？

(2) 验证程序实现了哪些栈的基本操作？对应的函数分别是哪一个？

(3) 清空栈操作只做了一件事，即 top=－1，为什么这样栈就空了？

(4) 栈空、栈满时栈顶指针分别应该为多少？

(5) GetTop()操作栈顶指针动了吗？

(6) 栈顶指针为 1 时，栈中有几个元素？

运行程序，回答下列问题。

(7) 元素 11、22、33、44 依次入栈，用功能 8 显示栈元素，看到的序列是什么？

(8) 元素入栈、出栈时，栈顶指针如何变化？

(9) 空栈时，栈顶指针值是什么？

(10) 对于空栈，执行功能 3、4、6、7、8、9，理解并分析运行结果。

(11) 对于满栈，执行功能 2、4、7、8、9、5、6，理解并分析运行结果。

(12) 程序启动成功后直接按 0 退出，会出现什么现象？分析原因。

3.2 链　　栈

链栈验证程序实现了主教材定义的链栈 LinkStack。链栈的定义与基本操作的实现放在头文件 LinkStack.h 中，通过调用它即可使用链栈。验证程序通过源程序 LinkStack.cpp 给出了最简单的使用展示，实现各个链栈基本操作的功能调用。链栈以无头结点的单链表表示，作为操作受限的线性表，链栈的基本操作少于单链表。

1. 程序设计简介

本验证程序包括两个文件 LinkStack.h 和 LinkStack.cpp。

(1) 头文件 LinkStack.h，其中包括两项内容。

① 链栈的结点 SNode 定义。

② 链栈的基本操作实现，包括初始化链栈 InitStack()(算法 3.6)、销毁栈 DestroyStack()(算法 3.7)、元素入栈 Push()(算法 3.8)、元素出栈 Pop()(算法 3.9)、取栈顶元素 GetTop()(算法 3.10)、清空栈 StackEmpty()、测栈空 StackEmpty()、显示栈元素 DispStack()等。

(2) 源程序文件 LinkStack.cpp，通过调用 LinkStack.h 中定义的操作实现程序的各功能。程序功能结构如图 2.3.3 所示，功能 1～7 对应栈的基本操作，功能 0 为退出程序。

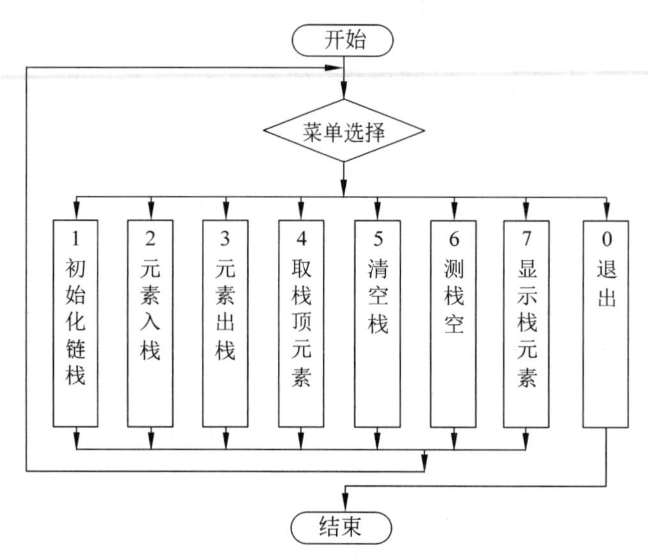

图 2.3.3　链栈程序功能结构图

2. 源程序

(1) LinkStack.h。

```
template <class DT>
struct SNode                                    //链栈的结点
{
    DT data;                                    //数据域,存储数据元素值
```

```
    SNode * next;                      //指针域,指向下一个结点
};

template <class DT>                    //算法 3.6
bool InitStack(SNode<DT> * &S)         //初始化链栈
{
    S=NULL;
    return true;
}

template <class DT>                    //算法 3.7: 销毁栈
void DestroyStack(SNode<DT> * (&S))    //释放链栈所占内存
{
    SNode<DT> * p;
    while(S)                           //从头结点开始,依次释放结点
    {
        p=S;
        S=S->next;
        delete p;
    }
    S=NULL;
}

template<class DT>                     //算法 3.8
bool Push(SNode<DT> * &S,DT e)         //元素入栈
{
    SNode<DT> * p;
    p=new SNode<DT>;                   //新建一个结点
    if(!p)
        return false;                  //创建失败,入栈失败
    p->data=e;                         //新结点赋值
    p->next=S;                         //结点 S 链接到结点 p 之后
    S=p;
    return true;                       //入栈成功,返回 true
}

template<class DT>                     //算法 3.9
bool Pop(SNode<DT> * &S,DT &e)         //元素出栈
{
    SNode<DT> * p;
    if(S==NULL)                        //空栈
      return false;                    //出栈失败,返回 false
    p=S;                               //非空栈
    e=p->data;                         //取栈顶元素
    S=S->next;                         //删除栈顶结点
    delete p;
```

```
    return true;                                    //出栈成功,返回 true
}

template<class DT>                                  //算法 3.10
bool GetTop(SNode<DT> * S,DT &e)                    //取栈顶元素
{
    SNode<DT> * p;
    if(S==NULL)                                     //空栈
      return false;                                 //操作失败,返回 false
    p=S;                                            //非空栈,取栈顶元素
    e=p->data;
    return true;                                    //操作成功,返回 true
}

template<class DT>
bool StackEmpty(SNode<DT> * S)                      //测栈空
{
    if(S==NULL)                                     //空栈
        return true;                                //返回 true
    else                                            //非空栈
        return false;                               //返回 false
}

template<class DT>
void DispStack(SNode<DT> * S)                       //显示栈元素
{
    SNode<DT> * p;
    p=S;
    while(p)
    {
        cout<<p->data<<"\t";
        p=p->next;
    }
    cout<<endl;
}
```

(2) LinkStack.cpp 主文件。

```
#include<iostream>
using namespace std;
#include "LinkStack.h"
void dispmenu()                                     //功能菜单
{
    cout<<endl;
    cout<<"1-初始化链栈\n";
    cout<<"2-元素入栈\n";
```

```
        cout<<"3-元素出栈\n";
        cout<<"4-取栈顶元素\n";
        cout<<"5-清空栈\n";
        cout<<"6-测栈空\n";
        cout<<"7-显示栈元素\n";
        cout<<"0-退出\n";
}

int main()                                  //主函数
{
    int e;
    SNode<int> * S;                         //元素类型为整型的链栈
    system("cls");                          //清屏
    int choice;
    do
    {
        dispmenu();                         //显示菜单
        cout<<"Enter choice(1~6,0 退出):";
        cin>>choice;                        //选择功能
        switch(choice)
        {
            case 1:                         //初始化链栈
                if(InitStack(S))            //操作成功
                    cout<<endl<<"创建成功!"<<endl;
                break;
            case 2:                         //元素入栈
                cout<<"输入要入栈的元素值: "<<endl;
                cin>>e;                     //输入入栈元素
                cout<<endl;
                if(Push(S,e))               //入栈成功
                {
                    cout<<endl<<"入栈成功! 栈中元素为: "<<endl;
                    DispStack(S);
                }
                else                        //入栈失败
                    cout<<endl<<"入栈不成功!"<<endl;
                break;
            case 3:                         //元素出栈
                if(Pop(S,e))                //出栈成功
                {
                    cout<<endl<<"出栈元素为:"<<e<<endl;
                    cout<<"出栈后,栈中元素为"<<endl;
                    DispStack(S);
                }
                else                        //出栈失败
```

```
                cout<<endl<<"栈空,出栈失败!"<<endl;
            break;
        case 4:                             //取栈顶元素
            if(GetTop(S,e))                 //取到栈顶元素
                cout<<endl<<"栈顶元素为:"<<e<<endl;
            else                            //未取到栈顶元素
                cout<<endl<<"栈空!"<<endl;
            break;
        case 5:                             //清空栈
            DestroyStack(S);
            cout<<"栈已清空!"<<endl;
            break;
        case 6:                             //测栈空
            if(StackEmpty(S))               //栈空
                cout<<endl<<"空栈!"<<endl;
            else                            //栈非空
                cout<<endl<<"不是空栈!"<<endl;
            break;
        case 7:                             //显示栈元素
            DispStack(S);
            cout<<endl;
            break;
        case 0:                             //退出
            DestroyStack(S);
            cout<<"结束运行 bye-bye!"<<endl;
            break;
        default:                            //无效选择
            cout<<"无效选择,重新选择! \n";
            break;
        }
    }while(choice!=0);
    return 0;
}
```

3. 运行说明

运行程序,启动成功后链栈程序运行界面如图 2.3.4 所示。

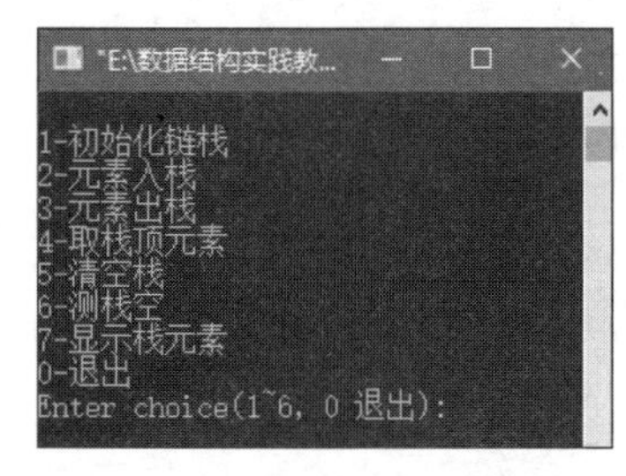

图 2.3.4 链栈程序运行界面

case 1:输入 1,选择功能 1,初始化链栈。

屏幕显示创建成功信息提示。

注意: 用功能 6 测栈是否为空。

case 2:输入 2,选择功能 2,元素入栈。

2.1 按屏幕提示,输入入栈元素值(1 个整数)。

2.2 若入栈成功,屏幕显示元素入栈后栈中所有元素;否则显示入栈不成功提示信息。

case 3：输入3，选择功能3，元素出栈。

3.1 屏幕显示出栈元素。

3.2 若出栈成功，屏幕显示元素出栈后栈中所有元素；否则显示出栈不成功提示信息。

case 4：输入4，选择功能4，取栈顶元素。

栈非空，屏幕显示栈顶元素；否则显示不成功提示信息。

case 5：输入5，选择功能5，清空栈。

5.1 屏幕显示测试结果。

5.2 用功能7查看操作前后栈元素；用功能6测栈空，用功能7查看栈元素，验证其正确性。

case 6：输入6，选择功能6，测栈空。

6.1 屏幕显示测试结果。

6.2 用功能7查看栈元素，验证其正确性。

case 7：输入7，选择功能7，显示栈元素。

屏幕显示栈中所有元素。

case 0：输入0，选择功能0，程序退出。

屏幕显示"结束运行 bye-bye!"，按任意键，结束程序运行。

4. 思考题

研读源程序，回答下列问题。

(1) 链栈采用了什么形式的链表？

(2) 验证程序中栈元素类型是什么？如果为其他类型，如何修改程序？

(3) 验证程序实现了哪些栈的基本操作？对应的函数分别是哪一个？

(4) 有清空栈对应的函数吗？清空栈是如何实现的？

(5) 栈顶指针指向哪里？GetTop()操作栈顶指针动了吗？

(6) 元素入栈时，结点插入链表的哪个位置？

(7) 出栈时删除的是链表的哪个结点？

运行程序，回答下列问题。

(8) 元素11、22、33、44依次入栈，用功能7显示栈元素，看到的序列应该是什么？

(9) 对于空栈，执行功能3、4、6、7，理解与分析运行结果。

(10) 程序启动成功后直接按0退出，可以正常退出吗？为什么？

3.3 栈的应用

栈的应用验证程序以栈为工具解决了两个应用问题：①括号匹配；②表达式计算，两个功能之间没有关联。

3.3.1 括号匹配

括号匹配问题判断一个表达式中括号是否匹配，这是判断表达式是否合规不可缺少的内容。为简化起见，本问题只关注表达式中括号是否匹配，不进行表达式其他方面合理性的判断，即只对括号进行处理，对非括号不处理。

1. 程序设计简介

以字符串存储表达式，表达式通过键盘输入。

以链栈(LinkStack)为工具，由函数 match()(算法 3.11) 判断括号是否匹配。它可以处理两种括号：方括号[]和圆括号()。程序根据用户输入的表达式中的括号，给出判断结果。为了展示程序处理过程，程序中设计了括号进栈、出栈过程的展示。

2. 源程序

```
#include<string>
#include<iostream>
using namespace std;
#include"LinkStack.h"                                   //以链栈为工具

bool match(string exp)                                  //算法 3.11: 括号的匹配
{  //检验表达式中所含[和]、(和)是否匹配,匹配返回 true,不匹配返回 false。
    SNode<char> * S;
    InitStack(S);
    int flag=1;                                         //标记查找结果以控制循环及返回结果
    char ch;
    char e,x;
    int i=0;
    ch=exp[i++];                                        //读入第一个字符
    while(ch!='#' && flag)
    {
        switch (ch)
    {
        case '[':
        case '(':                                       //处理左括号
                cout<<ch<<" 进栈!"<<endl;
                Push(S,ch);                             //入栈
                break;
        case ')' :                                      //处理右括号
            GetTop(S,e);                                //取栈顶元素
                if(!StackEmpty(S) && e=='(')            //栈顶为'('
                {                                       //出栈,匹配成功
                    Pop(S,x);
                    cout<<e<<"出栈!"<<endl;
                }
                else                                    //否则,不匹配
                    flag=0;
                break;
            case ']' :                                  //处理右方括号']'
                GetTop(S,e);                            //取栈顶元素
```

```
                if(!StackEmpty(S) && e=='[')            //栈顶为'['
                    Pop(S,x);                           //出栈,匹配成功
                else                                    //否则不匹配
                    flag=0;
                break;
        }                                               //switch
          ch=exp[i++];                                  //继续读入下一个字符
        }                                               //while
        if(StackEmpty(S) && flag)                       //栈空且标志为 true
            return true;                                //括号匹配
        else                                            //否则,括号不匹配
            return false;
}                                                       //match

int main()
{
    int flag;
    string exp;
    cout<<"请输入待匹配的表达式,以#结束: "<<endl;
    cin>>exp;
    flag = match(exp);
    if(flag)                                            //括号匹配
        cout<<"\n 括号匹配成功!"<<endl;
    else                                                //括号不匹配
        cout<<"\n 括号匹配失败!"<<endl;
    return 0;
}
```

3. 运行说明

运行程序,启动成功后的操作如下。

(1) 按屏幕提示,输入表达式,以#结束。

(2) 屏幕显示括号匹配结果,如图 2.3.5 所示。

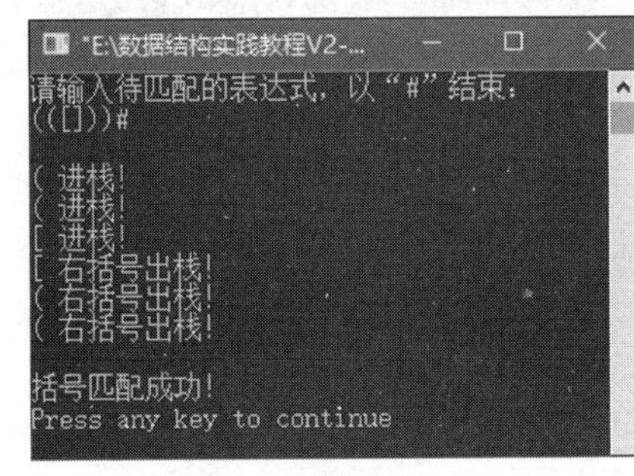

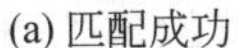
(a) 匹配成功

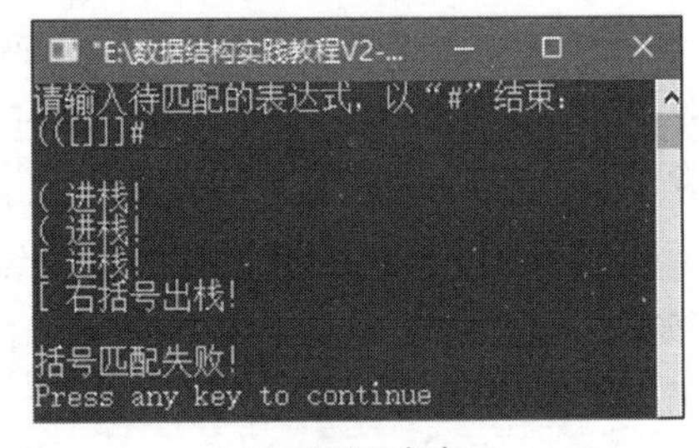

(b) 匹配不成功

图 2.3.5　括号匹配运行截图

4. 思考题

研读源程序,回答下列问题。

(1) 如果表达式中只有圆括号,如何修改程序?

(2) 如果表达式中有花括号、方括号和圆括号 3 种,如何修改程序?

(3) 括号匹配中为什么用栈为工具?

(4) 可以用队列解决匹配问题吗?

(5) 修改程序,给出更详细的判断结果,显示什么原因导致的不匹配。

(6) 如何修改程序,将表达式创建与括号匹配两个功能分开,使得一次运行可多次测试不同的表达式?

运行程序,回答下列问题。

(7) 在输入表达式时如果没有按下#会怎样? 如果有多个#会怎样?

(8) 表达式为空时,判定结果是什么?

(9) 中文输入状态下,程序能正确运行吗?

(10) 对于下列表达式,理解并判断运行结果的正确性:

①方括号匹配;②两种括号都匹配;③左括号多;④右括号多;⑤无括号。

3.3.2 表达式计算

计算中缀表达式需从左到右扫描它,运算符是否能够运算,取决于其后运算符的优先级,整个计算过程对操作符和操作数的处理均体现出 FILO 特性,所以问题求解中用栈为工具。表达式计算是栈的一个典型应用。

1. 程序设计简介

表达式以字符串形式存储,系统设置了默认表达式。用户可通过键盘创建表达式,如果不创建,则采用默认表达式。

注意:表达式结束符为=。程序支持浮点数的加、减、乘、除运算,表达式中可含有圆括号。

实现中以顺序栈为工具,所以有头文件 SqStack. h,另一个源程序文件是 Expression.cpp。

(1) SqStack.h 提供栈的创建、销毁、入栈、出栈等基本操作的实现。表达式求值中需要两个栈,一个是操作数栈,另一个是操作符栈。本验证程序实现符点数运算,操作数栈的数据元素类型为 float;操作符为字符,操作符栈的数据元素类型为 char。一个应用中用两个不同数据元素类型栈,共用同一代码,这里可见模板的作用。

(2) Expression.cpp 提供中缀表达式求值 Val_Exp()(算法 3.12)、中缀式转变为后缀式 CreatePostExp()、后缀表达式求值 Val_PostExp()(算法 3.13) 及表达式显示等功能。程序中函数 Precede()判断运算符的优先级,函数 In()判断运算符,函数 Operate()根据运算符实施一次运算。函数的调用关系如图 2.3.6 所示。

程序功能结构如图 2.3.7 所示,功能 1~5 分别用于“创建表达式”“表达式求值”“求后缀表达式”“后缀表达式求值”和“显示表达式”,功能 0 为结束程序运行。

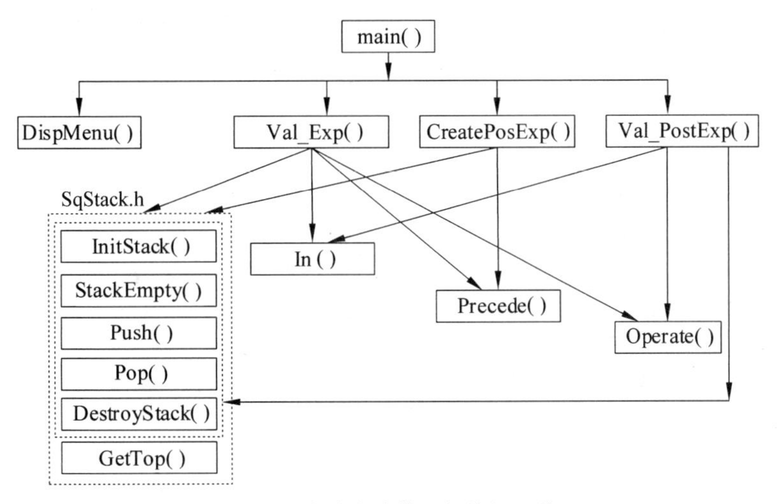

图 2.3.6　表达式计算函数的调用关系

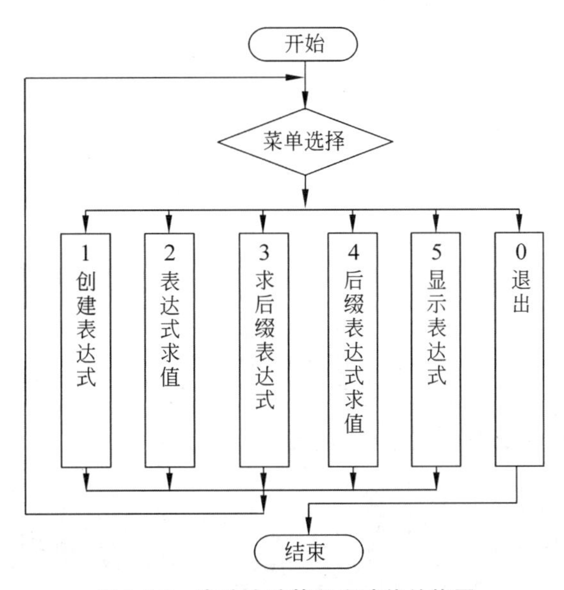

图 2.3.7　表达式计算程序功能结构图

2. 源程序

```
#include<iostream>                                  //cout,cin
using namespace std;
#include"SqStack.h"

char pause;
char Precede(char t1,char t2)                       //算符的优先级比较
{                                                   //t1 和 t2 比较,t1 是栈顶算符
   char f;                                          //t1 级别高,返回'>'
   switch(t2)                                       //t1 级别低,返回'<'
```

```
    {                                              //t1 和 t2 级别相等,返回'='
      case '+':                                    //t2 为'+'和'-'
      case '-':if(t1=='('||t1=='=')
                 f='<';
               else
                 f='>';
               break;
      case '*':                                    //t2 为'*'和'/'
      case '/':if(t1=='*'||t1=='/'||t1==')')
                 f='>';
               else
                 f='<';
               break;
      case '(':if(t1==')')                         //t2 为'('
               {
                 cout<<"ERROR1"<<endl;
                 exit(0);
               }
               else
                 f='<';
               break;
      case ')':switch(t1)                          //t2 为')'
               {
                 case '(':f='=';
                          break;
                 case '=':cout<<"ERROR2"<<endl;
                          exit(0);
                 default: f='>';
               }
               break;
      case '=':switch(t1)                          //t2 为表达式结束符
               {
                 case '=':f='=';
                          break;
                 case '(':cout<<"ERROR2"<<endl;
                          exit(0);
                 default: f='>';
               }
    }
    return f;
}

bool In(char ch)                                   //判断 ch 是否为运算符
{
```

```
    switch(ch)
    {
      case'+':                                      //是运算符
      case'-':
      case'*':
      case'/':
      case'(':
      case')':
      case'=':return true;
      default:return false;                         //非运算符
    }
}

float Operate(float a,char theta,float b)          //实施运算 a theta b
{
    float ch;
    switch(theta)
    {
      case'+':ch=a+b;
              break;
      case'-':ch=a-b;
              break;
      case'*':ch=a*b;
              break;
      case'/':ch=a/b;
    }
    return ch;
}

float Val_Exp(char *exp)                            //算法 3.12: 中缀表达式求值
{
    SqStack<char>  OP;                              //操作符栈
    SqStack<float>  OD;                             //操作数栈
    InitStack(OP,30);                               //初始化操作符栈
    InitStack(OD,30);                               //初始化操作数栈
    char theta;
    float a,b,result;
    char ch,x;
    char z[6];                                      //存放操作数串
    int i;
    Push(OP,'=');                                   //'='是表达式结束标志
    ch=*exp++;
    GetTop(OP,x);
    while(ch!='='||x!='=')
```

```
{
    if(ch>='0'&&ch<='9'||ch=='.')                       //ch 是操作数
    {
        i=0;
        do
        {
            z[i]=ch;
            i++;
            ch=*exp++;
        } while(ch>='0'&&ch<='9'||ch=='.');
        z[i]='\0';
        result=atof(z);                                 //将字符型操作数转为浮点型
        Push(OD,result);
    }
    else if(In(ch))                                     //是 7 种运算符之一
        switch(Precede(x,ch))
        {
        case'<':Push(OP,ch);                            //栈顶元素优先权低
            ch=*exp++;                                  //ch 进栈
            break;
        case'=':Pop(OP,x);                              //脱括号并接收下一个字符
            ch=*exp++;
            break;
        case'>':Pop(OP,theta);                          //栈顶运算符高
            Pop(OD,b);                                  //出栈操作数 2、操作数 1
            Pop(OD,a);                                  //出栈操作符
            Push(OD,Operate(a,theta,b));                //运算且结果入栈
        }
    else                                                //ch 是非法字符
    {
        cout<<"ERROR3"<<endl;;
        exit(0);
    }
    GetTop(OP,x);
}
GetTop(OD,result);                                      //获取运算结果
DestroyStack(OP);                                       //销毁栈
DestroyStack(OD);
return result;
}

void CreatePostExp(char * exp,char * &postexp)  //由中缀式求后缀式
{
    char ch,x;
```

```
    int i=0;
    SqStack<char>OP;                              //操作符栈
    InitStack(OP,30);
    Push(OP,'=');                                 //表达式结束符'='入栈
    cout<<"中缀表达式: "<<exp<<endl;
    ch= * exp++;                                  //取表达式中字符
    while(ch)
    {
        if((ch>='0'&&ch<='9')||ch=='.')          //操作数
        {
            postexp[i++]=ch;                      //填入后缀表达式串中
            ch= * exp++;
        }
        if(In(ch))                                //是7种运算符之一
        {
            postexp[i++]=' ';
            GetTop(OP,x);                         //取栈顶运算符x
            switch(Precede(x,ch))                 //运算符优先级比较
            {
                case'<':Push(OP,ch);              //ch高,ch入栈
                      ch= * exp++;
                      break;
                case'=':Pop(OP,x);                //同级别
                      ch= * exp++;                //脱括号并接收下一个字符
                      break;
                case'>':                          //ch低
                    Pop(OP,postexp[i++]);         //运算符出栈至后缀表达式串
                      break;
            }
        }
        postexp[i]='\0';                          //字符串结束符
    }                                             //while
    cout<<"\n后缀表达式为:"<<postexp<<endl;
    DestroyStack(OP);                             //销毁栈
}

    float Val_PostExp(char * postexp)             //算法3.13: 后缀表达式求值
{                                                 //表达式为字符串
    int i;
    char z[6];
    float result=0,d=0,a,b;
    char ch;
    SqStack<float>OD;                             //操作数栈
```

```
    InitStack(OD,30);
    ch= * postexp++;
    while(ch!='\0')
    {
        if(ch>='0'&&ch<='9'||ch=='.')              //ch 为操作数符号
        {
            i=0;
            do
            {
                z[i++]=ch;
                ch= * postexp++;                   //取下一个操作数符号
            } while(ch>='0'&&ch<='9'||ch=='.');
            z[i]='\0';
            d=atof(z);                             //将字符型操作数转换为浮点型
            Push(OD,d);                            //操作数入栈
        }
        if(In(ch))                                 //ch 为运算符
        {
            Pop (OD,a);                            //出栈操作数 2
            Pop (OD,b);                            //出栈操作数 1
            Push (OD,Operate(b,ch,a));             //运算,并将结果入栈
            ch= * postexp++;
        }
        ch= * postexp++;
    }
    Pop (OD,result);                               //操作结果出栈
    DestroyStack(OD);
    return result;
}

void main()                                        //主函数
{
    char exp[20]="(2.2+5)+4 * (5-3.1)=";            //默认表达式
    char * postexp;
    postexp=new char[30];
    * postexp='\0';
    float v;
    system("cls");                                 //清屏
    cout<<"\n 默认表达式: "<<exp;
    cout<<endl;
    int choice;
    do
    {                                              //显示菜单
```

```
cout<<endl;
cout<<"1-创建表达式\n";
cout<<"2-表达式求值\n";
cout<<"3-求后缀表达式\n";
cout<<"4-后缀表达式求值\n";
cout<<"5-显示表达式\n";
cout<<"0-退出\n";
cout<<"输入功能选项(1~5,0 退出):\n";
cin>>choice;
switch(choice)
{
    case 1:                                 //创建表达式
        cout<<"\n 请输入表达式,以=结束"<<endl;
        cin>>exp;
        break;
    case 2:                                 //表达式求值
        v=Val_Exp(exp);
        cout<<exp;
        cout<<v<<endl;
        break;
    case 3:                                 //求后缀表达式
        CreatePostExp(exp,postexp);
        break;
    case 4:                                 //后缀表达式求值
        v=Val_PostExp(postexp);
        cout<<'\n'<<postexp<<"="<<v<<endl;
        break;
    case 5:                                 //显示表达式
        cout<<endl;
        cout<<"\n 已创建的表达式为: ";
        cout<<exp<<endl;
        if(strlen(postexp))
        {
            cout<<"\n 后缀表达式为: ";
            cout<<postexp<<endl;
        }
        break;
    case 0:                                 //退出
        cout<<"\n 结束运行,bye-bye!"<<endl;
        break;
    default:                                //无效选择
        cout<<"\n 无效选择!\n";
        break;
```

```
        }
    }while(choice!=0);
}                                                    //end main
```

3. 运行说明

表达式计算程序运行结果界面如图 2.3.8 所示。

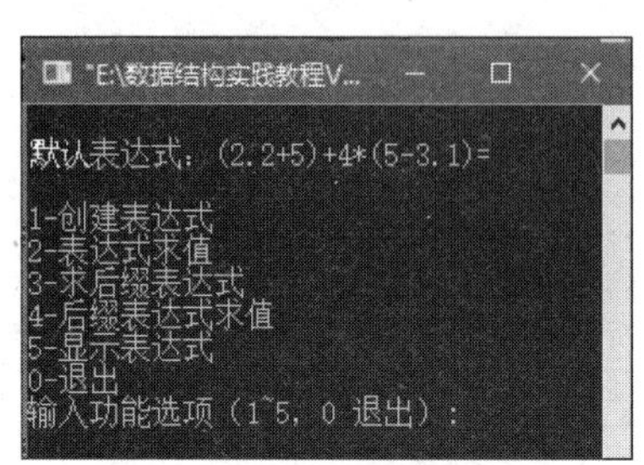

图 2.3.8　表达式计算程序运行结果界面

case 1：输入 1，选择菜单 1，创建表达式。

按屏幕提示，输入表达式，表达式以＝结束。

注意：新创建的表达式将覆盖默认表达式。

case 2：输入 2，选择菜单 2，计算中缀表达式。

屏幕显示表达式及其值。

case 3：输入 3，选择菜单 3，求后缀表达式。

屏幕显示求得的后缀表达式。

注意：在选择菜单 4 前，必须先完成菜单 3 的选择。

case 4：输入 4，选择菜单 4，计算后缀表达式。

屏幕显示后缀表达式及其值。

case 5：输入 5，选择菜单 5，显示表达式。

屏幕显示中缀表达式和后缀表达式。

case 0：输入 0，选择菜单 0，结束程序运行。

屏幕显示"结束运行 bye-bye!"，按任意键，结束程序运行。

4. 思考题

研读源程序，回答下列问题。

(1) 写出默认表达式。

(2) 以字符串形式存储表达式，如何从表达式中取得浮点型的操作数？

(3) 如果是计算多位整数的表达式，如何修改程序？

(4) 后缀表达式在操作数与操作符前，增加了空格，这样做有必要吗？

(5) 求后缀表达式时，对表达式中的空格是如何处理的？

(6) 如果增加一个运算符，如何修改程序？

(7) 中缀表达式计算中用了两个栈，一个操作数栈，另一个操作符栈。两个栈的数据元素类型是不一样的，如果不用模板机制，如何实现？

运行程序，回答下列问题。

(8) 给出默认表达式及其中缀表达式的计算结果。

(9) 给出默认表达式的后缀表达式及其计算结果。

(10) 如果表达式中含非法字符或括号不匹配，程序会如何处理？

(11) 对于下列表达式，执行功能 2、3、4、5，理解并分析运行结果。

①一位整数运算；②多位整数运算；③实数运算；④多重括号。

3.4　顺序队列

顺序队列验证程序实现了主教材定义的顺序队列 SqQueue。顺序队列的定义及基本操作实现放在头文件 SqQueue.h 中，通过调用它即可使用顺序队列。验证程序通过源程序 SqQueue.cpp 给出了最简单的使用展示，实现各个顺序队列基本操作的功能调用。队列是数据元素插入和删除操作分别在表的两端的线性表，所以，队列的基本操作个数要少于线性表。

1. 程序设计简介

本验证程序包括两个文件 SqQueue.h 和 SqQueue.cpp。

(1) 头文件 SqQueue.h，其中包括 2 项内容。

① 顺序队列的结构定义。

② 顺序队列的基本操作实现，包括初始化顺序队列、元素入队(算法 3.16)、元素出队(算法 3.17)、取队头元素(算法 3.18)、取队尾元素、清空队、测队空、测队满、显示队列元素、销毁队列等，另增加了显示队头、队尾位置功能，以方便实践者更直观地理解入队、出队等基本操作。

(2) 主文件 SqQueue.cpp，通过调用 SqQueue.h 中定义的操作实现程序的各功能，另外增加了显示队头、队尾位置功能，以便队列操作时观察队头、队尾指针的变化。程序功能结构如图 2.3.9 所示，功能 1～9 对应队列的基本操作，功能 10 显示队头、队尾位置，功能 0 为退出程序，销毁队列在此功能中完成。

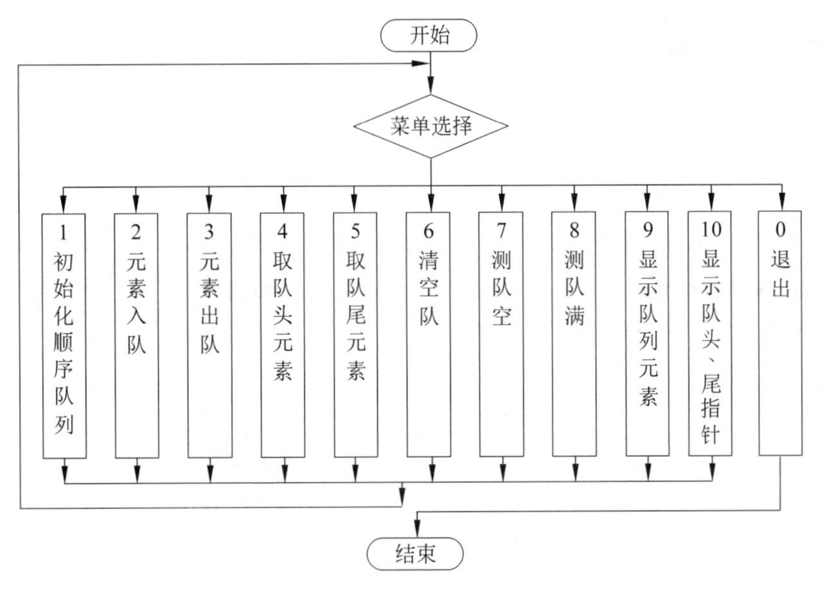

图 2.3.9　顺序队列程序功能结构图

2. 源程序

(1) SqQueue.h。

```
template <class DT>
struct SqQueue                                  //顺序队定义
{
    DT * base;                                  //队列首地址
    int front;                                  //队头指针
    int rear;                                   //队尾指针
    int queuesize;                              //队容量
};

template <class DT>                             //算法 3.14
bool InitQueue(SqQueue<DT>&Q, int m)            //创建一个容量为 m 的空队
{
    Q.base=new DT[m];                           //申请队列空间
    if(!Q.base)                                 //申请失败,退出
    {
        cout<<"未创建成功!";
        exit (1);
    }
    Q.front=Q.rear=0;                           //申请成功,给队列属性赋值
    Q.queuesize=m;
    return true;                                //创建成功,返回 true
}

template <class DT>                             //算法 3.15
void DestroyQueue(SqQueue<DT>&Q)                //释放队列空间
{
    delete [] Q.base;
    Q.front=Q.rear=0;
    Q.queuesize=0;
}

template<class DT>                              //算法 3.16
bool EnQueue(SqQueue<DT>&Q,DT e)                //元素入队
{
    if((Q.rear+1)%Q.queuesize==Q.front)         //队满
        return false;                           //不能入队
    Q.base[Q.rear]=e;                           //新元素入队尾
    Q.rear=(Q.rear+1)%Q.queuesize;              //队尾后移
    return true;                                //入队成功,返回 true
}

template<class DT>                              //算法 3.17
bool DeQueue(SqQueue<DT>&Q,DT &e)               //元素出队
```

```
{
    if(Q.front==Q.rear)                         //队空
        return false;                           //不能出队
    e=Q.base[Q.front];                          //取队头指针
    Q.front=(Q.front+1)%Q.queuesize;            //队头后移
    return true;                                //出队成功,返回 true
}

template<class DT>                              //算法 3.18
bool GetHead(SqQueue<DT>Q,DT &e)                //取队头元素
{
    if(Q.front==Q.rear)                         //队空
        return false;                           //无队头元素,返回 false
    e=Q.base[Q.front];                          //取队头元素
    return true;                                //取到队头元素,返回 true
}

template<class DT>
bool GetTail(SqQueue<DT>Q,DT &e)                //取队尾元素
{
    if(Q.front==Q.rear)                         //队空
        return false;                           //无队尾元素,返回 false
    e=Q.base[Q.rear-1];                         //取队尾元素
    return true;                                //取到队尾元素,返回 true
}

template<class DT>
void ClearQueue(SqQueue<DT>&Q)                  //清空队
{
    Q.front=Q.rear=0;                           //空队属性值
}

template<class DT>
bool QueueEmpty(SqQueue<DT>Q)                   //测队空
{
    if(Q.front==Q.rear)                         //队空
        return true;                            //返回 true
    else                                        //队不空
        return false;                           //返回 false
}

template<class DT>
bool QueueFull(SqQueue<DT>Q)                    //测队满
{
    if((Q.rear+1)%Q.queuesize==Q.front)         //队满
        return true;                            //返回 true
```

```
    else                                        //队不满
        return false;                           //返回 false
}

template<class DT>
void DispQueue(SqQueue<DT>Q)                    //显示队列元素
{
    int i=Q.front;                              //从队首到队尾遍历队列
    while(i!=Q.rear)
    {
        cout<<Q.base[i]<<"\t";
        i=(i+1)%Q.queuesize;
    }
    cout<<endl;
}
```

（2）SqQueue.cpp 主文件。

```
#include<iostream>                             //cout,cin
using namespace std;
#include "SqQueue.h"
void dispmenu()                                 //功能菜单
{
    cout<<endl;
    cout<<"1-初始化顺序队列\n";
    cout<<"2-元素入队\n";
    cout<<"3-元素出队\n";
    cout<<"4-取队头元素\n";
    cout<<"5-取队尾元素\n";
    cout<<"6-清空队\n";
    cout<<"7-测队空\n";
    cout<<"8-测队满\n";
    cout<<"9-显示队列元素\n";
    cout<<"10-显示队头、尾指针\n";
    cout<<"0-退出\n";
}

int main()                                      //主函数
{
    int i;
    int e;
    SqQueue<int>Q;                              //元素类型为整型的顺序队列
    system("cls");                              //清屏
    int choice;
    do
    {
```

```
dispmenu();                              //显示菜单
cout<<"功能选择(1~9,0 退出!):";
cin>>choice;
switch(choice)
{
    case 1:                              //初始化顺序队列
        cout<<"请输入要创建的顺序队列的长度";
        cin>>i;                          //输入队列容量
        cout<<endl;
        InitQueue (Q,i);                 //初始化队列
        cout<<endl<<"创建成功!"<<endl;
        break;
    case 2:                              //元素入队
        cout<<"输入要入队的元素值: "<<endl;
        cin>>e;                          //输入要入队的元素
        cout<<endl;
        if(EnQueue(Q,e))                 //入队成功
        {
            cout<<endl<<"入队成功! 入队后队列元素为: "<<endl;
            DispQueue(Q);                //显示队列元素
        }
        else                             //入队不成功
            cout<<endl<<"队满,不能入队!"<<endl;
        break;
    case 3:                              //元素出队
        if(DeQueue(Q,e))                 //出队成功
        {
            cout<<endl<<"队列元素为: ";
            DispQueue(Q);                //显示队列元素
            cout<<endl<<"出队元素为:"<<e<<endl;
        }
        else                             //出队失败
            cout<<endl<<"队空,不能出队!"<<endl;
        break;
    case 4:                              //取队头元素
        if(GetHead(Q,e))                 //取到队头元素
        {
            cout<<endl<<"队列元素为: ";
            DispQueue(Q);
            cout<<endl<<"队头元素为:"<<e<<endl;
        }
        else                             //未取到队头元素
            cout<<endl<<"队空!"<<endl;
        break;
    case 5:                              //取队尾元素
```

```
            if(GetTail(Q,e))                    //取到队尾元素
            {
                cout<<endl<<"队列元素为: ";
                DispQueue(Q);
                cout<<endl<<"队尾元素为:"<<e<<endl;
            }
            else                                //未取到队尾元素
                cout<<endl<<"队空! 无数据元素"<<endl;
            break;
        case 6:                                 //清空队
            ClearQueue(Q);
            cout<<"队已清空!"<<endl;
            break;
        case 7:                                 //测队空
            if(QueueEmpty(Q))                   //空队
                cout<<endl<<"空队!"<<endl;
            else                                //非空队
                cout<<endl<<"非空队!"<<endl;
            break;
        case 8:                                 //测队满
            if(QueueFull(Q))                    //队满
                cout<<endl<<"满队!"<<endl;
            else                                //队不满
                cout<<endl<<"非满队!"<<endl;
            break;
        case 9:                                 //显示队列元素
            DispQueue(Q);
            cout<<endl;
            break;
        case 10:                                //退出
            cout<<"\n Q.front="<<Q.front<<endl;
            cout<<"Q.rear="<<Q.rear<<endl;
            break;
        case 0:                                 //退出
            DestroyQueue(Q);
            cout<<"结束运行 bye-bye!"<<endl;
            break;
        default:                                //无效选择
            cout<<"无效选择,重新选择!\n";
            break;
        }
    }while(choice!=0);
    return 0;
}                                               //end of main function
```

3. 运行说明

运行程序，启动成功后顺序队列程序运行界面如图 2.3.10 所示。

case 1：输入 1，选择功能 1，初始化顺序队列。

按屏幕提示，输入要创建的顺序队列容量(1 个整数)，按回车键。

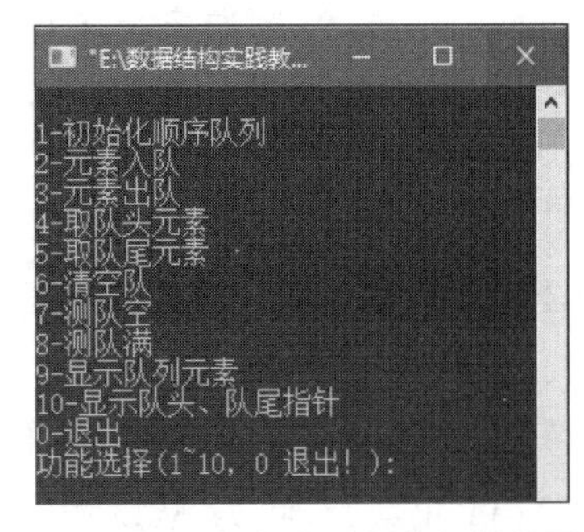

图 2.3.10　顺序队列程序运行界面

case 2：输入 2，选择功能 2，元素入队。

2.1　按屏幕提示，输入入队元素值(1 个整数)，按回车键。

2.2　重复若干次。

2.3　用功能 9 查看入队前后队列元素的变化；用功能 10 查看入队前后队头、队尾的变化。

case 3：输入 3，选择功能 3，元素出队。

3.1　屏幕显示出队元素。

3.2　重复该操作若干次。

3.3　用功能 9 查看出队前后队列元素的变化；用功能 10 查看出队前后队头、队尾的变化。

case 4：输入 4，选择功能 4，取队头元素。

4.1　屏幕显示队头元素。

4.2　用功能 9 查看操作前后队列元素的变化；用功能 10 查看操作前后队头、队尾的变化。

case 5：输入 5，选择功能 5，取队尾元素。

5.1　屏幕显示队尾元素。

5.2　用功能 9 查看操作前后队列元素的变化；用功能 10 查看操作前后队头、队尾的变化。

case 6：输入 6，选择功能 6，清空队。

6.1　屏幕显示测试结果。

6.2　用功能 7 测队空；用功能 9 查看清空前后队列元素的变化；用功能 10 查看清空前后队头、队尾的变化。

case 7：输入 7，选择功能 7，测队空。

7.1　屏幕显示测试结果。

7.2　用功能 9 查看队列中元素，验证操作的正确性。

case 8：输入 8，选择功能 8，测队满。

8.1　屏幕显示测试结果。

8.2　用功能 9 查看队列中元素，验证操作的正确性。

case 9：输入 9，选择功能 9，显示队列元素。

屏幕显示队列中所有元素。

case 10：输入 10，选择功能 10，显示队头、队尾指针。

屏幕显示队头、队尾指针值。

case 0：输入 0，选择功能 0，结束运行。

屏幕显示“结束运行 bye-bye!”，按任意键，结束程序运行。

4. 思考题

研读源程序，回答下列问题。

(1) 循环队列有队满现象吗？为什么？

(2) 验证程序的队容量为多少？如何修改它？

(3) 入队时，队头、队尾指针如何变化？

(4) 出队时，队头、队尾指针如何变化？

(5) 取队头或队尾元素时，队头、队尾指针变化吗？

(6) 队空、队满时，队头、队尾指针之间满足什么关系？

运行程序，回答下列问题。

(7) 1,2,3,4 依次入队，队列显示的序列是什么？

(8) 初始化完成时，队头、队尾指针的值分别是什么？

(9) 清空队后进行“入入出入入出入出出出”操作后，队空吗？队头、队尾的值分别是什么？

(10) 对于空队，执行功能 3、4、5、7、8、9、10，理解并分析结果的正确性。

(11) 对于满队，执行功能 2、4、5、7、8、9、10、6、7，理解并分析结果的正确性。

(12) 程序启动成功后，必须在初始化操作后再按 0，程序才会正常结束，为什么？

3.5 链　　队

链队验证程序实现了主教材定义的链队 LinkQueue，链队的定义及基本操作实现放在头文件 LinkQueue.h 中，通过调用它即可使用链队。验证程序通过源程序 LinkQueue.cpp 给出了最简单的使用展示，实现各个链队队列基本操作的功能调用。队列用设有头、尾指针的单链表表示，作为操作受限的线性表，链队的基本操作个数要少于单链表。

1. 程序设计简介

本验证程序包括两个文件 LinkQueue.h 和 LinkQueue.cpp。

(1) 头文件 LinkQueue.h，其中包括 2 项内容。

① 链队的结构定义。

② 链队的基本操作实现，包括初始化链队、元素入队(算法 3.21)、元素出队(算法 3.22)、取队头元素(算法 3.23)、清空队、测队空、显示队列元素、销毁链队等。

(2) 主文件 LinkQueue.cpp，通过调用 LinkQueue.h 中定义的操作实现程序的各功能。程序功能结构如图 2.3.11 示，功能 1～8 分别对应链队的基本操作，功能 0 为结束程序运行，销毁链队操作在此功能中完成。

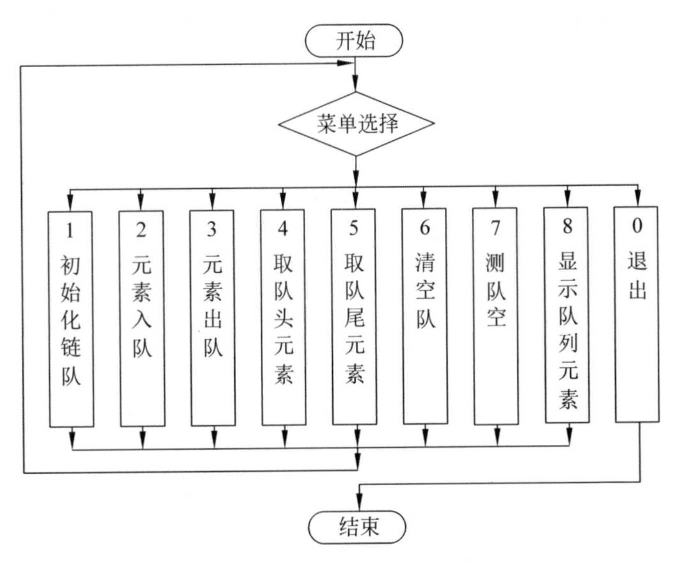

图 2.3.11　链队程序功能结构图

2. 源程序

(1) LinkQueue.h。

```
template <class DT>
struct QNode                                    //结点定义
{
    DT data;                                    //数据域,存储数据元素值
    QNode * next;                               //指针域,指向下一个结点
};

template<class DT>
struct LinkQueue                                //链队定义
{
    QNode<DT> * front;                          //队头指针
    QNode<DT> * rear;                           //队尾指针
};

template <class DT>                             //算法 3.19
void InitQueue(LinkQueue<DT>&Q)                 //创建空链队
{
    Q.front=new QNode<DT>;                      //创建头结点
    if(!Q.front) exit(1);                       //创建失败,结束运行
    Q.front->next=NULL;                         //创建成功,属性赋空值
    Q.rear=Q.front;
}

template <class DT>                             //算法 3.20
```

```
void DestroyQueue(LinkQueue<DT> &Q)                //销毁链队
{
    QNode<DT> * p;
    while(Q.front)                                 //从头结点开始,依次销毁结点
    {
        p=Q.front;
        Q.front=Q.front->next;
        delete p;
    }
    Q.rear=Q.front=NULL;
}

template <class DT>
void ClearQueue(LinkQueue<DT> &Q)                  //清空链队
{
    QNode<DT> * p;
    while(Q.front->next)                           //从队头元素开始,依次销毁结点
    {
        p=Q.front->next;
        Q.front->next=p->next;
        delete p;
    }
    Q.front->next=NULL;                            //属性赋空值
    Q.rear=Q.front;
}

template<class DT>                                 //算法 3.21 元素入队
bool EnQueue(LinkQueue<DT>&Q,DT e)
{
    QNode<DT> * p;
    p=new QNode<DT>;                               //创建新结点
    if(!p) return false;                           //创建失败,结束运行
    p->data=e;                                     //新结点赋值
    p->next=NULL;                                  //链在队尾
    Q.rear->next=p;
    Q.rear=p;
    return true;                                   //入队成功,返回 true
}

template<class DT>                                 //算法 3.22
bool DeQueue(LinkQueue<DT>&Q,DT &e)                //元素出队
{
    QNode<DT> * p;
    if(Q.front==Q.rear)   return false;            //队空,返回 false
```

```
    p=Q.front->next;                        //取队头元素
    e=p->data;
    Q.front->next=p->next;                  //删除队头元素结点
    if(Q.rear==p)                           //队列只有一个元素
        Q.rear=Q.front;                     //修改队尾
    delete p;
    return true;                            //出队成功,返回 true
}

template<class DT>                          //算法 3.23
bool GetHead(LinkQueue<DT>Q,DT &e)          //取队头元素
{
    if(Q.front==Q.rear)                     //队空
        return false;                       //无队头元素,返回 false
    e=Q.front->next->data;                  //取队头元素
    return true;                            //操作成功,返回 true
}

template<class DT>
bool GetTail(LinkQueue<DT>Q,DT &e)          //取队尾元素
{
    if(Q.front==Q.rear)                     //队空
        return false;                       //无队尾元素,返回 false
    e=Q.rear->data;                         //取队尾元素
    return true;                            //操作成功,返回 true
}

template<class DT>
bool QueueEmpty(LinkQueue<DT>Q)             //测队空
{
    if(Q.front==Q.rear)                     //队空
        return true;                        //返回 true
    else                                    //队非空
        return false;                       //返回 false
}

template<class DT>
void DispQueue(LinkQueue<DT>Q)              //显示队列元素
{
    QNode<DT> * p;
    p=Q.front->next;
    while(p)                                //从队头元素开始遍历队列
    {
        cout<<p->data<<"\t";
```

```
        p=p->next;
    }
    cout<<endl;
}
```

（2）LinkQueue.cpp。

```
#include<iostream>                              //cout,cin
using namespace std;
#include "LinkQueue.h"

void dispmenu()                                 //功能菜单
{
    cout<<endl;
    cout<<"1-初始化链队\n";
    cout<<"2-元素入队\n";
    cout<<"3-元素出队\n";
    cout<<"4-取队头元素\n";
    cout<<"5-取队尾元素\n";
    cout<<"6-清空队\n";
    cout<<"7-测队空\n";
    cout<<"8-显示队列元素\n";
    cout<<"0-退出\n";
}

int main()                                      //主函数
{
    int e;
    LinkQueue<int>Q;
    system("cls");                              //清屏
    int choice;
    do
    {
        dispmenu();                             //显示菜单
        cout<<"功能选择(1~8,0 退出):";
        cin>>choice;
        switch(choice)
        {
            case 1:                             //初始化链队
                InitQueue(Q);
                cout<<endl<<"创建成功!"<<endl;
                break;
            case 2:                             //元素入队
                cout<<"输入要插入的元素值: "<<endl;
                cin>>e;                         //输入入队元素
```

```
        cout<<endl;
        if(EnQueue(Q,e))                //入队操作
        {
            cout<<endl<<"入队成功! 队列元素为: "<<endl;
            DispQueue(Q);               //查看入队结果
        }
        else
            cout<<endl<<"入队不成功!"<<endl;
        break;
    case 3:                             //元素出队
        if(DeQueue(Q,e))                //出队成功
        {
            cout<<endl<<"出队成功! 出队元素为:"<<e<<endl;
            cout<<endl<<"出队后,队列元素为: "<<endl;
            DispQueue(Q);               //查看出队结果
        }
        else
            cout<<endl<<"队空,出队失败!"<<endl;
        break;
    case 4:                             //取队头元素
        if(GetHead(Q,e))                //取到队头元素
        {
            cout<<"队列元素为: "<<endl;
            DispQueue(Q);
            cout<<endl<<"队头元素为:"<<e<<endl;      //输出队头元素
        }
        else                            //未取到队头元素
            cout<<endl<<"队空!"<<endl;
        break;
    case 5:                             //取队尾元素
        if(GetTail(Q,e))                //取到队尾元素
        {
            cout<<"队列元素为: "<<endl;
            DispQueue(Q);
            cout<<endl<<"队尾元素为:"<<e<<endl;      //输出队尾元素

        }
        else                            //未取到队尾元素
            cout<<endl<<"队空!"<<endl;
        break;
    case 6:                             //清空队
        ClearQueue(Q);
        cout<<endl<<"队已空!"<<endl;
    case 7:                             //测队空
```

```
            if(QueueEmpty(Q))                   //队空
                cout<<endl<<"空队!"<<endl;
            else                                //队非空
                cout<<endl<<"不是空队!"<<endl;
            break;
        case 8:                                 //显示队列元素
            DispQueue(Q);
            cout<<endl;
            break;
        case 0:                                 //退出
            DestroyQueue(Q);                    //销毁队列
            cout<<"结束运行 Bye-bye!"<<endl;
            break;
        default:                                //无效选择
            cout<<"无效选择,重新选择!\n";
            break;
        }
    }while(choice!=0);
    return 0;
}                                               //end of main function
```

3. 运行说明

运行程序,链队程序运行界面如图 2.3.12 所示。

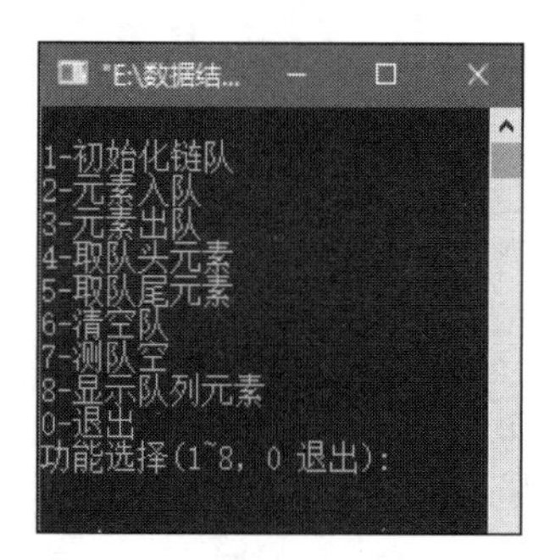

图 2.3.12　链队程序运行界面

case 1：**输入 1,选择功能 1,初始化链队。**

1.1　屏幕显示操作结果。

1.2　用功能 7 测队列是否为空。

case 2：**输入 2,选择功能 2,元素入队。**

2.1　按屏幕提示,输入入队元素值(1 个整数),按回车键。

2.2　重复若干次。

2.3　用功能 8 查看队列中元素。

case 3：**输入 3,选择功能 3,元素出队。**

3.1　屏幕显示出队元素。

3.2　重复该操作若干次。

3.3　用功能 8 查看操作前后队列中元素变化;用功能 7 测队空。

case 4：**输入 4,选择功能 4,取队头元素。**

4.1　队非空,屏幕显示队头元素。

4.2　用功能 8 查看操作前后队列中元素变化;用功能 7 测队空。

case 5：**输入 5,选择功能 5,取队尾元素。**

5.1　队非空,屏幕显示队尾元素。

5.2　用功能 8 查看操作前后队列中元素变化;用功能 7 测队空。

case 6：输入 6，选择功能 6，清空队。

6.1　屏幕显示测试结果。

6.2　用功能 7 测队空；用功能 8 查看队列中元素，验证操作的正确性。

case 7：输入 7，选择功能 7，测队空。

7.1　屏幕显示测试结果。

7.2　用功能 8 查看队列中元素，验证操作的正确性。

case 8：输入 8，选择功能 8，显示队列元素。

屏幕显示队列中所有元素。

case 0：输入 0，选择功能 0，结束运行。

屏幕显示"结束运行 bye-bye！"，按任意键，结束程序运行。

4. 思考题

研读源程序，回答下列问题。

(1) 链队采用了什么形式的链表？

(2) 验证程序中队列元素类型是什么？如果为其他类型，如何修改程序？

(3) 验证程序实现了哪些队列的基本操作？对应的函数分别是哪一个？

(4) 清空队列操作与销毁队列操作有何区别？

(5) 队头指针指向队头元素吗？GetTop()操作队头指针移动了吗？

(6) 元素入队时，结点插入链表的什么地方？

(7) 出队时删除链表的哪个结点？

运行程序，回答下列问题。

(8) 元素 11、22、33、44 依次入队，功能 8 显示队列元素，看到的序列是什么？

(9) 对于上述队列，执行功能 4、5、7、6，理解与分析结果的正确性。

(10) 对于空队，执行功能 3、4、5、7、8，理解与分析结果的正确性。

(11) 举例说明什么情况下队头元素与队尾元素是同一个元素。

(12) 程序启动成功后直接按 0 退出，可以正常退出吗？为什么？

3.6　队列应用

本节以舞伴配对问题作为队列的应用示例。

舞场上，一男一女为一对舞伴。最简单的配对方法为男、女分别按到场顺序排队，然后男、女依次出队，同时出队的男、女为一对。如果有一队为空，另一队则需等待。本验证程序给出上述过程的模拟。

1. 程序设计简介

验证程序采用两个属性表示舞者，结构如下：

```
struct dancer                              //舞者信息
{  string name;                            //姓名
   char sex;                               //性别
};
```

用数组 dancer person[]存储所有舞者的信息。

用两个队列分别作为男舞者和女舞者的队列。队列采用链队。

所有的源码都放在一个文件(DancePartner.cpp)中。根据问题求解需要,除主函数main()之外,设计了以下8个函数。

(1) InitialLinkQueue(LinkQueue &Q),创建一个空的链队,用于男队、女队的初始化。

(2) EnQueue(LinkQueue &Q,dancer &e),入队,模拟舞者加入等待配对的队列。

(3) DeQueue(LinkQueue &Q,dancer &e),出队,模拟舞者配对出队,其中调用了IsEmpty()判断舞队是否为空,空队不能进行配对。

(4) IsEmpty(LinkQueue Q),判队空。

(5) GetHead(LinkQueue Q,dancer &e),获取队首元素,模拟获取队首的舞者信息。

(6) DestroyLinkQueue(LinkQueue &Q),销毁链队,模拟舞会结束时解散舞者排的队列。

(7) EntranHall(dancer person[],int num),模拟舞者到场,由键盘输入舞者信息。

(8) DancePartner(dancer person[],int num),模拟舞者入队、配对的过程。其中调用了函数(1)~(6),调用流程如图2.3.13所示。

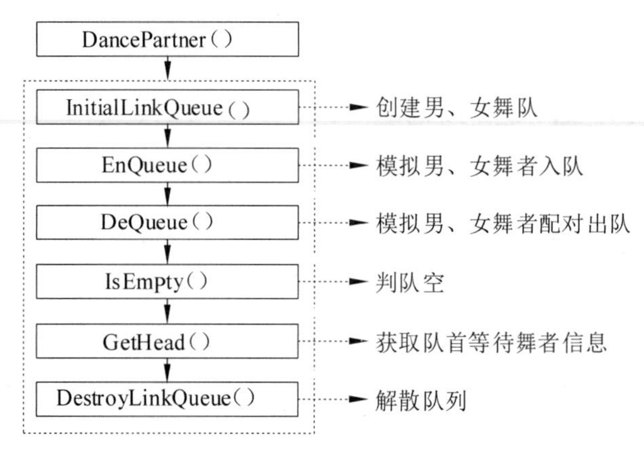

图 2.3.13 舞者配对流程

main()函数调用函数 EntranHall()和函数 DancePartner(),分别模拟舞者到场和舞者配对。

2. 源程序

```
#include<iostream>
#include<string>
using namespace std;

struct dancer                               //舞者信息
{   string name;                            //姓名
    char sex;                               //性别
};
```

```
struct Node                                  //队列元素结点
{   dancer data;                             //数据域
    Node * next;                             //指针域,指向后继
} * front, * rear;                           //队头、队尾

struct LinkQueue                             //舞者队列
{    Node * front;
     Node * rear;
};

void InitialLinkQueue(LinkQueue &Q)          //初始化队列
{
    Q.front=new Node;                        //创建头结点
    Q.front->next=NULL;
    Q.rear=Q.front;
}

void DestroyLinkQueue(LinkQueue &Q)          //销毁队列
{   Node * p;
    while(Q.front!=NULL)                     //链表非空
    {    p=Q.front;                          //从头结点开始
        Q.front=Q.front->next;               //头指针后移
        delete p;                            //依次销毁各结点
    }
}

void EnQueue(LinkQueue &Q,dancer &e)         //入队
{
    Node * s=new Node;                       //新建结点
    s->data=e;                               //结点赋值
    s->next=Q.rear->next;                    //在队尾插入新结点
    Q.rear->next=s;
    Q.rear=s;                                //队尾指针后移
}

bool IsEmpty(LinkQueue Q)                    //判队空
{
    if(Q.front==Q.rear)                      //空队,返回 true
        return true;
    else                                     //非空队,返回 true
        return false;
}

bool DeQueue(LinkQueue &Q,dancer &e)         //出队
```

```
{
   Node *p;
   if(IsEmpty(Q))                              //队空,不能出队
   {
      cout<<"队列为空,无法出队列!";
      return false;                            //返回 false
   }
   p=Q.front->next;                            //取队列首元结点
   e=p->data;
   Q.front->next=p->next;                      //删除队列首元结点
   if(p==Q.rear)                               //出队后为空队
      Q.rear=Q.front;                          //修改队尾指针
   delete p;
   return true;                                //出队成功,返回 true
}

bool GetHead(LinkQueue Q,dancer &e)            //判队空
{  if(IsEmpty(Q))
   {
      cout<<"队列为空,无法取得队首元素!";      //队空,无队头元素
      return false;                            //返回 false
   }
   e=Q.front->next->data;                      //取队头元素
   return true;                                //操作成功,返回 true
}

void EntranHall(dancer person[],int num)       //舞者到场
{
   int i;
   for(i=0;i<num;i++)                          //输入舞者信息
   {
      cout <<"请输入第"<<i+1
          <<"个舞者性别(F(女) or M(男))及姓名:"<<endl;
      cin>>person[i].sex;
      cin>>person[i].name;
   }
   cout<<"现有舞者: "<<endl;                    //输出到场舞者信息
   for(i=0;i<num;i++)
   {
      cout<<i+1<<":"<<person[i].sex
         <<","<<person[i].name<<endl;
   }
}

void DancePartner(dancer person[],int num)     //算法 3.24: 舞者配对
{
```

```
    dancer newdancer,m,f,p;
    InitialLinkQueue(GenQueue);                 //创建男队
    InitialLinkQueue(LadyQueue);                //创建女队
    for(int i=0;i<num;i++)                      //舞者入场
    {   p=person[i];
        if(p.sex=='F')                          //男士入男队
            EnQueue(LadyQueue,p);
        else                                    //女士入女队
            EnQueue(GenQueue,p);
    }
    while ((!IsEmpty(GenQueue)) && (!IsEmpty(LadyQueue)))        //匹配舞者
    {
        DeQueue(GenQueue,m);                    //女士出队
        DeQueue(LadyQueue,f);                   //男士出队
        cout<<m.name <<"<---配对--->"<<f.name<<endl;          //男、女配队
    }
    if(!IsEmpty(GenQueue))                      //女队空,男队不空
    {
        GetHead(GenQueue,m);                    //显示第一个等待配队的男士
        cout<<m.name<<"先生还在等着呢!"<<endl;
    }
    else if(!IsEmpty(LadyQueue))                //男队空,女队不空
    {
        GetHead(LadyQueue,f);                   //显示第一个等待配队的女士
        cout<<f.name<<"女士还在等着呢!"<<endl;
    }
    else                                        //男队、女队均空
        cout<<"配对完美结束!"<<endl;            //配对结束
    DestroyLinkQueue(GenQueue);                 //销毁队列
    DestroyLinkQueue(LadyQueue);
}

int main()                                      //主函数
{
    dancer *person;
    int num;
    cout<<"请输入舞者总数量:"<<endl;
    cin>>num;                                   //输入舞者总数量
    person=new dancer[num];                     //申请舞者存储空间
    EntranHall(person, num);                    //舞者入场
    DancePartner(person,num);                   //舞者匹配
  delete [] dancer;                             //释放舞者存储空间
    return 0;
}
```

3. 运行说明

舞者配对程序的运行过程截图如图 2.3.14 所示。

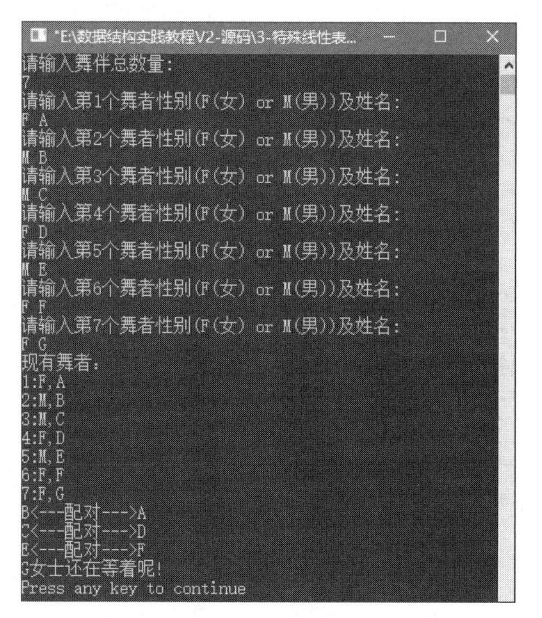

图 2.3.14 舞者配对程序的运行过程截图

Step 1 按屏幕提示,输入舞者总数。

Step 2 按屏幕提示,输入各个舞者信息。

Step 3 按照已获得的舞者信息,屏幕显示配对信息。

Step 4 按任意键,结束运行。

4. 思考题

研读源程序,回答下列问题。

(1) 表示舞者的属性有几个? 其中可以标识舞者的信息吗?

(2) 舞者的信息存储在哪里? 是在队列里吗?

(3) 舞者到场是直接入队的吗?

(4) 舞者入队的顺序是如何定的?

(5) 如果有一队为空,程序中给出等待配对舞者信息了吗?

(6) 分析配对算法的时间和空间复杂度。

运行程序,回答下列问题。

针对下列情况,给出运行结果:

(7) 男、女舞者的等待人数相等;

(8) 男舞者多;

(9) 女舞者多。

第4章 稀疏矩阵

CHAPTER

4.1 稀疏矩阵转置

本验证程序给出了两种转置算法，一种是“直接取，顺序存”，对于维界为 $m \times n$ 的矩阵，时间复杂度为 $O(m \times n^2)$；另一种是“顺序取，直接存”，时间复杂度为 $O(m \times n)$，即快速转置方法。

1. 程序设计简介

本验证程序只有一个源程序文件 MatrixTrans.cpp，实现稀疏矩阵的转置。稀疏矩阵采用三元组的顺序存储方式，矩阵元素为整型。为方便操作，设计了用户通过一个二维数组给出非零元信息的方法，如：

```
int da[6][3]={{0,2,11},{0,4,12},{1,3,22},{2,1,31},{2,3,32},{3,0,
41}};
```

程序中的函数 MCreate()根据上述二维数组生成三元组顺序存储的稀疏矩阵。为了增加直观性，显示时给出了包括零元的完整矩阵，由函数 MDisp()实现。函数 MatrixTrans_1()实现转置算法一（算法 4.1），MatrixTrans_2()实现快速转置（算法 4.2）。稀疏矩阵转置函数调用关系如图 2.4.1 所示。

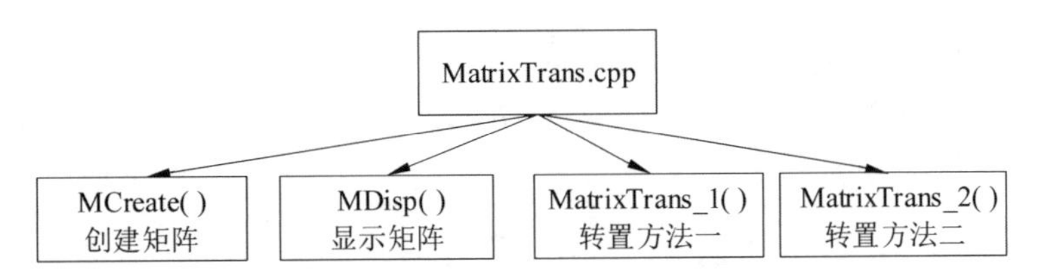

图 2.4.1 稀疏矩阵转置函数调用关系

该程序没有设置交互操作界面。

2. 源程序

MatrixTrans.cpp 的代码如下。

```
#include<iostream>                                    //cout,cin
using namespace std;
struct MNode                                          //三元组结点
{
    int i,j;                                          //行号,列号
    int e;                                            //非零元
};

struct TSMatrix                                       //三元组表
{
    int mu,nu,tu;                                     //行数、列数、非零元个数
    MNode * data;                                     //三元组表
};

TSMatrix MCreate(int d[][3],int m,int n,int k) //由非零元信息生成三元组表
{
    TSMatrix M={m,n,k,NULL};                          //初始化三元组表
    if(k!=0)                                          //有非零元
        M.data=new MNode[k];                          //申请三元组表的 data[]存储空间
    for(int i=0;i<k;i++)                              //生成各非零元三元组值
    {
        M.data [i].i=d[i][0];
        M.data [i].j=d[i][1];
        M.data [i].e=d[i][2];
    }
    return M;
}

void MDisp(TSMatrix a)                                //矩阵显示
{
    MNode p;
    int i,j,k=0,c=0;
    p=a.data[k];
    for(i=0;i<a.mu;i++)
    {
        for(j=0;j<a.nu;j++)
        {
            if(k<a.tu && p.i ==i && p.j ==j)
            {
                cout<<'\t'<<p.e;
                k++;
```

```
                if(k<a.tu) p=a.data[k];
            }
            else
            {
                cout<<'\t'<<c;
            }
        }                                          //for
    }                                              //for
}                                                  //MatrixDisp

void MatrixTrans_1(TSMatrix A,TSMatrix &B)         //算法 4.1: 转置算法一
{                                                  //求 A 的转置矩阵 B
    int col,p,q;
    B.mu=A.nu;                                     //B 的行数为 A 的列数
    B.nu=A.mu;                                     //B 的列数为 A 的行数
    B.tu=A.tu;                                     //A、B 非零元个数相等
    if(B.tu)                                       //有非零元
    {
        q=0;
        for(col=0;col<A.nu;++col)                  //依次扫描矩阵 A 各列
            for(p=0;p<A.tu;++p)
                if(A.data[p].j==col)               //col 列有非零元
                {
                    B.data[q].i=A.data[p].j;       //交换行、列号,生成 B 中元素
                    B.data[q].j=A.data[p].i;
                    B.data[q].e=A.data[p].e;
                    ++q;
                }
    }
}

void MatrixTrans_2(TSMatrix A,TSMatrix &B)         //算法 4.2: 快速转置
{                                                  //求 A 的转置矩阵 B
    int col,i,k,q;
    int * num, * cpot;
    B.mu=A.nu;                                     //B 的行数为 A 的列数
    B.nu=A.mu;                                     //B 的列数为 A 的行数
    B.tu=A.tu;                                     //A、B 非零元个数相等
    num=new int[B.nu];
    cpot=new int [B.nu];
    if(B.tu)                                       //有非零元
    {
        for(col=0;col<A.nu;col++)                  //A 中每一列非零元个数初始化为 0
```

```
            num[col]=0;
        for(i=0;i<A.tu;i++)                       //求矩阵 A 中每一列非零元个数
            num[A.data [i].j]++;
        cpot[0]=0;                                //A 中第 0 列首个非零元在 B 中的下标
        for(col=1;col<=A.nu;++col)
            cpot[col]=cpot[col-1]+num[col-1];
        for(k=0;k<A.tu;++k)                       //扫描 A 的三元组表
        {
            col=A.data [k].j;                     //当前三元组列号
            q=cpot[col];                          //当前三元组在 B 中的位置
            B.data[q].i=A.data[k].j;              //交换行号、列号
            B.data [q].j =A.data [k].i;
            B.data [q].e =A.data [k].e;
            cpot[col]++;                          //预置同一列下一个非零元的位置
        }                                         //for
    }                                             //if
}

void main()
{
    TSMatrix ma,mb1,mb2;
    int m1=4,n1=6,k1=6;                           //矩阵行数,列数,非零元个数
    int da[6][3]={{0,2,11},{0,4,12},{1,3,22},
    {2,1,31},{2,3,32},{3,0,41}};                  //ma 阵的非零元
    ma=MCreate(da,m1,n1,k1);                      //生成三元组顺序存储的 ma 阵
    cout<<"ma="<<endl;
    MDisp(ma);                                    //显示 ma 阵
    mb1.data=new MNode[ma.tu];
    mb2.data=new MNode[ma.tu];
    cout<<"方法一: 直接取,顺序存"<<endl;          //用方法一转置矩阵
    MatrixTrans_1(ma,mb1);
    cout<<"mb="<<endl;                            //显示转置矩阵
    MDisp(mb1);
    cout<<"方法二: 顺序取,直接存"<<endl;          //用方法二转置矩阵
    MatrixTrans_2(ma,mb2);
    cout<<"mb="<<endl;                            //显示转置矩阵
    MDisp(mb2);
}
```

3. 运行说明

编译与链接成功后,屏幕显示转置矩阵和两种方法转置后的矩阵。矩阵转置程序运行结果示意图如图 2.4.2 所示。

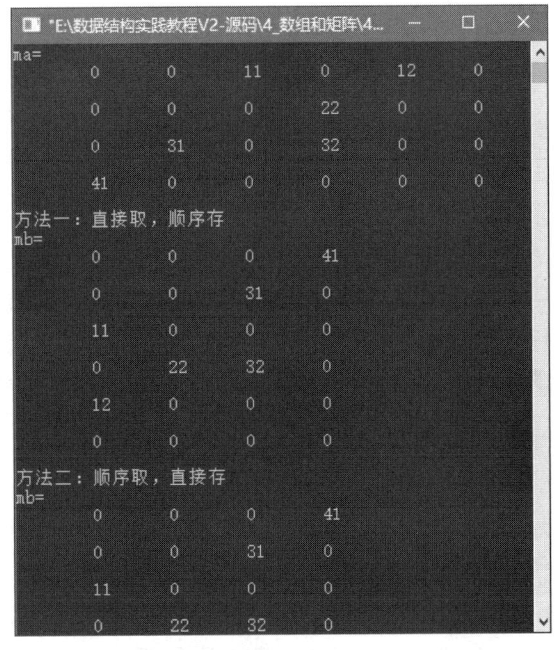

图 2.4.2　矩阵转置程序运行结果示意图

4. 思考题

研读源程序，回答下列问题。

(1) 如何修改被转置矩阵？

(2) 本程序采用了以行序为主的存储方法还是以列序为主的存储方法？

(3) 函数 TSMatrix MCreate(int d[][**3**],int m,int n,int k)中的 3 表示什么意思？为什么是 3？

(4) 转置方法一的时间复杂度是多少？

(5) 快速转置的时间复杂度是多少？

(6) 三元组非零元的存储空间 M.data[]采用了动态申请，这样做有什么好处？

(7) 矩阵显示函数 MDisp(TSMatrix a)的时间复杂度是多少？

运行程序，回答下列问题。

(8) 用下列矩阵运行程序，验证结果的正确性。

$$\begin{pmatrix} 2 & 0 & 0 & 12 & 0 & 5 \\ 0 & 9 & 3 & 0 & 0 & 0 \\ 0 & 0 & 0 & 6 & 0 & 0 \\ 0 & 0 & 0 & 0 & 0 & 0 \\ 0 & 22 & 0 & 0 & 0 & 0 \end{pmatrix}$$

4.2 稀疏矩阵求和

求两个稀疏矩阵的和，因难以预测和矩阵非零元的个数，一般不宜采用三元组表的顺序存储。本验证程序采用了带行指针向量的链式存储，实现两个稀疏矩阵 MA、MB 的和，和存于 MC 中，即求：MC＝MA＋MB。

1. 程序设计简介

本验证程序只有一个源程序文件 AddMatrix.cpp，实现两个稀疏矩阵的和（MC＝MA＋MB）。稀疏矩阵采用了带行指针向量的存储方式，矩阵元素类型为整型。稀疏矩阵的非零元存储在一个二维数组中，例如：

```
da[5][3]={{0,1,3},{1,1,2},{1,3,5},{3,0,9},{3,5,1}};
db[4][3]={{0,2,7},{1,1,6},{1,3,-5},{2,1,4}};
```

由函数 LMCreate()将上述存储的非零元生成带行指针向量存储的稀疏矩阵。为了增加直观性，矩阵显示给出了包括零元的完整矩阵显示，由函数 LMDisp()实现。

求 MC＝MA＋MB 时，和矩阵的元素来自 MA 或 MB。对于相同位置上的非零元相加若为非零值，则生成和矩阵中对应的元素。非相同位置上的非零元，同行按列号升序形成和矩阵中的元素。函数 NodeCopy()实现结点复制。新结点链在同行非零元结点的表尾，用函数 AddNode()实现。求和函数的调用关系如图 2.4.3 所示。

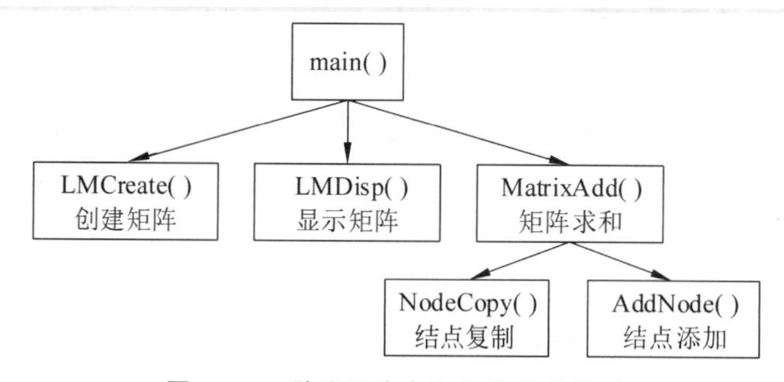

图 2.4.3 稀疏矩阵求和函数调用关系

该程序没有设置交互操作界面。

2. 源程序

AddMatrix.cpp 的代码如下。

```
#include<iostream>                                    //cout,cin
using namespace std;

struct MTNode                                         //三元组结点定义
{
    int i,j;                                          //行号,列号
    int e;                                            //非零元
    MTNode * next;                                    //指向同行下一个结点
```

```
};

struct LMatrix                                        //带行指针向量存储定义
{
    int mu,nu,tu;                                     //行数、列数、非零元个数
    MTNode * * rops;                                  //存放各行链表的头指针
};

void NodeCopy(MTNode * &s,MTNode * x)                 //复制结点
{
    s->e=x->e;s->i=x->i;s->j=x->j;
}

void AddNode(MTNode * &lp,MTNode * &lq,MTNode * s) //表尾添加结点
{
    MTNode * p;
    p=new MTNode;
    NodeCopy(p,s);
    p->next=NULL;
    if(lp==NULL)                                      //首元结点的处理
    {
        lp=p;
        lq=p;
    }
    else                                              //非首元结点
    {
         lq->next =p;
         lq=p;
    }
}

void MatrixAdd(LMatrix ma,LMatrix mb,LMatrix &mc)  //算法 4.3
{                                                     //求 MC=MA+MB
    MTNode * pa, * pb, * pc;                          //设置工作指针
    MTNode * s;                                       //工作变量
    int i,sum;
    int m,n;                                          //行数,列数
    m=ma.mu;
    n=ma.nu;
    int flag=1;                                       //和结点标志
    mc.mu=m;mc.nu=n;mc.tu=0;mc.rops=NULL;
    if(mc.rops) delete [] mc.rops;
    mc.rops=new MTNode * [m];
    for(i=0;i<m;i++)
```

```
        mc.rops[i]=NULL;                             //C 行指针向量初始化
    for(i=0;i<m;i++)                                 //按行扫描 A、B 各行链表
    {
        pa=ma.rops[i];                               //pa、pb 分别指向
        pb=mb.rops[i];                               //ma、mb 第 i 行首结点
        pc=mc.rops[i];                               //pc 指向 mc 第 i 行表尾
        while(pa && pb)                              //被加矩阵、加矩阵行链不空
        {
            flag=1;                                  //标识是否需生成新结点
            if(pa->j<pb->j)                          //pa 结点列号小
            {
                s=new MTNode;                        //复制 pa 结点为和结点 s
                NodeCopy(s,pa);
                s->next=NULL;
                pa=pa->next;
            }
            else if(pa->j==pb->j)                    //pa、pb 列号相等
            {
                sum=pa->e+pb->e;                     //求同行、同列元素的和
                if(sum==0)  flag=0;                  //和为零,新结点标志为 0
                else                                 //和不为零,新建和结点 s
                {
                    s=new MTNode;
                    NodeCopy(s,pa);
                    s->e=sum;
                    s->next=NULL;
                }
                pa=pa->next;pb=pb->next;             //pa,pb 后移
            }
            else                                     //pa 列号小
            {
                s=new MTNode;
                NodeCopy(s,pb);                      //复制 pb 所指结点为和结点 s
                pb=pb->next;                         //pb 后移
                s->next=NULL;
            }
            if(flag)                                 //有新结点生成
            {
                mc.tu++;                             //和非零元个数增 1
                AddNode(mc.rops [i],pc,s);           //和矩阵中增加和结点 s
            }
        }                                            //while
        if(pa)                                       //pa 不空,
        {                                            //复制 pa 剩余链到和矩阵中
```

```
        while(pa)
        {
            s=new MTNode;
            NodeCopy(s,pa);pa=pa->next;
            AddNode(mc.rops[i],pc,s);
        }                                           //while
    }                                               //if(pa)
    if(pb)                                          //pb 不空，
    {                                               //复制 pb 剩余链到和矩阵中
        while(pb)
        {
            s=new MTNode;
            NodeCopy(s,pb);pb=pb->next;
            AddNode(mc.rops[i],pc,s);
        }                                           //while
    }                                               //if(pb)
}                                                   //for
return;
}                                                   //MAdd

void LMDisp(LMatrix a)                              //矩阵显示
{
    MTNode *p;
    int i,j,c=0;
    for(i=0;i<a.mu;i++)                             //逐行扫描
    {
        p=a.rops[i];                                //指向行链表首元
        for(j=0;j<a.nu;j++)                         //扫描列
        {
            if(p==NULL)                             //零元
                cout<<'\t'<<c;                      //显示 0
            else if(j<p->j)
                cout<<'\t'<<c;
            else                                    //非零元
            {
                cout<<'\t'<<p->e;                   //显示非零元值
                p=p->next;
            }
        }                                           //for
        cout<<endl;
    }                                               //for
}                                                   //MatrixDisp

LMatrix LMCreate(int d[][3],int m,int n,int k)      //由三元组的非零元
```

```
{                                                    //生成带行指针的存储
    LMatrix M={m,n,k,NULL};
    int i,r1,r2;
    MTNode *s, *p;                                   //工作指针
    if(M.rops)  delete [] M.rops;                    //释放原矩阵行指针向量空间
    M.rops=new MTNode* [m];                          //申请行指针向量空间
    for(i=0;i<m;i++)                                 //初始化行指针
        M.rops[i]=NULL;
    r1=m;
    p=M.rops[r1];
    for(i=0;i<k;i++)                                 //扫描非零元数组
    {
        s=new MTNode;                                //生成各非零元结点
        s->i=d[i][0];
        s->j=d[i][1];
        s->e=d[i][2];
        r2=s->i;                                     //非零元所在行
        if(r2!=r1)                                   //创建链表首元结点
        {
            M.rops[r2]=s;
            s->next=NULL;
            p=s;
            r1=r2;
        }
        else                                         //创建链表非首元结点
        {
            s->next=p->next;
            p->next =s;
            p=s;
        }
    }                                                //for
    return M;
}                                                    //MCreate

void main()                                          //主函数
{
    LMatrix ma,mb,mc;
    int m=4,n=6;                                     //行数,列数
    int da[5][3]={{0,1,3},{1,1,2},{1,3,5},{3,0,9},{3,5,1}};
    int db[4][3]={{0,2,7},{1,1,6},{1,3,-5},{2,1,4}};
        ma=LMCreate(da,4,6,5);                       //构造 ma 矩阵
    cout<<"ma="<<endl;
    LMDisp(ma);                                      //显示 ma 矩阵
    mb=LMCreate(db,4,6,4);                           //构造 mb 矩阵
```

```
    cout<<"mb="<<endl;
    LMDisp(mb);                                    //显示 mb 矩阵
    MatrixAdd(ma,mb,mc);                           //计算矩阵和
    cout<<"mc=ma+mb="<<endl;
    LMDisp(mc);                                    //输出和矩阵
}
```

3. 运行说明

编译与链接成功后,屏幕显示运行结果如图 2.4.4 所示。用户通过修改主函数中二维数组的值,可以求不同矩阵的和。

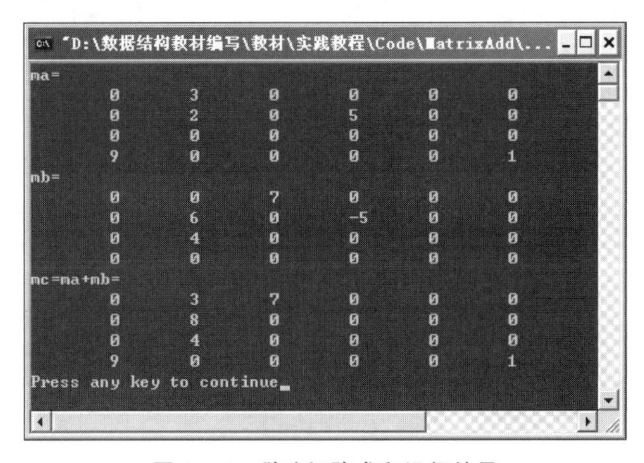

图 2.4.4 稀疏矩阵求和运行结果

4. 思考题

研读源程序,回答下列问题。

(1) 和矩阵的行向量生成第一个结点和非第一个结点在操作上有何区别?

(2) 矩阵完整的显示中,零元素的显示考虑了哪几种情况?

(3) 如何修改程序,实现稀疏矩阵差运算?

(4) 如果求稀疏矩阵的积,哪种存储结构比较合适?

运行程序,回答下列问题。

针对下列情况的两个矩阵,求它们的和,并分析结果的正确性:

(5) 两个非零矩阵。

(6) 一个零矩阵,一个非零矩阵。

(7) 和为零的两个矩阵。

第5章 二叉树

CHAPTER

5.1 二叉树简介

二叉树是度不超过2的树状结构，是一种非线性结构，所以二叉树的操作比线性结构复杂。二叉树的定义体现出递归特性，因此二叉树中的许多问题用递归描述，但递归算法性能差，许多操作常用非递归算法。

1. 程序设计简介

本验证程序实现了二叉链表存储的二叉树，其中包括4个源程序文件：BiTree.h、SqQueue.h、SqStack.h和BiTree.cpp。

(1) BiTree.h。

该头文件包含：①二叉链表结点定义；②二叉树的先序、中序和后序的递归遍历和非递归遍历、层序遍历等操作实现；③创建二叉树、销毁二叉树、求二叉树高度、结点计数、结点访问等操作的实现。

(2) SqQueue.h。

二叉树的层序遍历用到了队列，验证程序中选用了顺序队列。该头文件给出了队列的实现，程序用到了其中的初始化队列、销毁队列、入队、出队和测队空、销毁队列等操作。

(3) SqStack.h。

二叉树的非递归遍历用到的栈，验证程序中选用了顺序栈。该头文件给出栈的实现，程序用到了其中初始化栈、销毁栈、入栈、取栈顶元素和测栈空、销毁栈等操作。

(4) BiTree.cpp。

该源程序包含如下3项内容。

① 菜单定义dispmenu()，用于交互操作的功能定义与显示。

② 测试用例，二叉树创建的输入序列极易出错导致程序运行异常，所以，源程序中给出了4个测试用例，具体如下。

```
string  fbt="a b d ##e ##c f ##g ##";          //满二叉树
string  cbt="a b d ##e ##c ##";                //完全二叉树
```

```
string  gbt="a b #d ##c e ###";              //一般二叉树
string obt="a b c d #####";                  //左斜二叉树
```

③ 主函数 main()，通过调用 BiTree.h 中定义的操作实现程序的各功能，用菜单提供交互界面。

程序功能结构如图 2.5.1 所示，功能 1～12 对应二叉树的各操作，功能 0 结束程序运行。

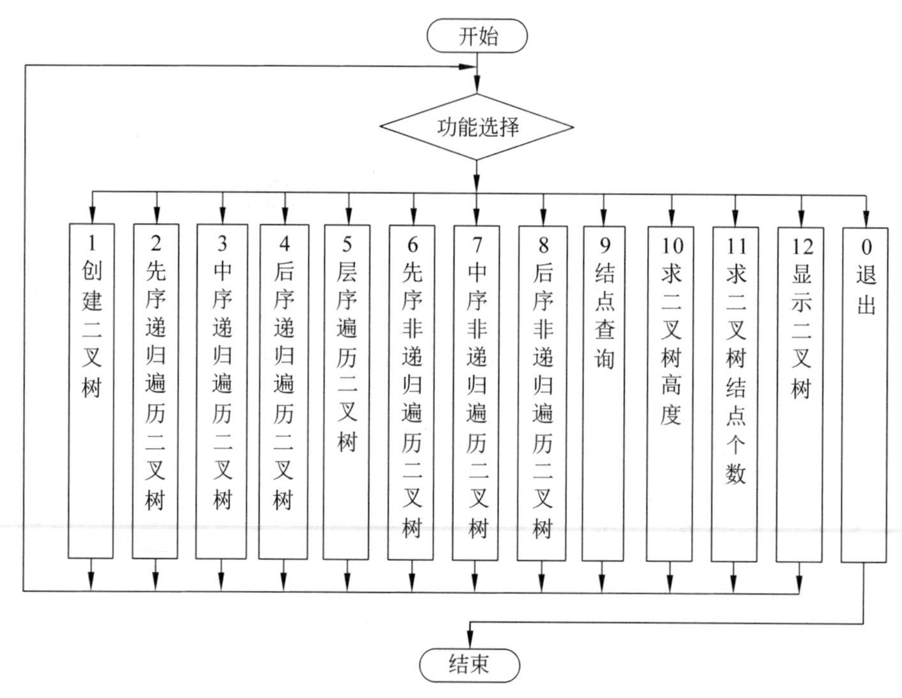

图 2.5.1　二叉树程序功能结构图

2. 源程序

(1) BiTree.h。

```
template <class DT>
struct BTNode                                  //结点定义
{
    DT data;                                   //数据域
    BTNode * lchild;                           //指向左子树的指针
    BTNode * rchild;                           //指向右子树的指针
};

template <class DT>                            //算法 5.1
void PreOrDerBiTree(BTNode<DT> * bt)           //先序递归遍历二叉树
{
    if(bt!=NULL)
    {
```

```
        cout<<bt->data<<' ';                  //输出结点上的数据
        PreOrDerBiTree(bt->lchild);           //先序递归遍历左子树
        PreOrDerBiTree(bt->rchild);           //先序递归遍历右子树
    }
    return;
}

template <class DT>                           //算法 5.2
void InOrDerBiTree(BTNode<DT> * bt)           //中序递归遍历二叉树
{
    if(bt!=NULL)
    {
        InOrDerBiTree(bt->lchild);            //中序递归遍历左子树
        cout<<bt->data<<' ';                  //输出结点上的数据
        InOrDerBiTree(bt->rchild);            //中序递归遍历右子树
    }
    return;
}

template <class DT>                           //算法 5.3
void PostOrDerBiTree(BTNode<DT> * bt)         //后序递归遍历二叉树
{
    if(bt!=NULL)
    {
        PostOrDerBiTree(bt->lchild);          //后序递归遍历左子树
        PostOrDerBiTree(bt->rchild);          //后序递归遍历右子树
        cout<<bt->data<<' ';                  //输出结点上的数据
    }
    return;
}

template<class DT>                            //算法 5.4
void LevelBiTree(BTNode<DT> * bt)             //层序遍历二叉树
{
    SqQueue<DT>Q;                             //创建一个队
    int m=20;
    InitQueue(Q,m);
    BTNode<DT> * p;
    p=bt;                                     //p 指向树根
    if(p) EnQueue(Q,p);                       //p 非空,入队
    while (!QueueEmpty(Q))                    //队非空
    {
        DeQueue(Q,p);                         //出队
        cout<<p->data;                        //访问
```

```
        if(p->lchild!=NULL)                     //有左孩子
            EnQueue(Q, p->lchild);              //左孩子入队
        if(p->rchild!=NULL)                     //有右孩子
            EnQueue(Q, p->rchild);              //右孩子入队
    }
    DestroyQueue(Q);                            //销毁队列
}

template <class DT>                             //算法 5.5
void PreOrderBiTree_N(BTNode<DT> * bt)          //先序非递归遍历二叉树
{
    SqStack<DT>S;                               //创建栈
    int m=20;
    InitStack(S, m);
    BTNode<DT> * p;
    p=bt;
    while (p!=NULL || !StackEmpty(S))           //树非空或栈非空
    {
        while(p!=NULL)                          //结点非空
        {
            cout<<p->data<<' ';                 //访问结点
            Push(S,p);                          //入栈
            p=p->lchild;                        //转左子树
        }
        if(!StackEmpty(S))                      //栈非空
        {
            Pop(S,p);                           //出栈
            p=p->rchild;                        //转出栈结点的右子树
        }
    }
    DestroyStack(S);                            //销毁栈
}

template <class DT>                             //算法 5.6
void InOrderBiTree_N(BTNode<DT> * bt)           //中序非递归遍历二叉树
{
    SqStack<DT>S;                               //创建一个栈
    int m=20;
    InitStack(S, m);
    BTNode<DT> * p;
    p=bt;
    while (p!=NULL || !StackEmpty(S))           //结点非空或栈非空
    {
        while(p!=NULL)                          //结点非空
```

```
        {
            Push(S,p);                          //出栈
            p=p->lchild;                        //转向出栈结点的左子树
        }
        if(!StackEmpty(S))                      //栈非空
        {
            Pop(S,p);                           //出栈
            cout<<p->data<<' ';                 //访问出栈结点
            p=p->rchild;                        //转向出栈结点的右子树
        }
    }
    DestroyStack(S);                            //销毁栈
}
```

```
template <class DT>                             //算法 5.7
void PostOrderBiTree_N(BTNode<DT> * bt)         //后序非递归遍历二叉树
{
    SqStack<DT>S;                               //创建一个栈
    int m=20;
    InitStack(S, m);
    BTNode<DT> * p;
    BTNode<DT> * r;
    p=bt;
    bool flag;                                  //顶点操作标志
    do
    {
        while(p)                                //结点非空
        {
            Push(S,p);                          //结点入栈
            p=p->lchild;                        //转向左子树
        }
        r=NULL;                                 //指向刚被访问结点,初值为空
        flag=true;                              //true 表示处理栈顶结点
        while(!StackEmpty(S) && flag)           //栈非空且当前处理的是栈顶结点
        {
            GetTop(S,p);                        //获取栈顶元素
            if(p->rchild==r)                    //如果当前结点是栈元素的右孩子
            {
                cout<<p->data<<' ';             //访问栈顶元素
                Pop(S,p);                       //出栈
                r=p;                            //r 指向被访问结点
            }
            else                                //否则
            {
```

```
                p=p->rchild;                    //转向栈顶元素的右孩子
                flag=false;                     //当前点为非栈顶结点
            }
        }
    }while(!StackEmpty(S));                     //栈非空,循环
    cout<<endl;
    DestroyStack(S);                            //销毁栈
}

template <class DT>                             //算法 5.8
void CreateBiTree(BTNode<DT> * &bt)             //创建二叉树
{
    char ch;
    cin>>ch;                                    //输入根结点的数据
    if(ch=='#')                                 //#表示空结点
        bt=NULL;
    else
    {
        bt=new BTNode<DT>;                      //申请内存
        if(!bt)
        {
            cout<<"申请内存失败!"<<endl;
            exit(-1);                           //申请内存失败退出
        }
        bt->data=ch;
        CreateBiTree(bt->lchild);               //递归创建左子树
        CreateBiTree(bt->rchild);               //递归创建右子树
    }
    return;
}

template <class DT>                             //算法 5.9
void DestroyBiTree(BTNode<DT> * &bt)            //销毁二叉树
{
    if(bt)                                      //树非空
    {
        DestroyBiTree(bt->lchild);              //递归销毁左子树
        DestroyBiTree(bt->rchild);              //递归销毁右子树
        delete bt;
    }
}

template<class DT>                              //算法 5.10
BTNode<DT> * Search(BTNode<DT> * bt, DT e)      //查找值为 e 的元素
```

```
{
    BTNode<DT> * p;
    if(bt==NULL)                                //结点为空,返回
        return NULL;
    else if(bt->data==e)                        //找到,返回结点指针
        return bt;
    else                                        //结点值不为 e
    {
        p=Search(bt->lchild,e);                 //递归在左子树上查找
        if(p!=NULL)                             //找到
            return p;                           //返回结点指针
        else                                    //未找到
            return Search(bt->rchild,e);        //递归在右子树上查找
    }
}

template <class DT>                             //算法 5.11
int Depth(BTNode<DT> * bt)                      //求二叉树高度(树深)
{
    int hl,hr;
    if(bt==NULL)                                //树空
        return 0;                               //深度为 0
    else                                        //树非空
    {

        hl=Depth(bt->lchild);                   //递归求左子树深度
        hr=Depth(bt->lchild);                   //递归求右子树深度
        if(hl>hr)                               //左子树高
            return hl+1;                        //树高为左子树高加 1
        else return hr+1;                       //左子树高,树高为左子树高加 1
    }
}

template <class DT>                             //算法 5.12
int NodeCount(BTNode<DT> * bt)                  //结点计数
{
    if(bt==NULL)                                //空树,结点数为 0
        return 0;
    else                                        //非空树, 结点数为左、右子树
        return NodeCount(bt->lchild)+NodeCount(bt->rchild)+1;//结点数的和加 1
}

template <class DT>
void DispBiTree(BTNode<DT> * bt,int level)  //显示二叉树
```

```
{
        if(bt)                                  //空二叉树不显示
    { DispBiTree(bt->rchild,level+1);           //显示右子树
        cout<<endl;                             //新行
        for(int i=0;i<level-1;i++)
            cout<<"   ";                        //确保在第 level 列显示结点
        cout<<bt->data;                         //显示结点
        DispBiTree(bt->lchild,level+1);         //显示左子树
        cout<<endl;
    }
}
```

(2) SqQueue.h。

队列元素类型为二叉链表结点指针类型,队列定义如下:

```
template <class DT>
struct SqQueue                                  //顺序队列定义
    {
        BTNode<DT> *   * base;                  //队列首地址
        int front;                              //队头指针
        int rear;                               //队尾指针
        int queuesize;                          //队容量
    };
```

其他操作算法与顺序队列中一样,此处省略源代码。

(3) SqStack.h。

栈元素为二叉链表结点指针类型,栈定义如下:

```
template <class DT>
struct SqStack                                  //顺序栈定义
    {
        BTNode<DT> *   * base;                  //栈首地址
        int top;                                //栈顶指针
        int stacksize;                          //栈容量
    };
```

其他操作算法与顺序栈中一样,此处省略源代码。

(4) BiTree.cpp。

```
#include<iostream>
#include<string>
using namespace std;
#include"BiTree.h"
#include"SqQueue.h"
#include"SqStack.h"
//测试参考数据
```

```
string  fbt="a b d ##e ##c f ##g ##";       //满二叉树
string  cbt="a b d ##e ##c ##";             //完全二叉树
string  gbt="a b #d ##c e ###";             //一般二叉树
string  obt="a b c d #####";                //左斜树 1

void dispmenu()                             //功能菜单
{
    cout<<"\n 功能选择(1~12,0 退出!)"<<endl;
    cout<<"1-创建二叉树\n";
    cout<<"2-先序递归遍历二叉树\n";
    cout<<"3-中序递归遍历二叉树\n";
    cout<<"4-后序递归遍历二叉树\n";
    cout<<"5-层序遍历二叉树\n";
    cout<<"6-先序非递归遍历二叉树\n";
    cout<<"7-中序非递归遍历二叉树\n";
    cout<<"8-后序非递归遍历二叉树\n";
    cout<<"9-结点查询\n";
    cout<<"10-求二叉树高度\n";
    cout<<"11-求二叉树结点个数\n";
    cout<<"12-显示二叉树\n";
    cout<<"0 -退出\n";
}

void main()                                 //主函数
{
    int level;
    BTNode<char> * bt;
    int y=100,x=350;
    system("cls");                          //清屏
    int choice;
    do
    {
        dispmenu();                         //显示菜单
        cout<<"Enter choice(1~12,0 退出):";
        cin>>choice;
        switch(choice)
        {
            case 1:                         //创建二叉树
                cout<<"测试参考数据: "<<endl; //输入提示
                cout<<"满二叉树: "<<fbt<<endl;
                cout<<"完全二叉树: "<<cbt<<endl;
                cout<<"一般二叉树: "<<gbt<<endl;
                cout<<"左斜二叉树: "<<obt<<endl;
                cout<<"\n 请按先序序列的顺序输入二叉树,
```

```
        #为空指针域标志："<<endl;
      CreateBiTree(bt);             //创建操作
      cout<<"创建的二叉树为："<<endl;
      level=1;
      DispBiTree(bt,level);         //查看创建的二叉树
      break;
  case 2:                           //先序递归遍历二叉树
      cout<<"\n先序遍历序列为："<<endl;
      PreOrDerBiTree(bt);
      break;
  case 3:                           //中序递归遍历二叉树
      cout<<"\n中序遍历序列为："<<endl;
      InOrDerBiTree(bt);
      break;
  case 4:                           //后序递归遍历二叉树
      cout<<"\n后序遍历序列为："<<endl;
      PostOrDerBiTree(bt);
      break;
  case 5:                           //层序遍历二叉树
      cout<<"\n层序遍历序列为："<<endl;
      cout<<endl;
      LevelBiTree(bt);
      break;
  case 6:                           //先序非递归遍历二叉树
      cout<<"\n先序非递归遍历序列为："<<endl;
      PreOrderBiTree_N(bt);
      break;
  case 7:                           //中序非递归遍历二叉树
      cout<<"\n中序非递归遍历序列为："<<endl;
      InOrderBiTree_N(bt);
      break;
  case 8:                           //后序非递归遍历二叉树
        cout<<"\n后序非递归遍历序列为："<<endl;
        cout<<endl;
        PostOrderBiTree_N(bt);
        break;
  case 9:                           //结点查询
      char e;
      BTNode<char> * p;
      cout<<"\n输入要查询的结点值："<<endl;
      cin>>e;
      p=Search(bt,e);               //查询操作
      if(p)                         //找到,输出结点值
      {
```

```
                cout<<"\n 找到!";
                cout<<p->data<<endl;
            }
            else                              //未找到
                cout<<"\n 未找到!"<<endl;
            cout<<endl;
            break;
        case 10:                              //求二叉树高度
            cout<<"\n 二叉树高度为: "<<Depth(bt)<<endl;
            cout<<endl;
            break;
        case 11:                              //求二叉树结点个数
            cout<<"\n 二叉树结点数为: "<<NodeCount(bt)<<endl;
            break;
        case 12:                              //显示二叉树
          cout<<"\n 二叉树:"<<endl;
          level=1;
          DispBiTree(bt,level);
          break;
        case 0:                               //退出
            DestroyBiTree(bt);
            cout<<"\n 结束运行 Bye-Bye!"<<endl;
            break;
        default:                              //无效选择
            cout<<"无效选择,请重新选择! \n";
            break;
    }
  }while(choice!=0);
  return;
}
```

3. 运行说明

运行程序,启动成功后二叉树程序运行界面如图 2.5.2 所示。

case 1：输入 1,选择功能 1,创建二叉树。

按提示输入要创建的二叉树的先序遍历序列。

如输入序列合理,屏幕显示所创建的转了 90°的二叉树的结点分布。

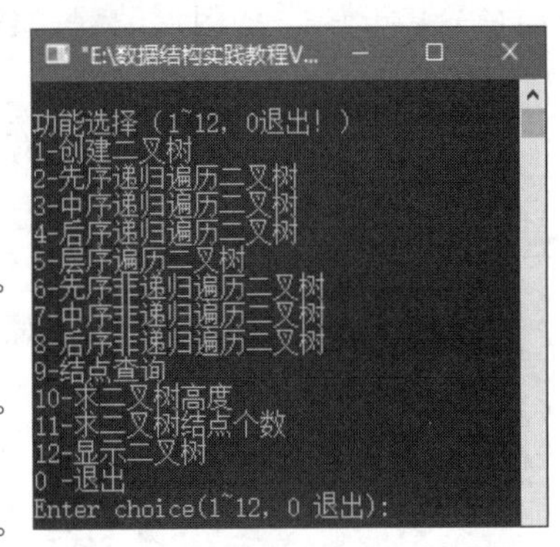

图 2.5.2　二叉树程序运行界面

case 2：输入 2,选择功能 2,先序递归遍历二叉树。

屏幕显示二叉树的先序遍历序列。

case 3：输入 3,选择功能 3,中序递归遍历二叉树。

屏幕显示二叉树的中序遍历序列。

case 4：输入 4,选择功能 4,后序递归遍历二叉树。

屏幕显示二叉树的后序遍历序列。

case 5：输入 5，选择功能 5，层序遍历二叉树。

屏幕显示二叉树的层序遍历序列。

case 6：输入 6，选择功能 6，先序非递归遍历二叉树。

屏幕显示二叉树的先序遍历序列。

case 7：输入 7，选择功能 7，中序非递归遍历二叉树。

屏幕显示二叉树的中序遍历序列。

case 8：输入 8，选择功能 8，后序非递归遍历二叉树。

屏幕显示二叉树的后序遍历序列。

case 9：输入 9，选择功能 9，结点查询。

9.1 按提示，输入要查询的结点值。

9.2 屏幕显示查询结果。

case 10：输入 10，选择功能 10，求二叉树的高度。

屏幕显示二叉树的高度。

case 11：输入 11，选择功能 11，求二叉树结点个数。

屏幕显示二叉树结点个数。

case 12：输入 12，选择功能单 12，显示二叉树。

屏幕显示一棵逆时钟转了 90°的二叉树。

case 0：输入 0，选择功能 0，结束运行。

屏幕显示“结束运行 bye-bye!”，按任意键，结束程序运行。

4. 思考题

研读源程序，回答下列问题。

(1) 二叉树层序遍历中采用了队列为工具，队列元素类型是什么？

(2) 二叉树的先序、中序、后序非递归遍历中用了栈为工具，栈元素的类型是什么？

(3) 队列、栈和二叉链表结构定义均采用了模板机制，它们“template ＜class DT＞”中的 DT 是一样的吗？

(4) 创建和销毁二叉树中均基于遍历采用了递归算法，分别采用了哪种遍历方法？

(5) 求二叉树深度采用了递归算法，递归中基于哪种遍历方法？

(6) 求二叉树结点总数采用了递归算法，递归中基于哪种遍历方法？

(7) 基于 C++ 的图形编程，如何编写树的图形显示程序？

运行程序，回答下列问题。

(8) 创建一棵深度为 4 的拥有最多结点数的二叉树，观察功能 2～12 的运行结果。

(9) 创建一棵深度为 4 的拥有最少结点数的二叉树，观察功能 2～12 的运行结果。

(10) 创建一棵深度为 4 的右斜树，观察功能 2～12 的运行结果。

(11) 对于一棵一般二叉树，观察功能 2～12 的运行结果。

5.2 中序线索化二叉树

二叉树的非线性给二叉树遍历带来麻烦。线索二叉树能给遍历带来方便。

1. 程序设计简介

本验证程序包括两个源程序文件：InThrBiTree.h 和 ThrBiTree.cpp。

(1) InThrBiTree.h。

该文件中包括以下内容：

① 线索二叉树的结点 ThrBTNode 的定义。

② 基于上述结点定义的二叉树的建立 CreateBiTree()、显示 DispBiTree()和销毁 DestroyThrBiTree()。

③ 中序线索化二叉树(算法 5.13)、中序遍历中序线索二叉树(算法 5.14)。

(2) 主文件 ThrBiTree.cpp。

主文件 ThrBiTree.cpp 包括以下 3 项内容：

① 菜单定义 dispmenu(),用于交互操作的定义与显示。

② 测试用例,二叉树创建的输入序列极易出错导致程序运行异常,所以,源程序中给出了 4 个测试用例,具体如下：

```
string  fbt="a b d ##e ##c f ##g ##";          //满二叉树
string  cbt="a b d ##e ##c ##";                //完全二叉树
string  gbt="a b #d ##c e ###";                //一般二叉树
string  obt="a b c d #####";                   //左斜二叉树
```

③ 主函数 main(),通过调用 InThrBiTree.h 中定义的操作实现程序的各功能,用菜单提供交互界面。

程序功能结构如图 2.5.3 所示,功能 1～4 分别为“创建二叉树”“中序线索化二叉树”“中序遍历中序线索二叉树”和“显示二叉树”,功能 0 为结束程序运行。

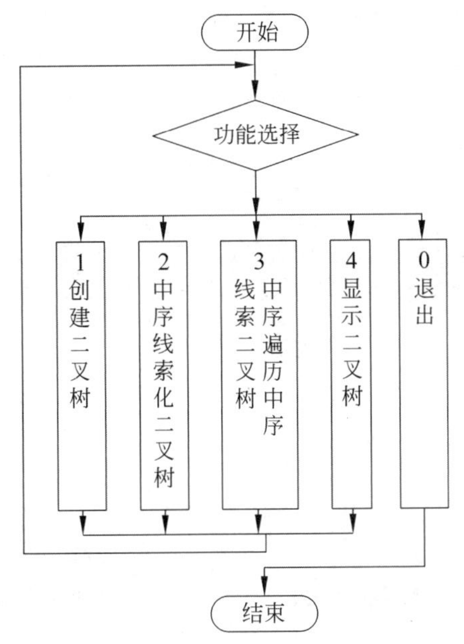

图 2.5.3　中序线索化二叉树程序功能结构示意图

2. 源程序

(1) InThrBiTree.h。

```
template<class DT>
struct ThrBTNode                                    //线索二叉树结点定义
{
    DT  data;                                       //数据域
    int lflag;                                      //左标志域
    int rflag;                                      //右标志域
    ThrBTNode   * lchild;                           //左指针域
    ThrBTNode   * rchild;                           //右指针域
};

template <class DT>                                 //创建二叉树
void CreateBiTree(ThrBTNode<DT> * &bt)              //按先序序列的顺序输入二叉树
{
    char ch;
    cin>>ch;                                        //输入根结点的数据
    if(ch=='#')                                     //#表示空结点
        bt=NULL;
    else
    {
        bt=new ThrBTNode<DT>;                       //新建结点
        if(!bt)
        {
            cout<<"申请内存失败!"<<endl;
            exit(-1);                               //申请内存失败退出
        }
        bt->lflag=0;                                //线索初始化
        bt->rflag=0;                                //线索初始化
        bt->data=ch;
        CreateBiTree(bt->lchild);                   //递归创建左子树
        CreateBiTree(bt->rchild);                   //递归创建右子树
    }
    return;
}

ThrBTNode<char> * pre;

template <class DT>                                 //算法 5.13
void InThread(ThrBTNode<DT> * &p)                   //中序线索化二叉树
{

    if(p!=NULL)                                     //结点非空
```

```
    {
        InThread(p->lchild);                       //递归中序线索化左子树
        if(p->lchild==NULL)                        //结点无左孩子
        {
            p->lflag=1;                            //设置前驱线索标识
            p->lchild=pre;                         //左孩子指向结点遍历前驱
        }
    if(pre->rchild==NULL)                          //结点无右孩子
        {
        pre->rflag=1;                              //设置后继线索标识
        pre->rchild=p;                             //右孩子指向结点遍历后继
        }
      pre=p;                                       //前驱指向当前结点
      InThread(p->rchild);                         //递归中序线索化右子树
    }
}

template<class DT>
ThrBTNode<DT> * CreateInThread(ThrBTNode<DT> * &bt)  //构建中序线索化二叉树
{
    ThrBTNode<DT> * root;
    root=new ThrBTNode<DT>;                        //创建头结点
    root->lflag=0;
    root->rflag=1;
    root->rchild=bt;
    if(bt==NULL)
        root->lchild=root;
    else
    {
        root->lchild=bt;
        pre=root;
        InThread(bt);                              //中序线索化二叉树
        pre->rchild=root;                          //最后一个结点 rchild 指向头结点
        pre->rflag=1;
        root->rchild=pre;
    }
    return root;
}

template<class DT>                                 //算法 5.14
void InThrBiTree(ThrBTNode<DT> * bt)               //中序遍历中序线索二叉树
{
    ThrBTNode<DT> * p;
    p=bt->lchild;                                  //从根结点开始
```

```
    while(p!=bt)                                    //结点非空
    {
        while (p->lflag==0)                         //有左孩子
          p=p->lchild;                              //一路左行
        cout<<p->data;                              //访问结点
        while(p->rflag==1 && p->rchild!=bt)         //有后继线索且非空
        {
            p=p->rchild;                            //转向后继
            cout<<p->data<<" ";                     //访问后继结点
        }
            p=p->rchild;                            //无后继线索,转向右子树
    }
}

template <class DT>
void DispBiTree(ThrBTNode<DT> * bt,int level) //显示线索二叉树
{
    if(bt)                                          //空二叉树不显示
    { DispBiTree(bt->rchild,level+1);               //递归显示右子树
      cout<<endl;                                   //显示新行
      for(int i=0;i<level-1;i++)
          cout<<"   ";                              //确保在第 level 列显示结点
      cout<<bt->data;                               //显示结点
      DispBiTree(bt->lchild,level+1);               //递归显示左子树
      cout<<endl;
    }
}

template <class DT>                                 //算法 5.15
void DestroyThrBiTree(ThrBTNode<DT> * &bt)          //销毁线索二叉树
{
    if(bt)                                          //结点非空
    {
        DestroyThrBiTree(bt->lchild);               //递归销毁左子树
        DestroyThrBiTree(bt->rchild);               //递归销毁右子树
        delete bt;                                  //销毁结点
    }
}
```

(2) ThrBiTree.cpp。

```
#include<iostream>                                  //cout,cin
#include<string>
#include"InThrBiTree.h"
using namespace std;
```

```
void dispmenu()                                     //功能菜单
{
    cout<<endl;
    cout<<"1-创建二叉树\n";
    cout<<"2-中序线索化二叉树\n";
    cout<<"3-中序遍历中序线索二叉树\n";
    cout<<"4-显示二叉树\n";
    cout<<"0-退出\n";
}
                                                    //测试数据
string  fbt="a b d ##e ##c f ##g ##";               //满二叉树
string  cbt="a b d ##e ##c ##";                     //完全二叉树
string  gbt="a b #d ##c e ###";                     //一般二叉树
string  obt="a b c d #####";                        //左斜二叉树

void main()                                         //主函数
{
    int level;
    ThrBTNode<char> * bt;
    system("cls");                                  //清屏
    int choice;
    do
    {
        dispmenu();                                 //显示菜单
        cout<<"Enter choice(1~7):";
        cin>>choice;
        switch(choice)
        {
            case 1:                                 //创建二叉树
                cout<<"测试数据参考:"<<endl;       //输入参考
                cout<<"满二叉树:"<<fbt<<endl;
                cout<<"完全二叉树:"<<cbt<<endl;
                cout<<"一般二叉树:"<<gbt<<endl;
                cout<<"左斜二叉树:"<<obt<<endl;
                cout<<"请按先序序列的顺序输入二叉树,
                #为空指针域标志:"<<endl;
                CreateBiTree(bt);                   //创建二叉树
                break;
            case 2:                                 //中序线索化二叉树
                bt=CreateInThread(bt);
                cout<<"中序线索化成功!";
                break;
            case 3:                                 //中序遍历中序线索二叉树
                cout<<"中序遍历序列为:"<<endl;
                InThrBiTree(bt);
                break;
```

```
            case 4:                                    //显示二叉树
              cout<<"2-显示二叉树"<<endl;
              level=1;
              DispBiTree(bt,level);
              break;
            case 0:                                    //退出
                cout<<"结束运行!"<<endl;
                DestroyThrBiTree(bt);
                break;
            default:                                   //无效选择
                cout<<"无效选择!\n";
                break;
        }
    }while(choice!=0);
    return;
}
```

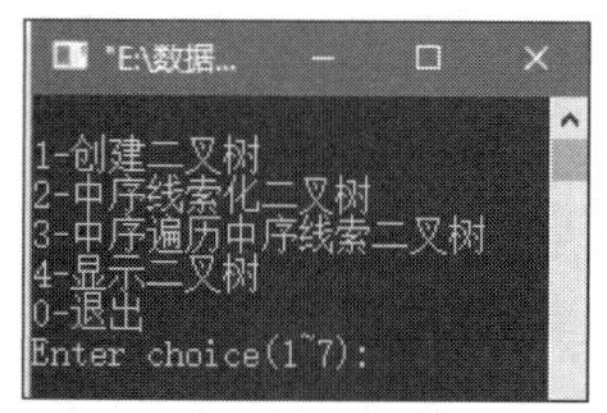

图 2.5.4 中序线索化二叉树程序运行界面

3. 运行说明

运行程序,启动成功后中序线索化二叉树程序运行界面如图 2.5.4 所示。

case 1: 输入 1,选择功能 1,创建二叉树。

按屏幕提示,输入所创建二叉树的先序遍历序列。创建成功,屏幕显示逆时针旋转了 90°的二叉树。

case 2: 输入 2,选择功能 2,中序线索化二叉树。

屏幕显示"中序线索化成功"。

case 3: 输入 3,选择功能 3,中序遍历中序线索二叉树。

屏幕显示二叉树的中序遍历序列。

注意: 必须先执行功能 2,方可执行该操作。

case 4: 输入 4,选择功能 4,显示二叉树。

屏幕显示一棵转了 90°的二叉树。

case 0: 输入 0,选择功能 0,结束运行。

屏幕显示"结束运行 bye-bye!",按任意键,结束程序运行。

4. 思考题

研读源程序,回答下列问题。

(1) 基于线索二叉树结点创建二叉树、销毁二叉树、显示二叉树与二叉链表二叉树的创建、销毁和显示算法上有区别吗? 能共用吗?

(2) 函数 ThrBTNode<DT> * CreateInThread(ThrBTNode<DT> * &bt)的功能是什么?

(3) 中序线索化二叉树的头指针指向根结点吗?

(4) 中序遍历中序线索二叉树算法 void InThrBiTree(ThrBTNode<DT> * bt)是非递归算法,但是也没有用到栈,为什么?

(5) 参照本验证程序的头文件"InThrBiTree.h",编写先序线索二叉树的相关操作及将算法5.14源码放于头文件PreThrBiTree.h中,验证算法5.14的正确性。

运行程序,回答下列问题。

(6) 创建一棵深度为4的拥有最多结点数的二叉树,观察功能2和3的运行结果。

(7) 创建一棵深度为4的拥有最少结点数的二叉树,观察功能2和3的运行结果。

(8) 创建一棵深度为4的右斜树,观察功能2和3的运行结果。

(9) 对于一棵一般二叉树,观察功能2和3的运行结果。

(10) 如果没有先执行功能"2-中序线索化二叉树",直接执行功能"3-中序遍历中序线索二叉树",会出现什么现象?分析其原因。

5.3 哈夫曼树和哈夫曼编码

由哈夫曼方法构造的最优二叉树称为哈夫曼树。哈夫曼编码是基于哈夫曼树构造的一种前缀编码。本验证程序实现了哈夫曼树的构造及其上生成的哈夫曼编码串。

1. 程序设计简介

本验证程序中只有一个源程序文件HuffmanTree.cpp,包含下列内容:

(1) 哈夫曼树数据元素结点HTNode定义。

(2) 哈夫曼树构造算法(算法5.16)、显示算法DispHT()。

(3) 哈夫曼编码生成算法CreateHFCode()(算法5.17)。

(4) 主函数main(),给出交互界面和各功能的调用,系统提供了输入结点权值、生成哈夫曼树、求哈夫曼编码等3个功能。

程序功能结构如图2.5.5所示,功能1~3分别为"输入结点权值""生成哈夫曼树"和"求哈夫曼编码",功能0为结束程序运行。

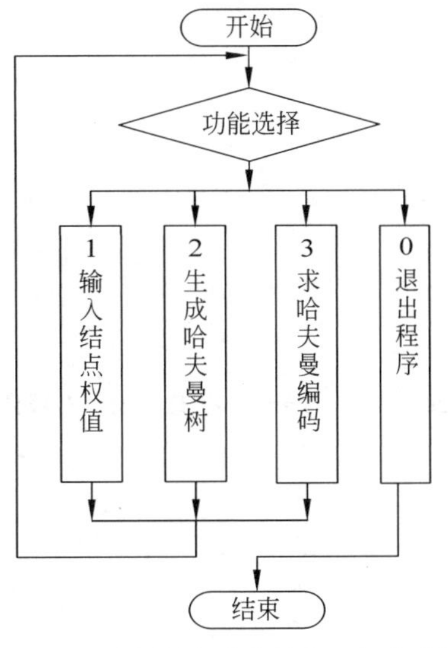

图2.5.5 哈夫曼树和哈夫曼编码程序功能图

2. 源程序

```
#include"iostream"
#include<iomanip>
#include<string>
using namespace std;

struct HTNode                                          //哈夫曼树元素结点定义
{
    int weight;                                        //权值,设为整型
    int parent;                                        //双亲位置
    int lchild;                                        //左孩子位置
    int rchild;                                        //右孩子位置
};

void select(HTNode * HT,int k,int &i1,int &i2)        //选择权值最小的两个结点编号
{
    int m1,m2;
    m1=m2=32767;                                       //预设最小、次小值
    i1=i2=0;
    for(int j=0;j<k;j++)                               //在前 k 个没有双亲的结点中求取
    {
        if(HT[j].weight<m1 && HT[j].parent==-1)        //当前结点权值小于最小值
        {
            m2=m1,i2=i1;                               //原最小结点为次小结点
            m1=HT[j].weight;                           //当前结点为新最小结点
            i1=j;
        }
        else if(HT[j].weight<m2 && HT[j].parent==-1)      //当前结点权值小于次小值
        {
            m2=HT[j].weight;                           //当前结点为新次小结点
            i2=j;
        }
    }
}

void HuffmanTree(HTNode * &HT, int * w, int n)      //算法 5.16: 构造哈夫曼树
{                                                    //n 为结点数,w 为存储结点权值的数组
    HTNode * p;
    int k,i;
    int i1,i2;
    p=HT;
    for(i=0;i<2 * n-1;i++)                           //初始化哈夫曼树
    {
```

```
        HT[i].weight=0;
        HT[i].parent=-1;
        HT[i].lchild=-1;
        HT[i].rchild=-1;
    }
    for(i=0;i<n;i++)                          //前 n 个结点权值
    {
        HT[i].weight=w[i];
    }
    for(k=n;k<2 * n-1;k++)                    //构造 n-1 个中间结点
    {
        select(HT,k,i1,i2);                   //选择权值最小的两个结点 i1 和 i2
        HT[i1].parent=k;                      //k 为 i1 和 i2 结点的双亲
        HT[i2].parent=k;
        HT[k].weight=                         //k 结点权值为 i1、i2 的结点权值
        HT[i1].weight+HT[i2].weight;
        HT[k].lchild=i1;                      //i1 和 i2 为第 k 个结点的孩子
        HT[k].rchild=i2;
    }
}

void DispHT(HTNode * HT,int n)                //显示哈夫曼树
{
    HTNode * p;
    p=HT;
    cout<<"k"<<setw(7)<<"Weight"<<setw(7)<<"parent"
        <<setw(7)<<"lchild"<<setw(7)<<"rchild"<<endl;
    for(int k=0;k<2 * n-1;k++)
    {
        cout<<k<<setw(7)<<(p+k)->weight<<setw(7)<<(p+k)->parent
            <<setw(7)<<(p+k)->lchild<<setw(7)<<(p+k)->rchild<<endl;
    }
}

void CreateHFCode(HTNode * HT, int n, char **HC)  //算法 5.17: 构建哈夫曼编码
{
    int i,start,c,f;
    char * cd;                                //暂存编码
    cd=new char[n];
    cd[n-1]='\0';
    for(i=0;i<n;i++)                          //求 n 个叶结点的编码
    {
        start=n-1;
        c=i;
```

```
        f=HT[i].parent;                              //从叶结点开始回溯至双亲
        while(f!=-1)
        {
            if(HT[f].lchild==c)                      //双亲的左孩子,编码为'0'
                cd[--start]='0';
            else                                     //双亲的左孩子,编码为'1'
                cd[--start]='1';
            c=f;f=HT[f].parent;
        }
        cout<<endl;
        HC[i]=new char[n-start];
        strcpy(HC[i],&cd[start]);                    //存储编码串到 HC[i]
        cout<<HT[i].weight<<": "<<HC[i]<<endl;      //显示编码
    }
    delete cd;                                       //销毁 cd
    cout<<endl;
}

int op;

void main()                                          //主函数
{
    int * w;                                         //权值数组
    int n;                                           //权值个数
    int i;                                           //工作变量
    HTNode * HT;                                     //哈夫曼树
    char * * HC;                                     //哈夫曼编码
    do
    {
        cout<<endl;                                  //功能菜单
        cout<<"1-输入结点权值"<<endl;
        cout<<"2-生成哈夫曼树"<<endl;
        cout<<"3-求哈夫曼编码"<<endl;
        cout<<"0-退出程序"<<endl;
        cout<<"请选择操作(1~3,0 退出): ";
        cout<<endl;
        cin>>op;                                     //功能选择
        switch(op)
        {
            case 1:                                  //输入结点权值
                cout<<"\n 测试案例"<<endl;
                cout<<"7,5,2,3,5,6"<<endl;
                cout<<"\n 请输入结点的个数: ";
                cin>>n;                              //输入结点个数
```

```
            w=new int[n];
            cout<<"\n请依次输入权值: "<<endl;
            for(i=0;i<n;i++)                    //输入结点权值
            {
                cout<<"请输入第"<<i+1<<"个权值: ";
                cin>>w[i];
            }
            break;
        case 2:                                 //生成哈夫曼树
            HT=new HTNode[2*n-1];               //申请最优二叉树存储空间
            HuffmanTree(HT,w,n);                //生成哈夫曼树
            cout<<"\n创建的哈夫曼树为: \n";
            DispHT(HT,n);                       //显示哈夫曼树
            break;
        case 3:                                 //求哈夫曼编码
            HC=new char*[n];                    //申请哈夫曼编码存储空间
            cout<<"\n哈夫曼编码为: \n";
            CreateHFCode(HT, n, HC);            //生成哈夫曼编码
            break;
        case 0:                                 //退出程序
            cout<<"\n结束运行,bye-bye!"<<endl;
            break;
        default:                                //无效选择
            cout<<"\n无效选择,重新选择!"<<endl;
            break;
      }
   }while(op!=0);
}
```

3. 运行说明

运行程序,启动成功后程序运行主界面如图 2.5.6 所示。

case 1:输入 1,选择功能 1,输入结点权值。

1.1　按屏幕提示,输入结点个数。

1.2　按屏幕提示,输入各结点权值。

注意:屏幕上给出了主教材中示例的权值{7,5,2,3,5,6},如果用户按此构建哈夫曼树,即可验证教材示例的正确性。

图 2.5.6　程序运行主界面

case 2:输入 2,选择功能 2,生成哈夫曼树。

屏幕按哈夫曼树存储结构显示哈夫曼树,例如按权值{7,5,2,3,5,6}生成的哈夫曼树如图 2.5.7 所示。

case 3:输入 3,选择功能 3,求哈夫曼编码。

屏幕显示求得的哈夫曼编码,如图 2.5.8 所示。

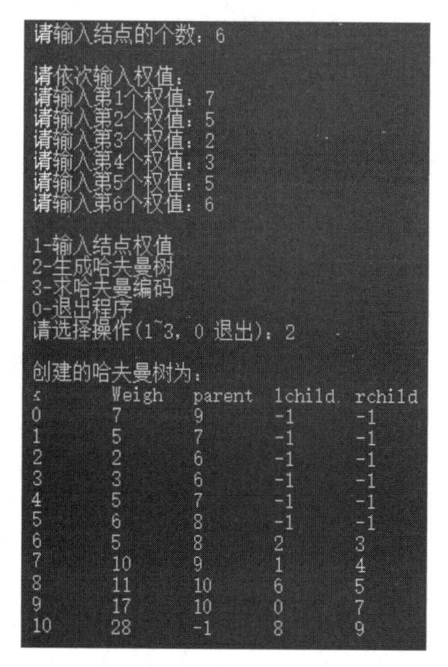

图 2.5.7　哈夫曼树显示截图

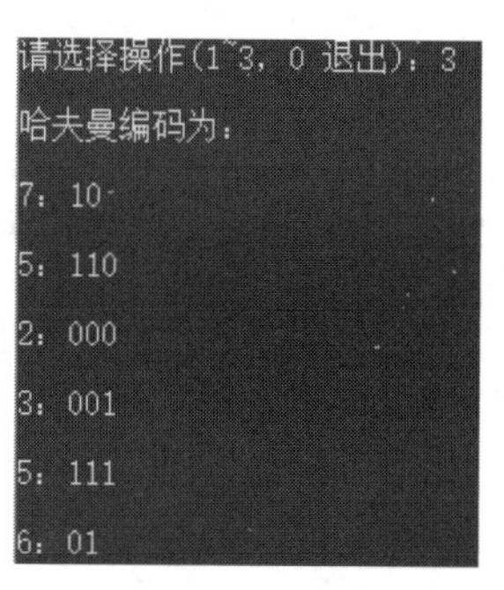

图 2.5.8　哈夫曼编码截图

case 0：输入 0，选择功能 0，进行程序退出操作。

屏幕显示"结束运行 bye-bye!"，按任意键，结束程序运行。

4. 思考题

研读源程序，回答下列问题。

(1) 哈夫曼树采用什么样的存储方式，顺序存储还是链式存储？

(2) 哈夫曼编码采用什么样的存储方式，顺序存储还是链式存储？

(3) 哈夫曼树的存储空间采用了动态申请，这种方式有什么好处？

(4) 源码中的函数 void select()是什么功能？该函数会被调用几次？

(5) 说明在函数 CreateHFCode()中下列语句的功能：

```
HC[i]=new char[n-start];
strcpy(HC[i],&cd[start]);
```

运行程序，回答下列问题。

(6) 结点权值为{2,3,7,5,6,5}，执行功能 2 和 3，观察运行结果，分析其正确性。

(7) 结点权值为{5,2,3,5,6,7}，执行功能 2 和 3，观察运行结果，分析其正确性。

(8) 结点权值为{5,6,7,5,2,3}，执行功能 2 和 3，观察运行结果，分析其正确性。

(9) 对上述 3 种情况创建的哈夫曼树、哈夫曼编码结果进行比较分析，给出分析结果。

第6章 图

CHAPTER

6.1 图的实现

验证程序给出了图的邻接矩阵和邻接表两种存储方式的实现。每一种存储方式按图的类型分为无向图、无向网、有向图和有向网，共8种，分布在不同的文件夹里，每个文件夹里有2个.h文件，1个.cpp文件，如表2.6.1所示。

表2.6.1 图的实现相关文件内容

序号	存储方式	文件夹	源程序文件
1	邻接矩阵	6-1-1-1-MGraph_UDG(无向图)	LinkQueue.h、MGraph_UDG.h、MGraph_UDG.cpp
2		6-1-1-2-MGraph_UDN(无向网)	LinkQueue.h、MGraph_UDN.h、MGraph_UDN.cpp
3		6-1-1-3-MGraph_DG(有向图)	LinkQueue.h、MGraph_DG.h、MGraph_DG.cpp
4		6-1-1-4-MGraph_DN(有向网)	LinkQueue.h、MGraph_DN.h、MGraph_DN.cpp
5	邻接表	6-1-2-1-ALGraph_UDG(无向图)	LinkQueue.h、ALGraph_UDG.h、ALGraph_UDG.cpp
6		6-1-2-2-ALGraph_UDN(无向网)	LinkQueue.h、ALGraph_UDN.h、ALGraph_UDN.cpp
7		6-1-2-3-ALGraph_DG(有向图)	LinkQueue.h、ALGraph_DG.h、ALGraph_DG.cpp
8		6-1-2-4-ALGraph_DN(有向网)	LinkQueue.h、ALGraph_DN.h、ALGraph_DN.cpp

6.1.1 程序设计简介

上述8种图的实现程序框架是一样的，这里统一进行说明。

图的广度优先遍历需用队列为工具，验证程序中选用了链队，所以程序文件中包含 LinkQueue.h。

文件夹中的另一个头文件为图的存储定义和基本操作的实现。

源程序.cpp 文件提供交互操作界面，并通过调用两个头文件，实现图的操作，包括图的创建、图的编辑、顶点信息查询和访问、遍历等基本操作，具体分为 11 个功能，系统通过菜单提供功能选择，功能结构如图 2.6.1 所示。

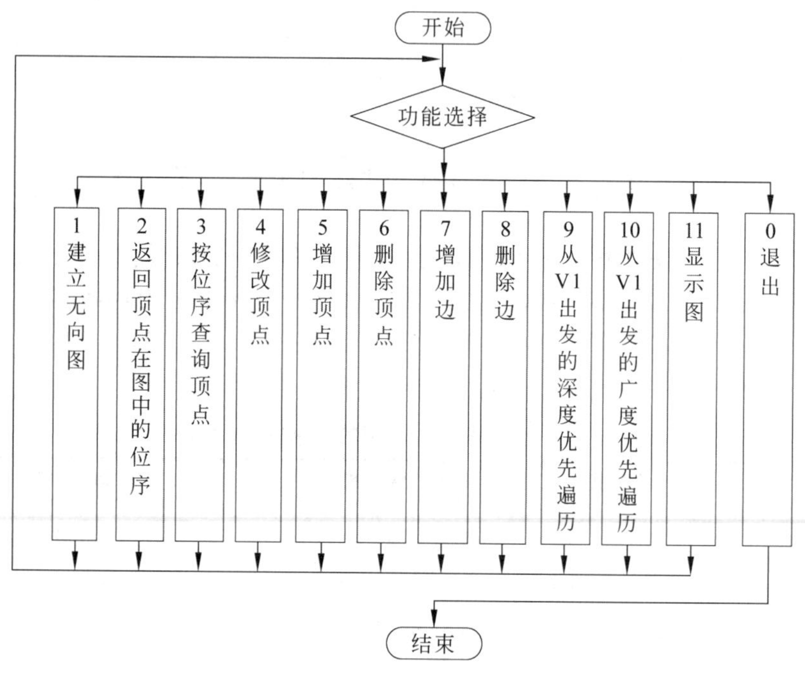

图 2.6.1 图程序功能结构图

验证程序中图的顶点数据元素类型为字符型，边的权值为整型。图和网的区别是边是否有权值。下面选取无向图的邻接矩阵和有向网的邻接表两种实现，作为学习参考。

6.1.2 无向图的邻接矩阵实现

1. 源程序

(1) LinkQueue.h。

取自第 3 章链队的头文件 LinkQueue.h，此处不再赘述。

(2) MGraph_UDG.h。

```
#define MAX_VEXNUM 20                              //最大顶点数
template <class DT>
struct MGraph                                      //图的邻接矩阵表示存储定义
{
    DT vexs[MAX_VEXNUM];                           //顶点信息
    int arcs[MAX_VEXNUM][MAX_VEXNUM];
```

```
    int vexnum,arcnum;                              //顶点数和边数
};

template <class DT>
void DispG(MGraph<DT>G)                             //显示图顶点与边信息
{
    int i,j;
    DT u,v;
    cout<<G.vexnum<<"个顶点: "<<endl;
    for(i=0;i<G.vexnum;i++)                         //输出顶点信息
        cout<<G.vexs[i]<<"  ";
    cout<<endl;
    cout<<G.arcnum<<"条边信息如下: "<<endl;          //输出边信息
    for(i=0;i<G.vexnum;i++)
    {
        for(j=i+1;j<G.vexnum;j++)
            if(G.arcs[i][j]!=0)
            {
                GetVex(G,i,u);
                GetVex(G,j,v);
                cout<<'('<<u<<","<<v<<")"<<'\t';
            }
    }
    cout<<endl;
}

template <class DT>                                 //算法 6.1
int LocateVex(MGraph<DT>G,DT v)                     //顶点定位
{
    for(int i = 0;i<G.vexnum;i++)                   //顺序查找顶点
    {
        if(G.vexs[i] ==v)                           //找到
        {
            return i;                               //返回顶点位序
        }
    }
    return -1;                                      //顶点不存在
}

template <class DT>                                 //算法 6.2
void CreateUDG(MGraph<DT> &G)                       //创建无向图
{
    int i,j,k;
    DT v1,v2;
```

```
    cout<<"请输入无向图的顶点数 ";                    //输入顶点数、边数
    cin>>G.vexnum;
    cout<<"请输入无向图的边数 ";
    cin>>G.arcnum;
    cout<<"请输入"<<G.vexnum<<"个顶点的值(单个字符)"<<endl;    //输入顶点值
    for(i = 0;i<G.vexnum;i++)
        cin>>G.vexs[i];
    for(i=0;i<G.vexnum;i++)                         //邻接矩阵初始化
        for(j=0;j<G.vexnum;j++)
            G.arcs[i][j]=0;
    cout<<"请输入各条边的两个邻接点"<<endl;           //创建各条边
    for(k=0;k<G.arcnum;k++)
    {
        cout<<"输入第"<<k<<"条边的两个顶点: "<<endl;
        cin>>v1>>v2;                                //输入边的两个邻接点
        i = LocateVex(G,v1);                        //定位两个邻接点
        j = LocateVex(G,v2);
        if(i<0 || j<0 || i==j)
        {
            cout<<"顶点信息错,重新输入!"<<endl;
            k--;
            continue;
        }
        G.arcs[i][j]=1;                             //修改邻接矩阵
        G.arcs[j][i]=1;
    }
}

template <class DT>
bool GetVex(MGraph<DT>G, int k, DT &v)              //获取第 k 个顶点值 v
{
    if(k<0 || k>=G.vexnum)                          //顶点不存在,返回 false
        return false;
    else                                            //获取顶点值
    {
        v=G.vexs[k];
        return true;                                //操作成功,返回 true
    }
}

template <class DT>
bool PutVex(MGraph<DT>&G,DT &u,DT v)                //为第 u 个顶点赋值
{
    int k;
```

```
    k=LocateVex(G,u);
    if(k<0)                                     //顶点不存在,返回 false
        return false;
    else                                        //顶点存在
    {
        G.vexs[k] = v;                          //修改顶点值
        return true;
    }
}

template <class DT>
int FirstAdjvex(MGraph<DT>G,int u)              //算法 6.3: 按位序查找第一邻接点
{
    if(u<0 || u>=G.vexnum)                      //顶点不存在
        return -1;                              //无邻接点,返回-1
    for(int j=0;j<G.vexnum;j++)                 //扫描邻接矩阵第 u 行
        if(G.arcs[u][j]!=0)                     //第一个非零元素所在列号
            return j;                           //为第一邻接点序号
    return -1;                                  //无邻接点返回-1
}

template <class DT>
int NextAdjvex(MGraph<DT>G,int u,int w)         //按序号查找相对于 w 的下一个邻接点
{
    if(u<0 || u>=G.vexnum || w<0 || w>=G.vexnum        //参数不合理
          || G.arcs[u][w]==0)
        return -1;                              //无邻接点
    for(int j=w+1;j<G.vexnum;j++)               //扫描第 u 行第 w 列后的元素
        if(G.arcs[u][j]!=0)                     //第一个非零元素所在列号
            return j;                           //所求邻接点序号
    return -1;                                  //无邻接点,返回-1
}

template <class DT>
bool InsertVex(MGraph<DT> &G,DT v)              //插入值为 v 的顶点
{
    DT w;
    int j;
    char ans;
    if(G.vexnum>=MAX_VEXNUM)                    //无存储空间,不能插入
    {
        cout<<"无存储空间,不能插入!"<<endl;
        return false;
    }
```

```
    G.vexs[G.vexnum++]=v;                        //新顶点信息添加在表尾
    for(j=0;j<G.vexnum;j++)                      //邻接矩阵增加1行1列
    {
        G.arcs[G.vexnum-1][j]=0;
        G.arcs[j][G.vexnum-1]=0;
    }
    cout<<"创建边吗(Y/N)?"<<endl;
    cin>>ans;
    while(ans=='Y'|| ans=='y')                   //创建与新顶点相邻的边
    {
        cout<<"输入另一个顶点值"<<endl;          //输入边的另一邻接点值
        cin>>w;
        j=LocateVex(G,w);                        //定位邻接点
        if(j>=0)                                 //邻接点存在
            InsertArc(G,v,w);                    //插入边
        else                                     //邻接点不存在
            cout<<w<<"顶点不存在!";              //不能建边
        cout<<"继续创建边吗(Y/N)?"<<endl;
        cin>>ans;
    };
    return true;
}

template <class DT>
bool InsertArc(MGraph<DT>&G,DT v,DT w)           //按值插入边<v,w>
{   int i = LocateVex(G,v);                      //顶点定位
    int j = LocateVex(G,w);
    if(i<0 || j<0 || i==j)                       //顶点不存在或两个顶点相同
    {                                            //不能插入边,返回 false
        cout<<"\n顶点不存在或两个顶点相同,不能插入!"<<endl;
        return false;
    }
    if(G.arcs[i][j]==1)                          //边已存在,不能插入
    {
        cout<<"\n边已存在,不能插入!"<<endl;
        return false;                            //返回 false
    }
    G.arcs[i][j]=1;                              //插入边,修改邻接矩阵
    G.arcs[j][i]=1;
    G.arcnum++;                                  //边数增1
    return true;                                 //插入成功,返回 true
}

template <class DT>
```

```
bool DeleteArc(MGraph<DT>&G,DT v,DT w)          //按顶点值删除边
{
    int i = LocateVex(G,v);                      //顶点定位
    int j = LocateVex(G,w);
    if(i<0||j<0||i==j)                           //边不存在,返回 false
    {
        cout<<"边不存在!"<<endl;
        return false;
    }
    G.arcs[i][j]=0;                              //置邻接矩阵第 i 行第 j 列为零
    G.arcs[j][i]=0;                              //置邻接矩阵第 i 列第 j 行为零
    G.arcnum--;                                  //边数减 1
    return true;                                 //操作成功返回 true
}

template <class DT>
bool DeleteVex(MGraph<DT>&G,DT v)                //按值删除顶点
{
    int i,j,k;
    DT w;
    k = LocateVex(G,v);                          //顶点定位
    if(k<0)
    {
        cout<<"顶点不存在!"<<endl;               //顶点不存在
        return false;
    }
    for(j=0;j<G.vexnum;j++)                      //删除与顶点 v 相连的边
    {
        if(G.arcs[k][j]!=0)
        {
            GetVex(G,j,w);
            DeleteArc(G,v,w);
        }
    }
    for(i=k+1;i<G.vexnum;i++)                    //第 k 行后的行依次前移一行
        for(j=1;j<G.vexnum;j++)
            G.arcs[i-1][j]=G.arcs[i][j];
    for(j=k+1;j<G.vexnum;j++)                    //第 k 列后的列依次前移一列
        for(i=1;i<G.vexnum;i++)
            G.arcs[i][j-1]=G.arcs[i][j];
    for(i=k+1;i<G.vexnum;i++)                    //排在顶点 v 后面的顶点前移
    {
        G.vexs[i-1] = G.vexs[i];
    }
```

```
    G.vexnum--;
    return true;
}

template <class DT>                                   //算法 6.4
void DFS2(MGraph<DT>G,int v)                          //连通图邻接矩阵深度优先遍历
{
    int w;
    visited[v] = true;                                //设置访问标志
    cout<<G.vexs[v];                                  //访问顶点
    for(w=0;w<G.vexnum;w++)                           //找未被访问的一个邻接点
    {
        if(G.arcs[v][w]!=0 && !visited[w])
            DFS2(G,w);                                //递归深度优先遍历
    }
    cout<<endl;
}

template <class DT>                                   //算法 6.5
void DFSTraverse(MGraph<DT>G)                         //非连通图邻接矩阵深度优先遍历
{
    int i;
    for(i=0;i<G.vexnum;i++)                           //访问标志初始化
        visited[i]=0;
    for(i=0;i<G.vexnum;i++)                           //对未被访问的顶点
    {
        if(!visited[i])
            DFS2(G,i);                                //进行深度优先递归
    }
    cout<<endl;
    return;
}

template <class DT>                                   //算法 6.6
void BFS(MGraph<DT>G,int v)                           //连通图广度优先遍历
{
    int w;
    LinkQueue<int>Q;                                  //创建队列
    InitQueue(Q);
    cout<<G.vexs[v];                                  //访问顶点 v
    visited[v]=true;                                  //做访问标志
    EnQueue(Q,v);                                     //入队
    while(!QueueEmpty(Q))                             //队非空
    {
```

```
        DeQueue(Q,v);                               //出队
        for(w=FirstAdjvex(G,v);w>=0;w=NextAdjvex(G,v,w))    //遍历 v 的邻接点
            if(!visited[w])                         //未被访问
            {
                cout<<G.vexs[w];                    //访问
                visited[w]=true;                    //做访问标志
                EnQueue(Q,w);                       //入队
            }
    }
}

template <class DT>                                 //算法 6.7
void BFSTraverse(MGraph<DT>G)                       //非连通图广度优先遍历
{
    int i;
    for(i=0;i<G.vexnum;i++)                         //访问标志初始化
        visited[i]=0;
    for(i=0;i<G.vexnum;i++)                         //对未被访问的结点
    {
        if(!visited[i])
            BFS(G,i);                               //进行广度优先遍历
    }
}
```

(3) MGraph_UDG.cpp。

```
#include<string>
#include "LinkQueue.h"
#include "MGraph_UDG.h"
#include <iostream>
using namespace std;

void DispMenu()                                     //功能菜单
{
    cout<<" 1. 建立无向图"<<endl;
    cout<<" 2. 返回顶点在图中的位序"<<endl;
    cout<<" 3. 按位序查询顶点"<<endl;
    cout<<" 4. 修改顶点"<<endl;
    cout<<" 5. 增加顶点"<<endl;
    cout<<" 6. 删除顶点"<<endl;
    cout<<" 7. 增加边"<<endl;
    cout<<" 8. 删除边"<<endl;
    cout<<" 9. 从 V1 出发深度优先遍历"<<endl;
    cout<<"10. 从 V1 出发广度优先遍历"<<endl;
    cout<<"11. 显示图"<<endl;
```

```
    cout<<" 0. 退出"<<endl;
    cout<<"\n 请选择你要的操作:";
}

bool visited[MAX_VEXNUM]={false};

void main()                                     //主函数
{
    char u,v;
    int k;
    MGraph<char>G;                              //元素类型为字符型的图
    int choice;
    do
    {
        DispMenu();
        cin>>choice;                            //选择功能
        switch(choice)
        {
            case 1:                             //建立无向图
                CreateUDG(G);                   //创建图
                cout<<endl;
                cout<<"创建的无向图为: "<<endl;
                DispG(G);                       //显示图信息
                break;
            case 2:                             //返回顶点在图中的位序
                cout<<"请输入您要查询位序的顶点:  ";
                cin>>u;                         //输入顶点值
                k=LocateVex(G,u);               //顶点定位
                if(k!=-1)                       //顶点存在
                    cout<<"顶点"<<u<<"在图中的位序为: "<<k<<endl;
                else                            //顶点不存在
                    cout<<"顶点"<<u<<"不存在!"<<endl;
                cout<<endl;
                break;
            case 3:                             //按位序查询顶点
                int index;
                cout<<"请输入您要查询顶点的位序: ";
                cin>>index;                     //输入顶点位序
                if(GetVex(G,index,v))           //顶点存在
                    cout<<"位置为"<<index<<"的顶点为: "<<v<<endl;
                else                            //顶点不存在
                    cout<<"第"<<index<<"顶点不存在!"<<endl;
                cout<<endl;
                break;
```

```
case 4:                                 //修改顶点
    cout<<"请输入要修改的顶点: ";
    cin>>u;                             //输入要修改的顶点值
    if(LocateVex(G,u)<0)                //顶点不存在
        cout<<"顶点"<<u<<"不存在!"<<endl;
    else                                //顶点存在,可修改
    {
        cout<<"请输入更改后顶点: ";
        cin>>v;                         //输入修改后的值
        PutVex(G,u,v);                  //修改操作
        cout<<"顶点值修后的图为"<<endl;
        DispG(G);                       //显示图查看修改结果
    }
    break;
case 5:                                 //增加顶点
    cout<<"请输入要增加的顶点: ";
    cin>>v;                             //输入新增顶点值
    InsertVex(G,v);                     //插入顶点操作
    cout<<"插入顶点和相应边后的图为"<<endl;
    DispG(G);                           //显示图查看操作结果
    cout<<endl;
    break;
case 6:                                 //删除顶点
    cout<<"请输入要删除的顶点:";
    cin>>v;                             //输入要删除的顶点值
    if(LocateVex(G,v)<0)                //顶点不存在不能删除
        cout<<"顶点"<<v<<"不存在!"<<endl;
    else                                //顶点存在
    {
        DeleteVex(G,v);                 //删除顶点
        cout<<"顶点删除后的图为"<<endl;
        DispG(G);                       //显示图
    }
    cout<<endl;
    break;
case 7:                                 //增加边
    cout<<"请输入要增添边的相邻两个顶点";
    cin>>u>>v;                          //输入边的两个顶点值
    if(InsertArc(G,u,v))
        cout<<"插入边后的图为"<<endl;
    DispG(G);                           //显示图信息
    break;
case 8:                                 //删除边
    cout<<"请输入删除的边相邻两个顶点: ";
```

```
                cin>>u>>v;                          //输入边的两个顶点值
                if(DeleteArc(G,u,v))                //删除成功
                    cout<<"删除边后的图为"<<endl;
                DispG(G);                           //显示图信息
                break;
            case 9:                                 //深度优先遍历
                cout<<"从第一个顶点出发深度优先遍历图的序列为: "<<endl;
                DFSTraverse(G);
                cout<<endl;
                break;
            case 10:                                //广度优先遍历
                cout<<"从第一个顶点出发广度优先遍历图的序列为: "<<endl;
                BFSTraverse(G);
                cout<<endl;
                break;
            case 11:                                //显示图
                DispG(G);
                cout<<endl;
                break;
            case 0:                                 //退出
                cout<<"结束运行,bye-bye!"<<endl;
                break;
            default:                                //选择无效
                cout<<"无效选择,重新选择!"<<endl;
        }                                           //case
    }while(choice!=0);
}                                                   //main
```

2. 运行说明

运行程序,启动成功后邻接矩阵存储的无向图程序运行界面如图 2.6.2 所示。

case 1：输入 1,选择功能 1,建立无向图。

1.1 按屏幕提示输入要创建的无向图的顶点数。

1.2 按屏幕提示输入要创建的无向图的边数。

1.3 按屏幕提示输入各条边的两个顶点。

1.4 屏幕显示创建的无向图信息。

上述过程操作界面如图 2.6.3 所示。

case 2：输入 2,选择功能 2,返回顶点在图中的位序。

2.1 按屏幕提示输入要查询的顶点值。

2.2 若顶点存在,屏幕显示顶点序号;否则,显示顶点不存在的提示信息。

case 3：输入 3,选择功能 3,按位序查询顶点。

3.1 按屏幕提示输入要查询的顶点位序。

3.2 若位序合理,屏幕显示该位序顶点值;否则,显示不存在的提示信息。

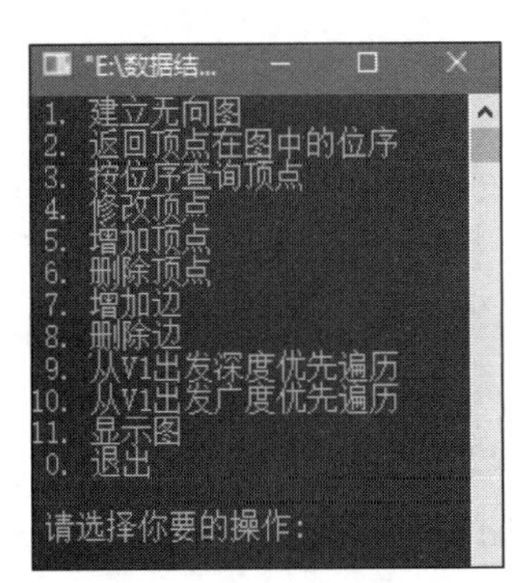

图 2.6.2　邻接矩阵存储的无向图程序运行界面

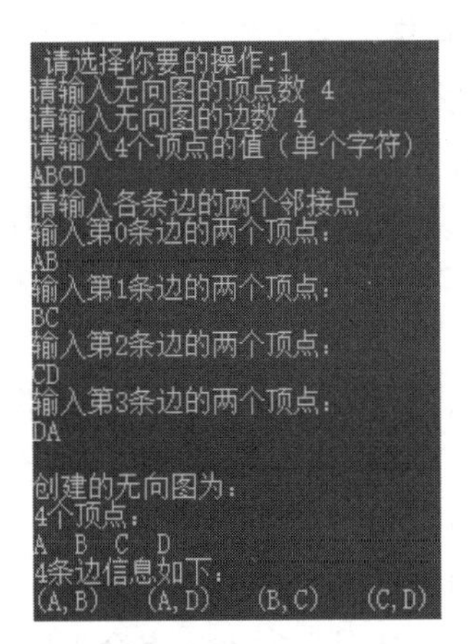

图 2.6.3　功能 1 操作界面

case 4：输入 4，选择功能 4，修改顶点。

4.1　按屏幕提示输入要修改的顶点值。如果顶点存在则继续，否则返回菜单。

4.2　按屏幕提示输入修改后的顶点值。

4.3　屏幕显示顶点修改后的图信息。

case 5：输入 5，选择功能 5，增加顶点。

5.1　按屏幕提示输入要增加的顶点值。

5.2　回答“创建边(Y/N)?”的问题，如果不创建，返回功能选择；否则输入与新顶点相邻接的另一个顶点，如果该顶点不存在，显示顶点不存在的信息。

5.3　重复 5.2，直到回答 N。

case 6：输入 6，选择功能 6，删除顶点。

6.1　按屏幕提示输入要删除的顶点值。

6.2　若顶点存在，显示顶点删除后图的信息；否则显示顶点不存在的信息。

case 7：输入 7，选择功能 7，增加边。

7.1　按屏幕提示输入要增加的边的两个顶点值。

7.2　若两个顶点存在，显示增加边后的图信息，否则显示“不能增加边”的信息。

case 8：输入 8，选择功能 8，删除边。

8.1　按屏幕提示输入要删除的边的两个顶点值。

8.2　若两个顶点存在，显示删除边后的图信息，否则显示“不能删除边”的信息。

case 9：输入 9，选择功能 9，从 V1 出发深度优先遍历。

屏幕显示从 V1 出发的深度优先遍历序列。

case 10：输入 10，选择功能 10，从 V1 出发广度优先遍历。

屏幕显示从 V1 出发广度优先遍历序列。

case 11：输入 11，选择功能 11，显示图。

屏幕显示图的顶点信息和边信息。

case 0：输入 0，选择功能 0，结束运行。

屏幕显示“结束运行 bye-bye!”，按任意键，结束程序运行。

3. 思考题

研读源程序，回答下列问题。

(1) 最小的顶点位序值是什么？

(2) 阅读顶点定位函数 LocateVex()，若顶点不存在，函数返回什么值？

(3) 阅读无向图创建函数 CreateUDG()，写出创建邻接矩阵存储的无向图的操作步骤。

(4) 阅读函数 FirstAdjvex()，说明函数的功能。该函数返回的是顶点值还是顶点序号？

(5) 阅读插入顶点的函数 InsertVex()，写出插入顶点的操作步骤。

(6) 阅读插入边的函数 InsertArc()，写出插入边的操作步骤。

(7) 什么情况下插入顶点会失败？什么情况下插入边会失败？

(8) 阅读删除边的函数 DeleteArc()，写出删除边的操作步骤。

(9) 阅读删除顶点的函数 DeleteVex()，写出删除顶点的操作步骤。

(10) 什么情况下删除顶点会失败？什么情况下删除边会失败？

(11) 从 V1 出发的深度优先和广度优先遍历序列不唯一，为什么程序运行结果只有一个？是哪一个？

运行源程序，回答下列问题。

(12) 创建无向图，该图有 4 个顶点：A、B、C、D 和 4 条边(A,B)、(B,C)、(C,D)、(D,A)。

(13) 对于(12)题创建的图，查询各顶点的位序，理解并分析结果的正确性。

(14) 对于(12)题创建的图，按位序查询各顶点，理解并分析结果的正确性。

(15) 对于(12)题创建的图，把顶点 A 改为 E，再把 E 改为 A，理解并分析结果的正确性。

(16) 增加顶点 E 和边(A,E)，理解并分析结果的正确性。

(17) 执行功能 10、11，理解并分析结果的正确性。

(18) 增加边(A,C)，理解并分析结果的正确性。

(19) 删除边(A,E)，理解并分析结果的正确性。

(20) 删除顶点 A，理解并分析结果的正确性。

6.1.3 有向网的邻接表实现

1. 源程序

(1) LinkQueue.h。

取自第 3 章链队的头文件 LinkQueue.h，此处不再赘述。

(2) ALGraph_DN.h。

```
#define MAX_VEXNUM 20
#define MAX_VEXNUM 20                                   //最大顶点数
template <class DT>                                     //表结点定义
struct VNode
{
```

```
    DT data;                                        //顶点信息
    ArcNode * firstarc;                             //指向第一条依附该顶点的指针
};
struct ArcNode                                      //弧结点定义
{
    int adjvex;                                     //该弧所指向的顶点的位置
    int weight;                                     //权值,设为整型
    ArcNode * nextarc;                              //指向下一条弧的指针
};
template <class DT>
struct ALGraph                                      //图邻接表存储定义
{
    VNode<DT>vertices[MAX_VEXNUM];                  //顶点集
    int vexnum;                                     //顶点数
    int arcnum;                                     //弧数
};
    template <class DT>
    void  DispG(ALGraph<DT>G)                       //显示图顶点和弧信息
    {
    int i;
    ArcNode * p;
    cout<<G.vexnum<<"个顶点:"<<endl;                //输出顶点数
    for(i=0;i<G.vexnum;i++)                         //输出顶点值
    {
        cout<<G.vertices[i].data<<" ";
    }
    cout<<endl;
    cout<<G.arcnum<<"条弧(弧):"<<endl;              //输出弧数
    for(i = 0;i<G.vexnum;i++)                       //输出各条弧
    {
        p = G.vertices[i].firstarc;
        while(p)
        {
            cout<<"("<<G.vertices[i].data<<","
            <<G.vertices[p->adjvex].data<<","<<p->weight<<")"<<'\t';
            p = p->nextarc;
        }
    }
    cout<<endl;
}

template <class DT>                                 //算法 6.4: 顶点定位
int LocateVex(ALGraph<DT>G, DT v)
{
```

```
    for(int i=0;i<G.vexnum;i++)                       //顺序查找
    {
        if(G.vertices[i].data ==v)                    //找到
        {
            return i;                                 //返回位序
        }
    }
        return -1;                                    //未找到,返回-1
}

template <class DT>                                   //算法 6.8
void  CreateDN(ALGraph<DT>&G)                         //建立有向网
{
    int i,j,k,weight;
    DT v1,v2;
    ArcNode *p;
    cout<<"请输入无向网的顶点数 ";
    cin>>G.vexnum;                                    //输入顶点数
    cout<<"请输入无向网的弧数 ";
    cin>>G.arcnum;                                    //输入弧数
    cout<<"请输入"<<G.vexnum<<"个顶点的值"<<endl;
    for(i = 0;i<G.vexnum;i++)
    {
        cin>>G.vertices[i].data;                      //输入顶点值
        G.vertices[i].firstarc = NULL;                //初始化弧链表指针
    }
    for(k=0;k<G.arcnum;k++)                           //构造表结点链表
    {
        cout<<"请输入弧的两个顶点值和弧的权值: "<<endl;
        cin>>v1>>v2>>weight;                          //输入弧信息
        i = LocateVex(G,v1);                          //顶点定位
        j = LocateVex(G,v2);
        if(i<0 || j<0 || i==j)                        //弧不存在
        {
            cout<<"顶点信息错,重新输入!"<<endl;
            k--;
            continue;
        }
        p = new ArcNode;                              //创建一个弧结点
        p->adjvex = j;
        p->weight=weight;
        p->nextarc = G.vertices[i].firstarc;          //弧结点插入链表中
        G.vertices[i].firstarc = p;
    }
```

```
}

template <class DT>
void  DestroyGraph(ALGraph<DT>G)                        //销毁图
{
    int i;
    ArcNode * p, * q;
    for(i = 0;i<G.vexnum;i++)                          //销毁各条弧链表
    {
        p = G.vertices[i].firstarc;                    //从链表首结点开始
        while(p)
        {
            q = p->nextarc;
            delete p;                                  //删除弧结点
            p = q;
        }
    }
    G.arcnum = 0;                                      //顶点数置 0
    G.vexnum = 0;                                      //弧数置 0
}

template <class DT>
bool GetVex(ALGraph<DT>G, int k,DT &v)                 //获取第 k 个顶点的值 v
{
    if(k<0||k>=G.vexnum)                               //顶点不存在,返回 false
        return false;
    v=G.vertices[k].data;                              //顶点存在,取顶点的值
    return true;                                       //返回 true
}

template <class DT>
bool PutVex(ALGraph<DT>&G, DT &u,DT v)                 //修改顶点 u 的值
{
    int k = LocateVex(G,u);                            //顶点定位
    if(k<0)                                            //顶点不存在
        return false;                                  //返回 false
    G.vertices[k].data = v;                            //重置顶点 u 的值
    return true;                                       //操作成功,返回 true
}

template <class DT>
int  FirstAdjVex(ALGraph<DT>G, int u)                  //按序号求顶点的第一个邻接点
{
    ArcNode * p;
```

```
    if(u<0 || u>=G.vexnum)                            //顶点不存在
        return -1;                                    //无邻接点,返回-1
    p = G.vertices[u].firstarc;                       //顶点存在
    if(p)                                             //弧表非空
        return p->adjvex;                             //取弧表的第一条弧的邻接点
    else                                              //弧表空
        return -1;                                    //无邻接点,返回-1
}

template <class DT>
int NextAdjVex(ALGraph<DT>G, int u,int w)             //求相对于 w 的下一个邻接点
{
    ArcNode *p;
    if(u<0 || u>=G.vexnum || w<0 || w>=G.vexnum)      //参数不合理
    return -1;                                        //无邻接点,返回-1
    p = G.vertices[u].firstarc;                       //遍历顶点弧表
    while(p && (p->adjvex!=w))
    {
        p = p->nextarc;
    }
    if(!p||!p->nextarc)                               //未找到 w 或 w 是最后一个顶点
        return -1;                                    //无邻接点,返回-1
    else                                              //找到
    {
        return p->nextarc->adjvex;                    //返回下一个邻接点位序
    }
}

template <class DT>
bool  InsertVex(ALGraph<DT>&G, DT v)                  //增加顶点
{
    int weight;
    char ans;
    DT  w;
    if(G.vexnum >MAX_VEXNUM)                          //超出最多顶点数
    {
        cout<<"无存储空间,不能插入!"<<endl;
        return false;                                 //不能增加新顶点
    }
    if(LocateVex(G,v)==-1)
      return false;                                   //顶点存在,不能再插入
    G.vertices[G.vexnum].data = v;                    //在顶点信息表中新增顶点
    G.vertices[G.vexnum].firstarc = NULL;
    G.vexnum++;                                       //顶点数增1
```

```
    cout<<"创建弧吗(Y/N)?"<<endl;
    cin>>ans;
    while(ans=='Y'|| ans=='y')                    //创建顶点相关的弧
    {
        cout<<"输入弧的两个顶点和权值:"<<endl;    //输入弧信息
        cin>>v>>w>>weight;
        InsertArc(G,v,w,weight);
        cout<<"继续创建弧吗(Y/N)?"<<endl;
        cin>>ans;
    };
    return true;
}

template <class DT>
bool  InsertArc(ALGraph<DT>&G, DT v,DT w,int weight)     //增加弧(v,w)
{
    ArcNode *p;
    int i,j;
    i = LocateVex(G,v);                           //顶点定位
    j = LocateVex(G,w);
    if(i<0||j<0 || i==j)                          //顶点不存在或两个端点相同
    {
        cout<<"\n 顶点不存在或两个顶点相同,不能插入!"<<endl;
        return false;                             //不能插入,返回 false
    }
    p=G.vertices[i].firstarc;                     //查询此弧是否已存在
    while(p)
    {
        if(p->adjvex==j)                          //已存在
        {
            cout<<"弧存在,不能插入!"<<endl;
            return false;                         //不能插入,返回 false
        }
        p=p->nextarc;
    }
    G.arcnum++;                                   //弧数增 1
    p = new ArcNode;                              //新建弧结点
    p->adjvex = j;
    p->weight=weight;
    p->nextarc = G.vertices[i].firstarc;          //在表头插入新弧结点
    G.vertices[i].firstarc = p;
    return true;
}
```

```
template <class DT>
bool DeleteArc(ALGraph<DT>&G, DT v,DT w)                //删除弧(v,w)
{
    ArcNode * p, * q;
    int i,j;
    cout<<"删除弧顶点为: "<<endl;
    cout<<"("<<v<<","<<w<<")"<<endl;                    //输入弧的两个顶点
    i = LocateVex(G,v);                                 //顶点定位
    j = LocateVex(G,w);
    if(i<0||j<0)                                        //弧不存在,不能删除
    {
        cout<<"\n 顶点不存在!"<<endl;
        return false;
    }
    if(i==j)                                            //弧顶点相同
    {
        cout<<"\n 不存在顶点相同有弧!"<<endl;
        return false;                                   //弧不存在,不能删除
    }
    if(!G.vertices[i].firstarc)                         //弧表空
    {
        cout<<"\n 无关联的弧!"<<endl;
        return false;                                   //弧不存在,不能删除
    }
    p=G.vertices[i].firstarc;                           //寻找弧结点
    while(p && p->adjvex!=j)
    {
        q = p;
        p = p->nextarc;
    }
    if(p)                                               //找到
    {
        if(p ==G.vertices[i].firstarc)                  //第 1 个弧结点
        {
            G.vertices[i].firstarc = p->nextarc;
        }
        else                                            //非第 1 个弧结点
        {
            q->nextarc = p->nextarc;
        }
        delete p;                                       //销毁弧结点
        G.arcnum--;                                     //弧数减 1
        return true;                                    //删除成功,返回 true
    }
```

```
    else                                        //未找到
    {
        cout<<"弧不存在!"<<endl;
        return false;                           //不能删除,返回 false
    }
}

template <class DT>
bool DeleteVex(ALGraph<DT>&G, DT v)             //按值删除顶点
{
    int i,k;
    ArcNode *p, *q;
    k = LocateVex(G,v);                         //顶点定位
    if(k<0)                                     //顶点不存在
    {
        cout<<"顶点不存在!"<<endl;
        return false;                           //删除失败,返回 false
    }
    p = G.vertices[k].firstarc;                 //删除该顶点出发的弧结点
    while(p)
    {
        G.vertices[k].firstarc=p->nextarc;
        delete p;
        G.arcnum--;                             //每删除一个弧结点,弧数减 1
        p=G.vertices[k].firstarc;
    }
    for(i=0;i<G.vexnum;i++)                     //扫描所有弧结点
    {                                           //删除所有指向该结点的弧结点
        p=G.vertices[i].firstarc;
        while(p)
        {
            if(p->adjvex==k)
            {
                if(p==G.vertices[i].firstarc)   //链表上第 1 个结点
                {
                    G.vertices[i].firstarc=p->nextarc;
                    delete p;
                    p=G.vertices[i].firstarc;
                }
                else                            //非链表上第 1 个结点
                {
                    q->nextarc=p->nextarc;
                    delete p;
                    p=q->nextarc;
```

```
                }
                G.arcnum--;                             //每删除一个弧结点,弧数减 1
            }
            else
            {
                if(p->adjvex>k)
                    p->adjvex--;
                q=p;
                p=q->nextarc;
            }
        }
    }
    for(i=k+1;i<G.vexnum;i++)                           //顶点 v 后面的顶点前移
    {
        G.vertices[i-1].data = G.vertices[i].data;
        G.vertices[i-1].firstarc=G.vertices[i].firstarc;
    }
    G.vexnum--;                                         //顶点数减 1
    return true;                                        //删除成功,返回 true
}

template <class DT>                                     //算法 6.9
void  DFS(ALGraph<DT>G, int v)                          //连通网的深度优先遍历
{
    int w;
    visited[v] = true;                                  //标识已访问
    cout<<G.vertices[v].data;                           //访问顶点
    for(w = FirstAdjVex(G,v);w>=0;w=NextAdjVex(G,v,w))       //遍历 v 的邻接点 w
    {
        if(!visited[w])                                 //未访问,调用 DFS
            DFS(G,w);
    }
}

template <class DT>                                     //算法 6.10
void DFSTraverse(ALGraph<DT>G)                          //非连通网的深度优先遍历
{
    int i;
    for(i = 0;i<G.vexnum;i++)                           //初始化访问标志
        visited[i] = false;
    for(i = 0;i<G.vexnum;i++)                           //对每个未被访问的顶点进行 DFS
    {
       if(!visited[i])
           DFS(G,i);
```

```
    }
    return;
}

template <class DT>                          //算法 6.11
void BFS(ALGraph<DT>G, int v)                //连通网的广度优先遍历
{
    int w;
    ArcNode *p;
    LinkQueue<int>Q;
    InitQueue(Q);                            //创建队列
    cout<<G.vertices[v].data;                //访问起始顶点 v
    visited[v]=true;                         //设置访问标识
    EnQueue(Q,v);                            //v 入队
    while(!QueueEmpty(Q))                    //队不空,循环
    {
        DeQueue(Q,v);                        //出队
        p=G.vertices[v].firstarc;            //遍历弧链表
        while(p)
        {
            w=p->adjvex;
            if(!visited[w])                  //未被访问的顶点
            {
                cout<<G.vertices[w].data;    //访问该顶点
                visited[w]=true;             //设置访问标识
                EnQueue(Q,w);                //入队
            }
            p=p->nextarc;
        }
    }
}

template <class DT>
bool  BFSTraverse(ALGraph<DT>G)              //非连通网的广度优先遍历
{
    int i;
    for(i = 0;i<G.vexnum;i++)                //初始化访问标志
        visited[i] = false;
    for(i = 0;i<G.vexnum;i++)                //对每个未被访问的顶点进行 BFS
        if(!visited[i])
            BFS(G,i);
    cout<<endl;
    return true;
}
```

(3) ALGraph_DN.cpp。

```
#include<string>
#include "LinkQueue.h"
#include "ALGraph_DN.h"
#include <iostream>
using namespace std;

void DispMenu()                                        //功能菜单
{
    cout<<" 1. 建立有向网"<<endl;
    cout<<" 2. 返回顶点在图中的位置"<<endl;
    cout<<" 3. 返回某位置的顶点的值"<<endl;
    cout<<" 4. 修改顶点值"<<endl;
    cout<<" 5. 增加顶点"<<endl;
    cout<<" 6. 删除顶点"<<endl;
    cout<<" 7. 增添弧"<<endl;
    cout<<" 8. 删除弧"<<endl;
    cout<<" 9. 从 V1 顶点出发深度优先遍历图"<<endl;
    cout<<"10. 从 V1 顶点出发广度优先遍历图"<<endl;
    cout<<"11. 显示图"<<endl;
    cout<<" 0. 退出"<<endl;
    cout<<"\n 操作选择: ";
}

bool visited[MAX_VEXNUM]={false};                      //初始化顶点访问标志
void main()                                            //主函数
{
    char u,v;
    int k,weight;
    ALGraph<char>G;
    int choice;
    do
    {
        DispMenu();
        cin>>choice;                                   //选择功能
        switch(choice)
        {
            case 1:                                    //建立有向网
                CreateDN(G);
                cout<<endl;
                cout<<"创建的图为: "<<endl;
                DispG(G);
                break;
            case 2:                                    //返回顶点在图中的位置
                cout<<"请输入您所要查询位置的顶点: ";
```

```
        cin>>u;                             //输入顶点值
        k=LocateVex(G,u);                   //顶点
        if(k!=-1)                           //顶点存在
            cout<<"顶点"<<u<<"在图中的位置为："<<k<<endl;
        else                                //顶点不存在
            cout<<"顶点"<<u<<"不存在!"<<endl;
        cout<<endl;
        break;
    case 3:                                 //返回某位置的顶点的值
        int index;
        cout<<"请输入您所要查询顶点的位置：";
        cin>>index;                         //输入位序
        if(GetVex(G,index,v))               //顶点存在
            cout<<"位置为"<<index<<"的顶点为："<<v<<endl;
        else                                //顶点不存在
            cout<<"第"<<index<<"顶点不存在!"<<endl;
        cout<<endl;
        break;
    case 4:                                 //修改顶点值
        cout<<"请输入要更改的顶点：";
        cin>>u;                             //输入旧值
        cout<<"请输入更改后的顶点：";
        cin>>v;                             //输入新值
        PutVex(G,u,v);                      //修改操作
        cout<<"顶点值修后的图为"<<endl;
        DispG(G);                           //查看修改结果
        cout<<endl;
        break;
    case 5:                                 //增加顶点
        cout<<"请输入要增加的顶点：";
        cin>>v;                             //输入新增顶点值
        if(InsertVex(G,v))                  //插入操作成功
        {
            cout<<"插入顶点和相应弧后的图为"<<endl;
            DispG(G);                       //查看操作结果
        }
        cout<<endl;
        break;
    case 6:                                 //删除顶点
        cout<<"请输入要删除的顶点的值:";
        cin>>v;                             //输入删除顶点值
        if(DeleteVex(G,v))                  //删除成功
        {
            cout<<"顶点删除后的图为:"<<endl;
            DispG(G);                       //查看操作结果
        }
```

```
                cout<<endl;
                break;
            case 7:                                         //增加弧
                cout<<"请输入要增添弧相邻两个顶点和弧权值";
                cin>>u>>v>>weight;
                if(InsertArc(G,u,v,weight))             //插入成功
                {
                    cout<<"插入弧后的图为"<<endl;
                    DispG(G);                           //查看操作结果
                {
                cout<<endl;
                break;
            case 8:                                         //删除弧
                cout<<"请输入要删除弧相邻两个顶点: ";
                cin>>u>>v;                              //输入弧的两个顶点的值
                if(DeleteArc(G,u,v))                    //删除成功
                {
                    cout<<"顶点弧后的图为"<<endl;
                    DispG(G);                           //查看删除结果
                }
                cout<<endl;
                break;
            case 9:                                         //从 V1 顶点出发深度优先遍历图
                cout<<"从第一个顶点出发深度优先遍历图的序列为: "<<endl;
                DFSTraverse(G);
                cout<<endl;
                break;
            case 10:                                        //从 V1 顶点出发广度优先遍历图
                cout<<"从第一个顶点出发广度优先遍历图的序列为: "<<endl;
                BFSTraverse(G);
                cout<<endl;
                break;
            case 11:                                        //显示图
                DispG(G);
                cout<<endl;
                break;
            case 0:
                cout<<"结束运行,bye-bye!"<<endl;
                break;
            default:                                        //无效选择
                cout<<"无效选择,重新选择!"<<endl;
                break;
        }                                                   //case
    }while(choice!=0);
}                                                           //main
```

2. 运行说明

运行程序,启动成功后邻接表存储的有向网程序运行界面显示如图 2.6.4 所示。

case 1：输入 1,选择功能 1,建立有向网。

1.1　按屏幕提示输入要创建的有向网的顶点数。

1.2　按屏幕提示输入要创建的有向网的边数。

1.3　按屏幕提示输入各条弧的两个顶点和权值。

1.4　屏幕显示创建的有向网信息。

功能 1 操作界面如图 2.6.5 所示。

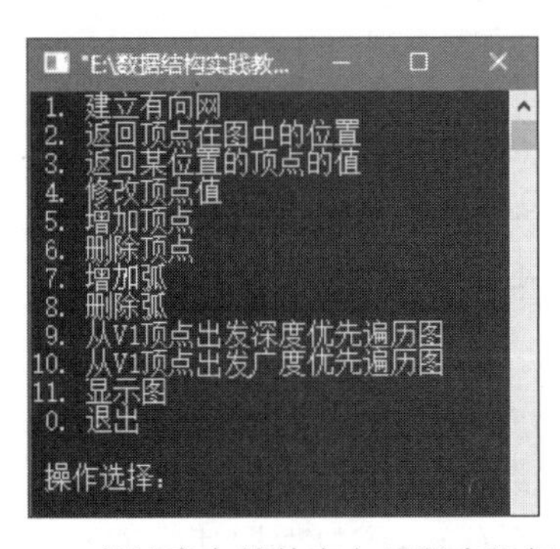

图 2.6.4　邻接表存储的有向网程序运行界面

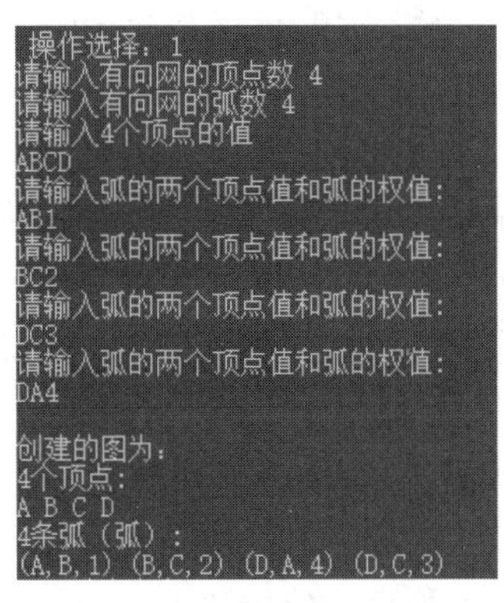

图 2.6.5　功能 1 操作界面

case 2：输入 2,选择功能 2,返回顶点在图中的位置。

2.1　按屏幕提示输入要查询的顶点值。

2.2　若顶点存在,屏幕显示顶点序号;否则,显示不存在的信息。

case 3：输入 3,选择功能 3,返回某位置的顶点的值。

3.1　按屏幕提示输入要查询的位序。

3.2　若位序合理,屏幕显示该位序顶点值;否则,显示不存在的信息。

case 4：输入 4,选择功能 4,修改顶点值。

4.1　按屏幕提示输入要修改的顶点值。如果顶点存在,继续,否则返回菜单。

4.2　按屏幕提示输入修改后的顶点值。

4.3　屏幕显示顶点修改后的图信息。

case 5：输入 5,选择功能 5,增加顶点。

5.1　按屏幕提示输入要增加的顶点值。

5.2　回答"创建弧(Y/N)?"的问题,如果不创建,返回功能选择;否则输入与新顶点相邻接的另一个顶点,如果该顶点不存在,显示不存在的信息。

5.3　重复 5.2,直至回答 Y。

case 6：输入 6,选择功能 6,删除顶点。

6.1　按屏幕提示输入要删除的顶点值。

6.2　若顶点存在,显示顶点删除后图的信息;否则显示"顶点不存在"的信息。

case 7：输入 7，选择功能 7，增加弧。

7.1 按屏幕提示输入要增加的弧的两个顶点值。

7.2 若两个顶点存在，显示增加弧后的图信息，否则显示“不能增加弧”的信息。

case 8：输入 8，选择功能 8，删除弧。

8.1 按屏幕提示输入要删除的弧的两个顶点值。

8.2 若两个顶点存在，显示删除弧后的图信息，否则显示“不能删除弧”的信息。

case 9：输入 9，选择功能 9，从 V1 顶点出发深度优先遍历图。

屏幕显示从 V1 顶点出发深度优先遍历序列。

case 10：输入 10，选择功能 10，从 V1 顶点出发广度优先遍历图。

屏幕显示从 V1 顶点出发广度优先遍历序列。

case 11：输入 11，选择功能单 11，显示图。

屏幕显示有向网的顶点信息和弧信息。

case 0：输入 0，选择功能 0，结束运行。

屏幕显示“结束运行 bye-bye!”，按任意键，结束程序运行。

3. 思考题

研读源程序，回答下列问题。

(1) 最小的顶点位序值是什么？

(2) 阅读顶点定位函数 LocateVex()，若顶点不存在，函数返回什么值？

(3) 阅读有向网创建函数 CreateDN()，写出创建邻接表存储的有向网的操作步骤。

(4) 阅读函数 FirstAdjvex()，说明函数的功能。该函数返回的是顶点值还是顶点序号？

(5) 阅读插入顶点的函数 InsertVex()，写出插入顶点的操作步骤。

(6) 阅读插入弧的函数 InsertArc()，写出插入弧的操作步骤。

(7) 什么情况下插入顶点会失败？什么情况下插入弧会失败？

(8) 阅读删除弧的函数 DeleteArc()，写出删除弧的操作步骤。

(9) 阅读删除顶点的函数 DeleteVex()，写出删除顶点的操作步骤。

(10) 什么情况下删除顶点会失败？什么情况下删除弧会失败？

(11) 从 V1 顶点出发的深度优先遍历和广度优先遍历序列不唯一，为什么程序运行结果只有一个？是哪一个？

运行源程序，回答下列问题。

(12) 创建有向图，该图有 4 个顶点：A、B、C、D 和 5 条弧＜A,B,1＞、＜B,C,2＞、＜C,D,3＞、＜D,A,4＞、＜C,B,5＞。

(13) 对于(12)题创建的有向图，查询各顶点的位序，理解并分析结果的正确性。

(14) 对于(12)题创建的有向图，按位序查询各顶点，理解并分析结果的正确性。

(15) 对于(12)题创建的有向图，把顶点 A 改为 E，再把 E 改为 A，理解并分析结果的正确性。

(16) 增加顶点 E 和弧(A,E,6)，理解并分析结果的正确性。

(17) 执行功能 10 和 11，理解并分析结果的正确性。

(18) 增加弧(A,C,6),理解并分析结果的正确性。

(19) 删除弧(A,E),理解并分析结果的正确性。

(20) 删除顶点 A,理解并分析结果的正确性。

6.2　图的遍历应用

根据图的存储结构,将图的遍历应用分为邻接矩阵存储的遍历应用和邻接表的遍历应用。

6.2.1　邻接矩阵存储的图的遍历应用

1. 程序设计简介

本验证程序基于图的深度优先遍历解决了以下 2 个问题。

(1) 判断图中两个顶点之间是否连通(算法 6.12)。

(2) 判断图是否连通(算法 6.13)。

采用的图是以邻接矩阵存储的无向图。验证程序中包含 3 个程序文件,具体如下。

(1) 2 个头文件 MGraph_UDG.h 和 LinkQueue.h,实现的是图的基本操作。本程序中用了其中的图创建和显示操作。

(2) 1 个源程序文件 MGTraverseApp.cpp,提供交互操作函数 DispMenu()、上述 2 个算法的实现函数(IsConected()和 IsGraphConected())及 1 个主函数 main()。

程序提供的功能结构如图 2.6.6 所示,功能 1～4 分别为"建立无向图""判断两个顶点的连通性""判断图的连通性"和"显示图",功能 0 为结束运行。

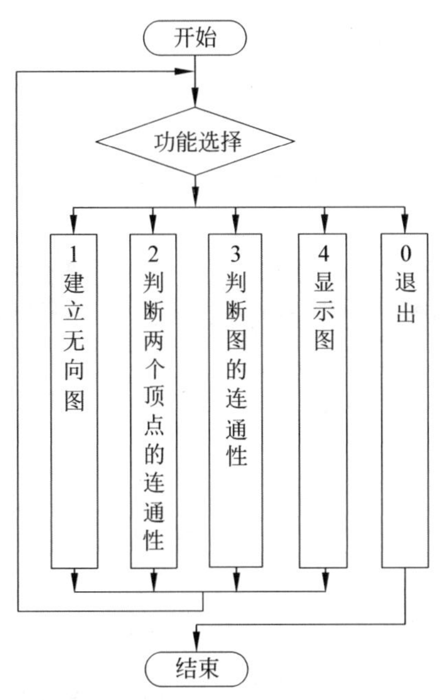

图 2.6.6　邻接矩阵遍历应用功能结构图

2. 源程序

```
MGTraverseApp.cpp
#include <iostream>
#include "MGraph_UDG.h"
#include "LinkQueue.h"
using namespace std;

void DispMenu()                                  //菜单
{
    cout<<"\n 请选择你要的操作"<<endl;
    cout<<" 1. 建立无向图"<<endl;
    cout<<" 2. 判断两个顶点的连通性"<<endl;
    cout<<" 3. 判断图的连通性"<<endl;
    cout<<" 4. 显示图"<<endl;
    cout<<" 0. 退出"<<endl;
}

template<class DT>                               //算法 6.12
bool IsConected(MGraph<DT>G, int i, int j)       //判断两个顶点是否连通
{
    int k;
    for(k=0;k<G.vexnum;k++)                      //访问标志初始化
        visited[k]=false;
    DFS2(G,i);                                   //从顶点 i 开始深度优先遍历
    if(visited[j]==false)                        //顶点 j 未被遍历到
        return false;                            //i,j 之间不连通,返回 false
    else                                         //i,j 之间连通
        return true;                             //返回 true
}

template<class DT>                               //算法 6.13
bool IsGraphConected(MGraph<DT>G)                //判断图的连通性
{
    int i;
    bool flag=true;                              //初始连通标志为 true
    for(i=0;i<G.vexnum;i++)                      //访问标志初始化
        visited[i]=0;
    DFS2(G,0);                                   //遍历图
    for(i=0;i<G.vexnum;i++)
        if(visited[i]==0)                        //如果未遍历到所有顶点
        {
            flag=0;break;                        //置不连通标志
        }
```

```
    return flag;                                //否则,图连通
}

bool visited[MAX_VEXNUM]={false};               //访问标志初始化

void main()                                     //主函数
{
    char u,v;
    int i,j;
    MGraph<char>G;
    int choice;
    do
    {
        DispMenu();
        cin>>choice;
        switch(choice)
        {
            case 1:                             //建立无向图
                CreateUDG(G);                   //创建图
                cout<<endl;
                cout<<"创建的图为: "<<endl;
                DispG(G);                       //显示图
                break;
            case 2:                             //判断两个顶点的连通性
                cout<<"请输入两个顶点的值:  ";
                cin>>u>>v;                      //输入两个顶点的值
                i=LocateVex(G,u);               //顶点定位
                j=LocateVex(G,v);
                if(i==-1 ||j==-1 || i==j)       //顶点不存在
                    cout<<"\n 顶点不存在或两个顶点相同 "<<endl;
                else                            //顶点存在
                {
                    if(IsConected(G,i,j))       //判断连通性
                        cout<<"\n"<<u<<"和"<<v<<"之间连通!"<<endl;
                    else
                        cout<<"\n"<<u<<"和"<<v<<"之间不连通!"<<endl;
                }
                cout<<endl;
                break;
            case 3:                             //判断图的连通性
                if(IsGraphConected(G))          //图连通
                    cout<<"\n 此图连通! "<<v<<endl;
                else                            //图不连通
                    cout<<"\n 此图不连通!"<<endl;
```

```
                cout<<endl;
                break;
            case 4:                                 //显示图
                DispG(G);
                cout<<endl;
                break;
            case 0:                                 //退出
                cout<<"\n结束运行,bye-bye!"<<endl;
                break;
            default:                                //无效选择
                cout<<"\n选择无效,重新选择! "<<endl;
        }
    }while(choice!=0);
}
```

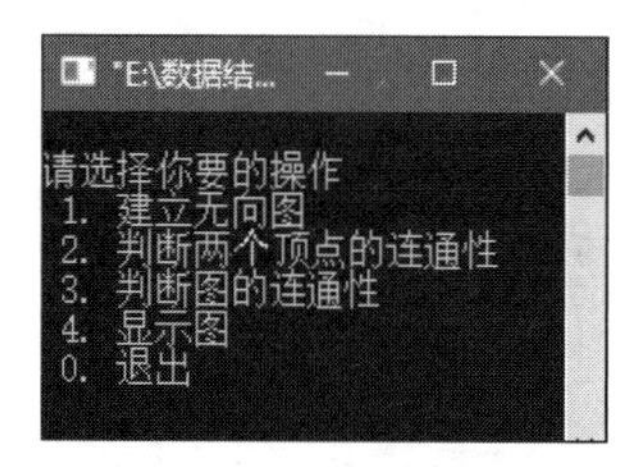

图 2.6.7 邻接矩阵遍历应用程序运行界面

3. 运行说明

运行程序,启动成功后邻接矩阵遍历应用程序运行界面显示如图 2.6.7 所示。

case 1:输入 1,选择功能 1,建立无向图。

1.1 按屏幕提示输入要创建的无向图的顶点数。

1.2 按屏幕提示输入要创建的无向图的边数。

1.3 按屏幕提示输入各条边的两个顶点。

1.4 屏幕显示创建的无向图信息。

case 2:输入 2,选择功能 2,判断两个顶点的连通性。

2.1 按屏幕提示输入两个顶点值。

2.2 屏幕显示"连通"或"不连通"信息。

case 3:输入 3,选择功能 3,判断图的连通性。

屏幕显示图"连通"或"不连通"信息。

case 4:输入 4,选择功能单 4,显示图。

屏幕显示图的顶点信息和边信息。

case 0:输入 0,选择功能 0,结束运行。

屏幕显示"结束运行 bye-bye!",按任意键,结束程序运行。

4. 思考题

研读源程序,回答下列问题。

(1) 验证程序中采用了无向图,能否换成无向网、有向图或有向网?如果可以,如何修改验证程序?

(2) 验证程序中采用深度优先遍历方法,能否换成广度优先遍历方法?

(3) 顶点访问标志 visited[]初始化为 false,表示什么意思?

(4) 本验证程序中用到了哪些图的基本操作?

运行程序,回答下列问题。

(5) 创建无向连通图,执行功能2和3,理解并分析运行结果。

(6) 创建无向非连通图,执行功能2和3,理解并分析运行结果。

6.2.2 邻接表存储的图的遍历应用

1. 程序设计简介

本验证程序基于图的遍历解决了以下两个问题。

(1) 图的连通分量个数及各连通分量顶点序列(算法6.14),该问题求解基于图的深度优先遍历。

(2) 求距离某顶点最远的顶点(算法6.15),该问题求解基于图的广度优先遍历。

采用的图是以邻接表存储的无向图。验证程序中包含3个文件:

(1) 两个头文件 ALGraph_UDG.h 和 LinkQueue.h 实现图的基本操作,ALGraph_UDG.h 取自无向图的邻接表实现中的部分相关内容,LinkQueue.h 支持图的广度优先遍历。

(2) 一个源程序文件 ALGTraverseApp.cpp,提供交互操作函数 DispMenu()、上述两个算法的实现函数(ConnectVex()和 Maxdist())及一个主函数 main()。

程序提供的功能结构如图2.6.8所示,功能1~4分别为"建立无向图""图的连通信息""求距离v最远顶点"和"显示图",功能0为结束运行。

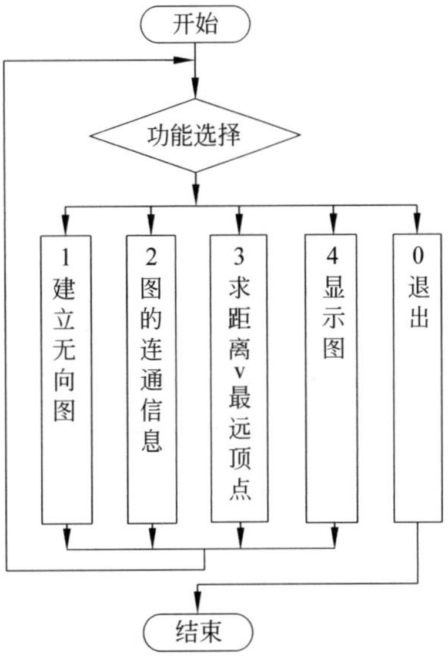

开始
功能选择
1 建立无向图
2 图的连通信息
3 求距离v最远顶点
4 显示图
0 退出
结束

图2.6.8　邻接表遍历应用功能结构图

2. 源程序

```
#include <iostream>
#include "ALGraph_UDG.h"
#include "LinkQueue.h"
using namespace std;

void DispMenu()                                  //菜单
{
    cout<<"\n请选择你要的操作"<<endl;
    cout<<" 1. 建立无向图"<<endl;
    cout<<" 2. 图的连通信息"<<endl;
    cout<<" 3. 求距离v最远顶点"<<endl;
    cout<<" 4. 显示图"<<endl;
    cout<<" 0. 退出"<<endl;
}
```

```
template<class DT>                                //算法 6.14
void DFS3(ALGraph<DT>G,int v)                     //邻接表的深度优先遍历
{
    int w;
    ArcNode * p;
    visited[v]=true;                              //设置访问标志
    cout<<G.vertices[v].data;                     //输出顶点
    p=G.vertices[v].firstarc;                     //找第一个未访问邻接点
    while(p)                                      //顶点非空
    {
        w=p->adjvex;                              //未被访问过
        if(!visited[w])
            DFS3(G,w);                            //深度优先遍历
        p=p->nextarc;                             //处理下一个结点
    }
}

template<class DT>
void ConnectVex(ALGraph<DT>G)                     //图的连通信息
{
    int k,num=0;                                  //连通分量计数器 num 初始化
    for(k=0;k<G.vexnum;k++)                       //访问标志初始化
        visited[k]=false;
    for(k=0;k<G.vexnum;k++)
        if(!visited[k])
        {
            num++;
            cout<<"\n 第"<<num<<"个连通分量序列为: ";
            DFS3(G,k);                            //该函数调用次数为连通分量数
        }
}

template<class DT>                                //算法 6.15
int Maxdist(ALGraph<DT>G, int v)                  //求距离 v 最远顶点
{
    int i,w;
    ArcNode * p;
    LinkQueue<int>Q;                              //创建一个队列
    InitQueue(Q);
    for(i=0;i<G.vexnum;i++)                       //访问标志初始化
        visited[i]=false;
    EnQueue(Q,v);                                 //v 入队
    visited[v]=true;                              //设置访问标志
    while(!QueueEmpty(Q))                         //队不空,循环
```

```
    {
        DeQueue(Q,v);                       //出队
        p=G.vertices[v].firstarc;           //遍历 v 的邻接点
        while(p)                            //非空
        {
            w=p->adjvex;
            if(!visited[w])                 //未被访问
            {
                visited[w]=true;            //设置访问标志
                EnQueue(Q,w);               //入队
            }
            p=p->nextarc;                   //下一个邻接点
        }
    }
    return v;                               //最后被访问顶点为最远顶点
}

bool visited[MAX_VEXNUM]={false};           //初始化访问标志

void main()                                 //主函数
{
    char u,v;
    int k;
    ALGraph<char>G;
    int choice;
    do
    {
        DispMenu();                         //显示菜单
        cin>>choice;
        switch(choice)                      //功能选择
        {
            case 1:                         //建立无向图
                CreateUDG(G);               //创建图
                cout<<endl;
                cout<<"创建的图为："<<endl;
                DispG(G);                   //显示图
                break;
            case 2:                         //图的连通信息
                ConnectVex(G);              //求图的连通信息
                cout<<endl;
                break;
            case 3:                         //求距离 v 最远顶点
                cout<<"\n 输入顶点信息 v:"<<endl;
                cin>>v;                     //输入顶点值
```

```
                k=LocateVex(G,v);               //顶点定位
                if(k==-1)                       //顶点不存在
                    cout<<"\n 顶点"<<v<<"不存在!"<<endl;
                else                            //顶点存在
                {
                    k=Maxdist(G, k);            //求距离最远顶点
                    GetVex(G,k,u);              //获取最远顶点值
                    cout<<"离"<<v<<"的最远点为"<<u<<endl;
                }
                break;
            case 4:                             //显示图
                DispG(G);
                cout<<endl;
                break;
            case 0:
                cout<<"\n 结束运行,bye-bye!"<<endl;
                break;
            default:                            //无效选择
                cout<<"\n 无效选择,请重选!"<<endl;
        }
    }while(choice!=0);
}
```

3. 运行说明

运行程序,启动成功后邻接表遍历应用程序运行界面显示如图 2.6.9 所示。

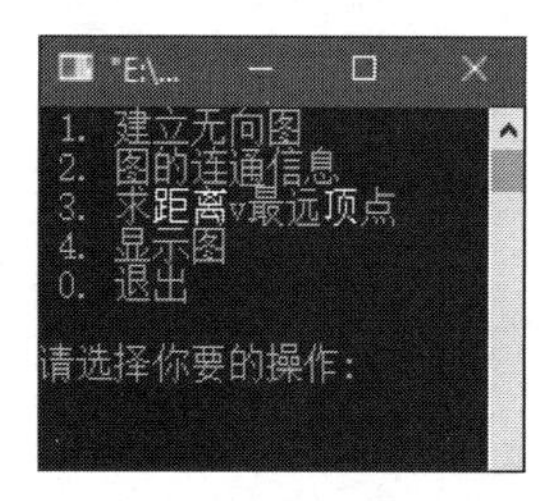

图 2.6.9 邻接表遍历应用程序运行界面

case 1:输入 1,选择功能 1,建立无向图。

1.1 按屏幕提示输入要创建的无向图的项点数。

1.2 按屏幕提示输入要创建的无向图的边数。

1.3 按屏幕提示输入各条边的两个顶点。

1.4 屏幕显示创建的无向图信息。

case 2:输入 2,选择功能 2,显示图的连通信息。

屏幕显示各连通分量顶点序列。

case 3:输入 3,选择功能 3,求距离 v 的最远顶点。

3.1 按屏幕提示输入顶点 v。

3.2 屏幕显示距离 v 最远的一个顶点。

case 4:输入 4,选择功能 4,显示图。

屏幕显示图的顶点信息和边信息。

case 0:输入 0,选择功能 0,结束运行。

屏幕显示"结束运行 bye-bye!",按任意键,结束程序运行。

4. 思考题

研读源程序,回答下列问题。

(1) 本验证程序中用到了哪些图的基本操作?

(2) 验证程序中采用了无向图,能否换成无向网、有向图或有向网? 如果可以,如何修改验证程序?

(3) 求连通分量中采用了修改的深度优先遍历算法,为什么进行修改?

(4) 求连通分量顶点序列,能否采用广度优先遍历方法?

运行程序,回答下列问题。

(5) 创建无向连通图,执行功能2和3,理解并分析运行结果。

(6) 创建有两个连通分量的无向非连通图,执行功能2和3,理解并分析运行结果。

(7) 创建有多个连通分量的无向非连通图,执行功能2和3,理解并分析运行结果。

6.3 图的应用

6.3.1 最小生成树

最小生成树的验证程序实现了“求最小生成树”的两种方法:普里姆(Prim)算法和克鲁斯卡尔(Kruskal)算法。这两种算法采用的都是邻接矩阵存储的无向网,所以头文件中包含了 MGraph_UDN.h 文件。

1. 程序设计简介

验证程序包括如下两个程序文件。

(1) 头文件:MGraph_UDN.h,实现无向网相关的基本操作。

(2) 源程序文件 MinTree.cpp,提供程序与用户的交互界面,实现了求最小生成树的 Prim 算法(算法6.16)和 Kruskal 算法(算法6.17)。

验证程序主函数中调用了9个函数,调用关系如图2.6.10所示。

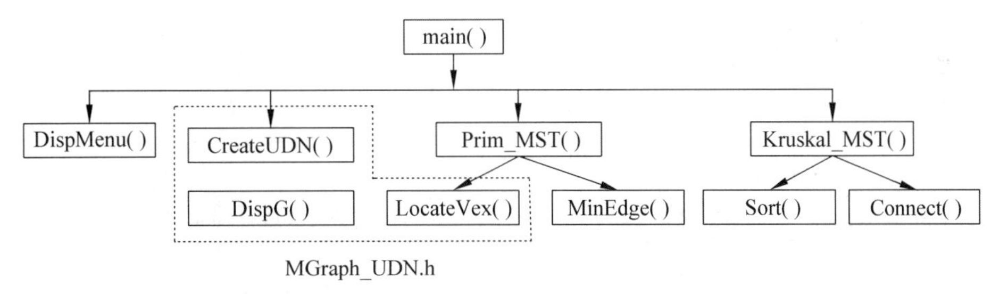

图2.6.10 验证程序的函数调用关系

(1) CreateUDN(),用于创建无向网。

(2) DispG(),显示无向网边和顶点信息。

(3) Prim_MST(),最小生成树的 Prim 算法,其中调用的函数 LocateVex()用于判断顶点是否为图中的点,函数 MinEdge()用于求待选边中到源点最小路径的边。

(4) Kruskal_MST(),最小生成树的 Kruskal 算法,其中调用的函数 Sort()用于边上权值的排序,函数 Connect()用于判断两个顶点是否属于同一个连通分量。

(5) DispMenu(),功能选择菜单。

验证程序提供的功能结构如图2.6.11所示,功能1~4分别为“建立无向网”“Prim 算法”“Kruskal 算法”和“显示网”，功能 0 为结束运行。

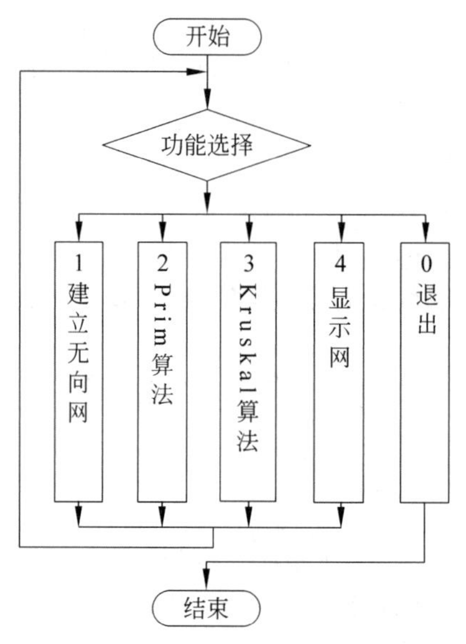

图 2.6.11 最小生成树验证程序功能结构图

2. 源程序

(1) MGraph_UDN.h。

取无向网实现中的相关操作。

(2) MinTree.cpp。

```
#include<string>
#include "MGraph_UDN.h"
#include <iostream>
using namespace std;

const MAX_ARCNUM=50;
struct CEdge                                    //候选边存储定义
{
    int adjvex;                                 //邻接点位序
    int lowcost;                                //最小边的权值
};
template<class DT>
int minEdge(CEdge closeEdge[],int n)            //求(U,V)中权值最小的顶点
{
    int i, k=0;
    int min = INF;                              //初始化最短距离
    for(i=0; i<n; i++)                          //权值为 0 表示顶点已在 U 中
    {                                           //不参与求最小距离
        if(closeEdge[i].lowcost !=0 && closeEdge[i].lowcost<min)
        {
```

```
            min = closeEdge[i].lowcost;           //更新最短距离
            k = i;
        }
    }
    if(min==INF)                                  //非连通图
    {
        cout<<"非连通图,无最小生成树!"<<endl      //无最小生成树
        return  -1;
    }
    else                                          //连通图
        return k;                                 //返回 V 中最短距离顶点序号
}
```

```
template<class DT>                                //算法 6.16
bool Prim_MST(MGraph<DT>G, DT v)                  //从顶点 v 开始计算的最小生成树
{
    CEdge closeEdge[MAX_VEXNUM];
    int i,j,k,mincost = 0;
    k=LocateVex(G,v);
    if(k==-1)                                     //顶点不存在
    {
        cout<<"顶点不存在!"<<endl;
        return false;                             //操作失败
    }
    for(i = 0; i <G.vexnum; i++)                  //距离数组初始化
        if(i!=k)
        {
            closeEdge[i].adjvex = k;              //U 中的点
            closeEdge[i].lowcost = G.arcs[k][i];
        }
    closeEdge[k].lowcost=0;                       //初始 U={v}
    cout <<"\n Prim 最小生成树的边:"<<endl;
    for(i = 1; i <G.vexnum; i++)                  //考量其余各顶点
    {
        k=minEdge(closeEdge,G.vexnum);            //求权值最小边邻接点
        cout <<"(" <<G.vexs[closeEdge[k].adjvex]<<"," <<G.vexs[k]
            <<"): "<<closeEdge[k].lowcost<<endl;
        mincost+=closeEdge[k].lowcost;            //累计生成代价
        closeEdge[k].lowcost=0;                   //标记已求边
        for(j = 0; j<G.vexnum; j++)               //更新最短距离
        {
            if(closeEdge[j].lowcost !=0 && G.arcs[k][j]<closeEdge[j].lowcost)
            {
                closeEdge[j].adjvex = k;
```

```
                closeEdge[j].lowcost=G.arcs[k][j];
            }
        }
    }
    cout <<"\n Prim 最小生成树权值之和:" <<mincost <<endl;
    return true;                                     //操作成功,返回 true
}

struct Edge{                                         //Kruskal 算法中边存储定义
    int u,v;                                         //边的两个顶点
    int cost;                                        //边的权值
};

void Sort(Edge edge[],int n)                         //对权值进行冒泡排序
{
    int i,j;
    Edge temp;
    bool exchange;
    for(i=0,exchange=true;i<n-1 && exchange; i++)    //最多进行(边数-1)趟
    {
        exchange=false;                              //设置交换标志初值为无交换
        for(j=0;j<n-i-1;j++)                         //从表首开始两两比较
        {
            if(edge[j].cost>edge[j+1].cost)          //相邻元素逆序,互换位置
            {
                temp=edge[j];edge[j]=edge[j+1];edge[j+1]=temp; //R[j]<-->R[j+1]
                exchange=true;                       //交换标志改为 true
            }
        }
    }
}

int parent[MAX_VEXNUM];
void Connect(int &x,int &y)                          //顶点的连通判断
{
    if(x<y)
        y=x;
    else
        x=y;
}

template <class DT>                                  //算法 6.17
bool Kruskal_MST(MGraph<DT>G)                        //Kruskal 算法
{
```

```
int mincost=0,Num_Edge=0;
char u,v;
int i,j,k=0;
Edge edge[MAX_ARCNUM];
for(i=0;i<G.vexnum;i++)                          //从邻接矩阵获取边信息
    for(j=0;j<G.vexnum;j++)
    {
        if(i<j && G.arcs[i][j]!=INF)
        {
            edge[k].u=i;                         //存储边的信息
            edge[k].v=j;
            edge[k].cost=G.arcs[i][j];
            k++;
        }
    }
 Sort(edge,G.arcnum);                            //边排序
 for(i=0;i<G.vexnum;i++)                         //连通分量初始化
 {
     parent[i]=i;                                //顶点序号为自连通分量
 }
 cout <<"\n Kruskal 最小生成树的边:"<<endl;
 for(i=0;i<G.arcnum;i++)                         //从小到大考察选取 n-1 条边
 {
     j=edge[i].u;
     k=edge[i].v;
     int vx1=parent[j];                          //获取边两个顶点的连通分量标志
     int vx2=parent[k];
     if(vx1!=vx2)                                //不属于同一个连通分量,生成边
     {
         GetVex(G,j,u);                          //获取顶点值
         GetVex(G,k,v);
         cout<<"("<<u<<","<<v<<"):"<<G.arcs[j][k]<<endl;
         Connect(parent[j],parent[k]);           //合并连通分量
         mincost+=edge[i].cost;                  //累计生成代价
         Num_Edge++;                             //已选取的边数+1
         if(Num_Edge==G.vexnum-1)                //找到 n-1 条边
             break;                              //结束
     }
 }
 if(Num_Edge!=G.vexnum-1)                        //得到的边数小于 n-1
 {
     cout<<"非连通图,无最小生成树!"<<endl;
     return false;                               //无最小生成树
 }
```

```
    else
    {
        cout<<"\nKruskal 最小生树权值为: "<<mincost<<endl;
        return true;                                    //操作成功,返回 true
    }
}

void DispMenu()                                         //功能菜单
{
    cout<<" 1. 建立无向网"<<endl;
    cout<<" 2. Prim 算法"<<endl;
    cout<<" 3. Kruskal 算法"<<endl;
    cout<<" 4. 显示网信息"<<endl;
    cout<<" 0. 退出"<<endl;
    cout<<"\n 请选择你要的操作";
}

bool visited[MAX_VEXNUM]={false};

void main()                                             //主函数
{
    char v;
    MGraph<char>G;
    int choice;
    do
    {
        DispMenu();
        cin>>choice;
        switch(choice)
        {
            case 1:                                     //建立无向网
                CreateUDN(G);                           //创建图
                cout<<endl;
                cout<<"创建的无向网为: "<<endl;
                DispG(G);                               //显示图
                break;
            case 2:                                     //Prim 算法
                cout<<"请输入起始计算顶点: ";
                cin>>v;                                 //输入起始顶点序号
                Prim_MST(G,v);                          //实施 Prim 算法
                break;
            case 3:                                     //Kruskal 算法
                Kruskal_MST(G);
                cout<<endl;
```

```
                break;
            case 4:                                   //显示网信息
                DispG(G);
                cout<<endl;
                break;
            case 0:                                   //退出
                cout<<"结束运行,bye-bye!"<<endl;
                break;
            default:                                  //无效选择
                cout<<"无效选择!"<<endl;
        }                                             //case
    }while(choice!=0);
}                                                     //main
```

3. 运行说明

运行程序,启动成功后最小生成树程序运行界面显示如图 2.6.12 所示。

case 1:输入 1,选择功能 1,建立无向网。

1.1 按屏幕提示输入要创建的无向网的顶点数。

1.2 按屏幕提示输入要创建的无向图的边数。

1.3 按屏幕提示输入各条边的两个顶点和权值。

1.4 屏幕显示创建的无向网。

case 2:输入 2,选择功能 2,用 Prim 算法求解最小生成树。

2.1 按屏幕提示输入起始计算点。

2.2 屏幕显示求得最小生成树的边信息。

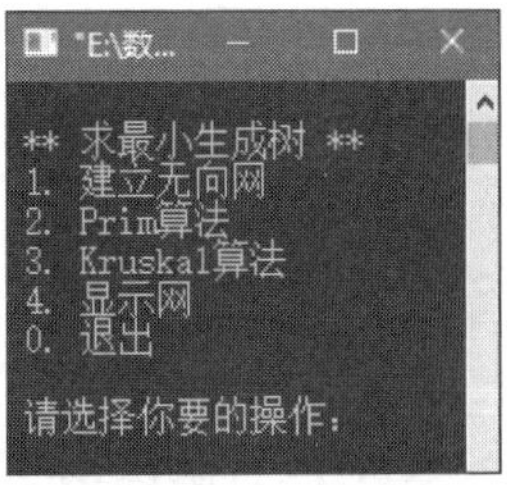

图 2.6.12 最小生成树程序运行界面

case 3:输入 3,选择功能 3,用 Kruskal 算法求解最小生成树。

屏幕显示求得最小生成树的边信息。

case 4:输入 4,选择功能单 4,显示网。

屏幕显示图的顶点信息和边信息。

case 0:输入 0,选择功能 0,结束运行。

屏幕显示"结束运行 bye-bye!",按任意键,结束程序运行。

4. 思考题

研读源程序,回答下列问题。

(1) 验证程序中两个求最小生成树算法中处理的是什么类型的图?采用了什么存储方式?

(2) 程序中用到了哪些图的基本操作?

(3) Prim 算法中候选信息是如何定义的?

(4) Prim 算法中需从未选边中选择最小权值的边,如何标识未选边以免是从所有边中进行选择?

(5) Prim 算法是从某顶点开始计算,如何判断给出的点是图中的顶点?该判断工作在哪里完成的:主函数中还是函数 Prim_MST()中?

(6) 验证程序中的 Prim 算法对主教材中的算法 6.16 进行了改进,改进了什么?

(7) Kruskal 算法没有直接用图的邻接矩阵,而是从中提取了边信息,边信息是如何定义的?

(8) Kruskal 算法中对边按权值进行了排序,由函数 Sort()实施,其中采用了怎样的排序方法? 排序算法的时间复杂度是多少?

(9) Kruskal 算法中的全局变量 parent[]是什么用途?

(10) Kruskal 算法中的 Connect()函数是什么用途?

(11) 只有连通图有最小生成树,Prim 算法和 Kruskal 算法对此有相应处理吗?

运行程序,回答下列问题。

(12) 创建连通网,执行功能 2、3,理解与分析运行结果。

(13) 创建非连通网,执行功能 2、3,理解与分析运行结果。

(14) 创建有负权值的连通网,执行功能 2、3,分析运行结果的正确性。

6.3.2 最短距离

最短距离的验证程序实现"求单源点最短距离"的迪杰斯特拉(Dijkstra)算法和"求图的任意两个顶点最短距离"的弗洛伊德(Floyd)算法。这两种算法采用的都是邻接矩阵存储的有向网,所以头文件中包含了 MGraph_DN.h 文件。

1. 程序设计简介

验证程序包括如下两个程序文件。

(1) 头文件 MGraph_DN.h,实现有向网相关的基本操作。

(2) 源程序文件 ShortDistance.cpp,提供程序与用户的交互界面,实现了"单源点最短距离 Dijkstra 算法"(算法 6.18) 和"图中任何两点之间的最短距离 Floyd 算法"(算法 6.19)。

验证程序主函数调用了 7 个函数,调用关系如图 2.6.13 所示。

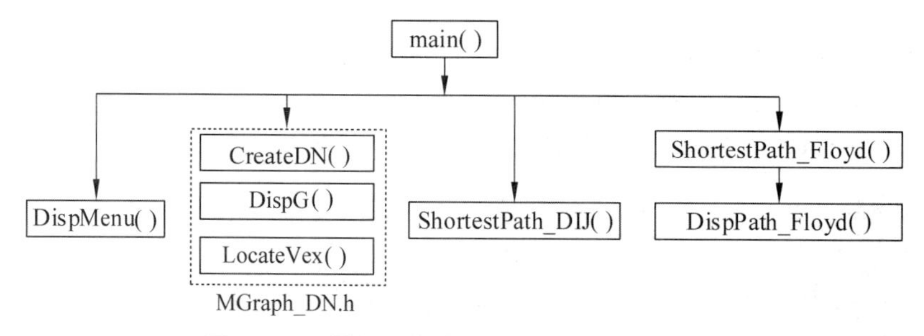

图 2.6.13 最短距离验证程序的函数调用关系

(1) CreateDN(),用于创建有向网。

(2) DispG(),显示有向网边和顶点信息。

(3) LocateVex(),用于判断顶点是否为图的顶点。

(4) ShortestPath_DIJ(),单源点最短距离求解 Dijkstra 算法的实现。

(5) ShortestPath_Floyd(),多源点最短距离求解 Floyd 算法,其中调用了函数

DispPath_Floyd()显示求解结果的距离信息和路径信息。

(6) DispMenu(),功能选择菜单。

验证程序提供的功能结构如图 2.6.14 所示,功能 1~4 分别为"建立有向网""Dijkstra 算法""Floyd 算法"和"显示网",功能 0 为结束运行。

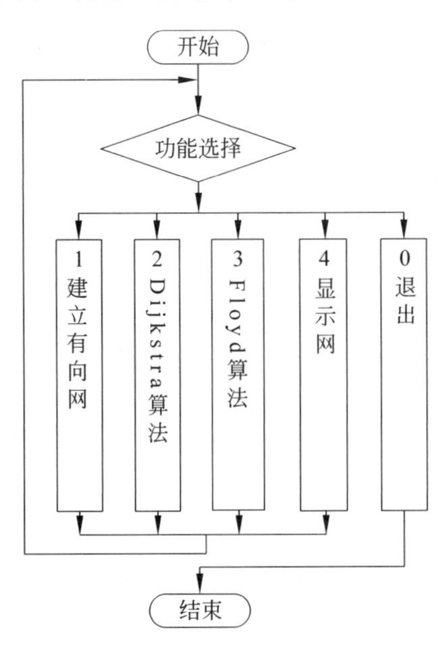

图 2.6.14　最短距离程序功能结构图

2. 源程序

(1) MGraph_DN.h。

取有向网实现中的相关操作,详见图的有向网的实现。

(2) ShortDistance.cpp。

```
#include<string>
#include "MGraph_DN.h"
#include <iostream>
using namespace std;

const MAX_ARCNUM=50;

template<class DT>                                //算法 6.18
void ShortestPath_DIJ(MGraph<DT>G, int v0)        //Dijkstra 算法
{                                                 //从顶点 v 开始计算最小生成树
    int v,i,w,min;
    bool S[MAX_VEXNUM]={false};                   //初始化数组 S
    int D[MAX_VEXNUM];                            //源点到其他各顶点的距离
    int P[MAX_VEXNUM]={-1};                       //源点到其他各顶点的路径信息
    for(v=0;v<G.vexnum;v++)                       //初始化矩阵 D、P
```

```
    {
        S[v]=false;
        D[v]=G.arcs[v0][v];
        if(D[v]<INF)                                //源点可直达顶点的距离
            P[v]=v0;
        else
            P[v]=-1;
    }
    S[v0]=true;                                     //标注已求路径的顶点
    D[v0]=0;                                        //源点到自身的距离为 0
    for(i=1;i<G.vexnum;i++)                         //求 n-1 条最短路径
    {
        min=INF;                                    //预设最小值
        for(w=0;w<G.vexnum;++w)                     //在待求路径中选路径最小的顶点
            if(!S[w] && D[w]<min)
            {
                v=w; min=D[w];                      //更新最小值
            }
        S[v]=true;                                  //v 加入 S
        for(w=0;w<G.vexnum;++w)                     //v 加入后
        if(!S[w]&&(D[v]+G.arcs[v][w]<D[w]))         //如果有更短路径
            {
                D[w]=D[v]+G.arcs[v][w];             //更新 D[]值
                P[w]=v;                             //更新 P[]值
            }
    }
    cout<<G.vexs[v0]<<"到其余各顶点的距离为: "<<endl;        //输出 D[]
    for(w=0;w<G.vexnum;w++)
            cout<<D[w]<<"  ";
    cout<<"\n路径 P 为: "<<endl;                     //输出 P[]
    for(w=0;w<G.vexnum;w++)
        cout<<P[w]<<"  ";
    cout<<endl;
}

template <class DT>                                 //算法 6.19
void ShortestPath_Floyd(MGraph<DT>G)                //Floyd 算法
{
    int k,i,j;
    int D[MAX_VEXNUM][MAX_VEXNUM];                  //D[i][j]表示顶点 i 和顶点 j 的
                                                    //最短距离
    int P[MAX_VEXNUM][MAX_VEXNUM];                  //记载最短距离的路径信息
    for(i=0;i<G.vexnum;i++)                         //初始化 D[][]
        for(j=0;j<G.vexnum;j++)
        {
            D[i][j]=G.arcs[i][j];                   //初始化 P[][]
```

```
            if(D[i][j]<INF && i!=j)                 //顶点 i 和顶点 j 之间存在路径
                P[i][j]=i;
            else P[i][j]=-1;                        //顶点 i 和顶点 j 之间不存在路径
        }
    cout<<"\nD-1 和 P-1:"<<endl;                    //显示 D、P
    DispPath_Floyd(D,G.vexnum,P);
    for(k=0;k<G.vexnum;k++)                         //以 k 为中间点求最短路径
    {
        for(i=0;i<G.vexnum;i++)
        {
            for(j=0;j<G.vexnum;j++)
            {
            if(i!=j && D[i][k]+D[k][j]<D[i][j])  //如果有更短距离路径
                {
                    D[i][j]=D[i][k]+D[k][j];        //修改 D[i][j]
                    P[i][j]=P[k][j];                //修改路径
                }
            }
        }
        cout<<"\n 第"<<k+1<<"次替代后的 D 和 P"<<endl;
        DispPath_Floyd(D,G.vexnum,P);
    }
}

void DispPath_Floyd(int D[][MAX_VEXNUM],int n,int P[][MAX_VEXNUM])
{                                                   //显示距离信息和路径信息
    int i,j;
    cout<<"\nD:"<<endl;
    for(i=0;i<n;i++)                                //输出 D[]
    {
        for(j=0;j<n;j++)
        {
            if(D[i][j]==INF)
                cout<<"∞\t";
            else
                cout<<D[i][j]<<'\t';
        }
        cout<<endl;
    }
    cout<<"\nP:"<<endl;
    for(i=0;i<n;i++)                                //输出 P[]
    {
        for(j=0;j<n;j++)
            cout<<P[i][j]<<'\t';
        cout<<endl;
    }
```

```
}

void DispMenu()
{
    cout<<"\n 如果不创建图,可使用测试图!"<<endl;
    cout<<" 1. 建立有向网"<<endl;
    cout<<" 2. Dijkstra 算法"<<endl;
    cout<<" 3. Floyd 算法"<<endl;
    cout<<" 4. 显示网"<<endl;
    cout<<" 0. 退出"<<endl;
    cout<<"\n 请选择功能选项: ";
}

bool visited[MAX_VEXNUM]={false};

void main()                                         //主函数
{
    int i,j,v0;
    char w;
    MGraph<char>G,G1,G2;
    G1.vexnum=5;                                    //Dijkstra 算法测试图
    G1.arcnum=7;
    G1.vexs[0]='A';G1.vexs[1]='B';G1.vexs[2]='C';
    G1.vexs[3]='D';G1.vexs[4]='E';
    for(i=0;i<G1.vexnum;i++)                        //邻接矩阵初始化
        for(j=0;j<G1.vexnum;j++)
            G1.arcs[i][j]=INF;
    G1.arcs[0][1]=10;
    G1.arcs[0][3]=50;
    G1.arcs[0][4]=45;
    G1.arcs[1][4]=30;
    G1.arcs[3][4]=15;
    G1.arcs[1][2]=4;
    G1.arcs[2][4]=11;
    cout<<"\n 测试图为 G1: "<<endl;
    DispG(G1);
    G2.vexnum=3;                                    //Floyd 算法测试图
    G2.arcnum=5;
    G2.vexs[0]='A';G2.vexs[1]='B';G2.vexs[2]='C';
    for(i=0;i<G2.vexnum;i++)                        //邻接矩阵初始化
        for(j=0;j<G2.vexnum;j++)
            G2.arcs[i][j]=INF;
    G2.arcs[0][1]=4;
    G2.arcs[1][0]=6;
    G2.arcs[0][2]=11;
    G2.arcs[2][0]=3;
```

```
G2.arcs[1][2]=2;
cout<<"\n 测试图为 G2: "<<endl;
DispG(G2);
bool f=false;                              //是否创建网,默认为未创建 int choice;
do
{
    DispMenu();
    cin>>choice;
    switch(choice)
    {
        case 1:                            //建立有向网
            f=true;
            CreateDN(G);
            cout<<endl;
            cout<<"创建的有向网为: "<<endl;
            DispG(G);
            break;
        case 2:                            //Dijkstra 算法
            cout<<"请输入起始计算顶点:  ";
            cin>>w;                        //输入顶点值
            v0=LocateVex(G1,w);            //顶点定位
            if(v0==-1)                     //顶点不存在
                cout<<"顶点不存在!"<<endl;
            else                           //求最短距离
            {
                if(!f)                     //使用测试图
                    ShortestPath_DIJ(G1,v0);
                else                       //使用创建的图
                    ShortestPath_DIJ(G,v0);
            }
            break;
        case 3:                            //Floyd 算法
            if(!f)                         //使用测试图
                ShortestPath_Floyd(G2);
            else                           //使用创建的图
                ShortestPath_Floyd(G);
            cout<<endl;
                break;
        case 4:                            //显示图
            DispG(G);
            cout<<endl;
            break;
        case 0:                            //退出
            out<<"结束运行,bye-bye!"<<endl;
            break;
        default:                           //无效选择
```

```
                cout<<"无效选择!"<<endl;
        }                                       //case
    }while(choice!=0);
}                                               //main
```

3. 运行说明

程序为 Dijkstra 算法和 Floyd 算法提供了默认测试用图,选自主教材中示例如图 2.6.15 所示。如果用户不创建测试用图,将使用默认测试图。

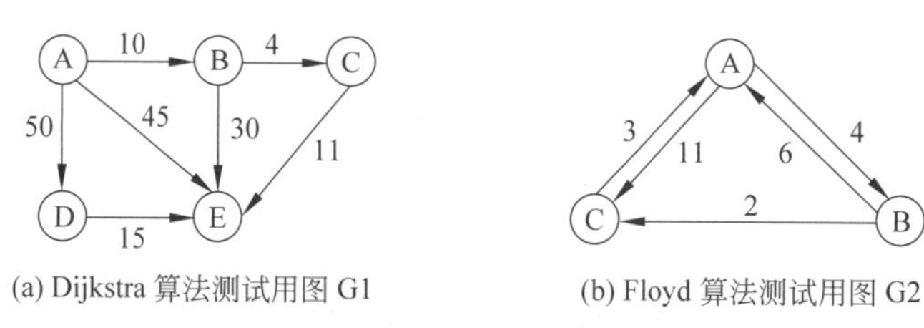

图 2.6.15 测试用图

运行程序,最短距离程序运行界面如图 2.6.16 所示。

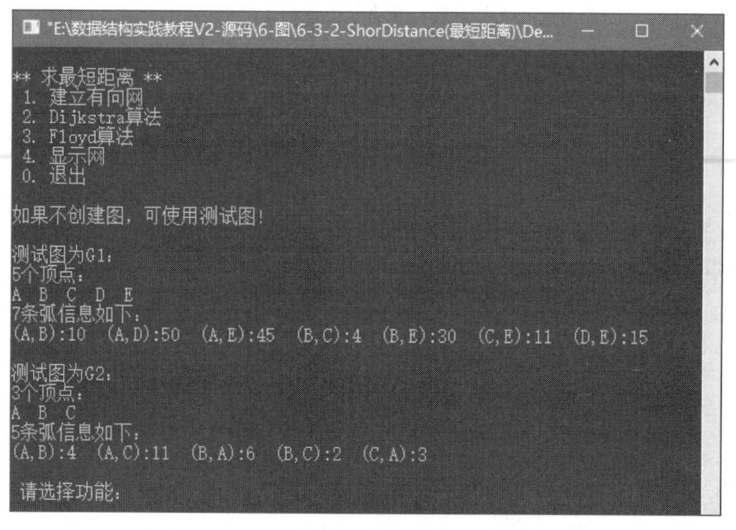

图 2.6.16 最短距离程序运行界面

case 1:输入 1,选择功能 1,建立有向网。

1.1 按屏幕提示输入要创建的有向网的顶点数。

1.2 按屏幕提示输入要创建的有向网的边数。

1.3 按屏幕提示输入各条边的两个顶点和权值。

1.4 屏幕显示创建的有向网信息。

case 2:输入 2,选择功能 2,用 Dijkstra 算法求图中各顶点到顶点 v 的最短距离。

2.1 按屏幕提示输入顶点 v。

2.2 屏幕显示最短距离和最短路径信息。

case 3：输入 3，选择功能 3，用 Floyd 算法求图中任意两点最短距离。

屏幕显示最短距离和最短路径信息。

case 4：输入 4，选择功能单 4，显示网。

屏幕显示网的顶点信息和边信息。

case 0：输入 0，选择功能 0，结束运行。

屏幕显示"结束运行 bye-bye!"，按任意键，结束程序运行。

4. 思考题

研读源程序，回答下列问题。

（1）验证程序中的 Dijkstra 和 Floyd 算法中处理的是什么类型的图？采用了什么存储方式？

（2）程序中用到了哪些图的基本操作？

（3）Dikjstra 算法中用 S[]、D[]、P[]3 个辅助数组，分别表示什么？解释数组元素的含义。

（4）如何初始化 Dijkstra 算法中的 3 个辅助数组 S[]、D[]、P[]？

（5）Floyd 算法中用了 D[][]和 P[][]两个辅数组，分别表示什么？解释数组元素的含义。

（6）如何初始化 Floyd 算法中的辅助数组 D[][]和 P[][]？

（7）DispPath_Floyd()对于不连通的路径显示的距离值是什么？

运行程序，回答下列问题。

（8）创建连通网，执行功能 2，理解与分析运行结果，并根据 P[]的值给出各条路径。

（9）创建连通网，执行功能 3，理解与分析运行结果，并根据 P[][]的值给出各条路径。

（10）Dijkstra 算法中 P[]的数组元素值−1 表示什么意思？

（11）Ployd 算法中 P[][]的数组元素值−1 表示什么意思？

（12）创建非连通网，执行功能 2，理解与分析运行结果，并根据 P[]的值给出各条路径。

（13）创建非连通网，执行功能 3，理解与分析运行结果，并根据 P[][]的值给出各条路径。

6.3.3　拓扑排序

拓扑排序验证程序用于求解有向无环图的拓扑序列，如果是有环图，没有拓扑序列。该算法也可以判断图是否有环。问题处理的是有向图，采用邻接表存储，因此，头文件中包含了文件 ALGraph_DG.h。求解拓扑序列，需借助栈，验证程序中采用了顺序栈，因此，头文件中还包含了文件 SqStack.h。

1. 程序设计简介

验证程序包括如下 3 个程序文件。

（1）头文件 ALGraph_DG.h，实现有向图相关的基本操作。

（2）头文件 SqStack.h，实现栈的基本操作。

(3) 源程序文件 TopoSort.cpp 提供程序与用户的交互界面,实现了"求拓扑序列算法(算法 6.20)"。

验证程序主函数中调用了 11 个函数,调用关系如图 2.6.17 所示。

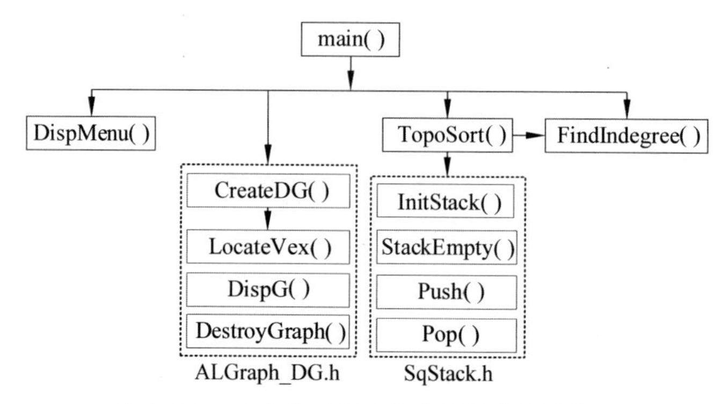

图 2.6.17 拓扑排序验证程序的函数调用关系

(1) CreateDG(),用于创建 AOV 网。

(2) DispG(),显示 AOV 网的边和顶点信息。

(3) LocateVex(),用于判断顶点是否为网中的顶点。

(4) DestroyGraph(),用于程序退出时销毁图。

(5) FindIndegree(),求解图中各顶点的入度。

(6) TopoSort(),以栈为工具求拓扑序列。采用了顺序栈,涉及初始化栈 InitStack()、测栈空 StackEmpty()、入栈 Push()和出栈 Pop()等操作。

(7) DispMenu(),功能选择菜单。

验证程序提供的功能结构如图 2.6.18 所示,功能 1~4 分别为"建立有向图""顶点的入度""拓扑排序"和"显示图",功能 0 为结束运行。

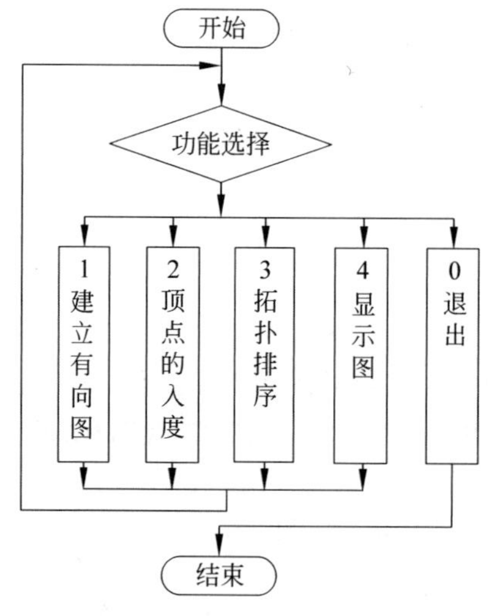

图 2.6.18 求拓扑序列验证程序功能结构图

2. 源程序

(1) ALGraph_DG.h。

取自有向图实现中的一部分。

(2) SqStack.h。

同第 3 章顺序栈的实现。

(3) TopoSort.cpp。

```
#include <iostream>
#include "ALGraph_DG.h"
#include "SqStack.h"
using namespace std;

void DispMenu()                                    //功能菜单
{
    cout<<endl;
    cout<<" 1. 建立有向图"<<endl;
    cout<<" 2. 顶点的入度"<<endl;
    cout<<" 3. 拓扑排序"<<endl;
    cout<<" 4. 显示图"<<endl;
    cout<<" 0. 退出"<<endl;
    cout<<"\n 请选择你要的操作: ";
}

int indegree[MAX_VEXNUM];

template<class DT>
void FindIndegree(ALGraph<DT>G)                    //计算各顶点的入度
{
    int i;
    ArcNode *p;
    for(i=0;i<G.vexnum;i++)                        //初始化入度计数器
        indegree[i]=0;
    for(i=0;i<G.vexnum;i++)                        //遍历边结点
    {
        p=G.vertices[i].firstarc;
        while(p)
        {
            indegree[p->adjvex]++;                 //计算顶点入度
            p=p->nextarc;
        }
    }
}

template<class DT>                                 //算法 6.20: 求拓扑序列算法
```

```
bool TopoSort(ALGraph<DT>G)                              //拓扑排序
{
    ArcNode * p;
    SqStack<int>S;
    int k;
    InitStack(S,MAX_VEXNUM);                             //创建工具栈
    int count=0;                                         //顶点计数
    FindIndegree(G);
    for(int i = 0; i <G.vexnum; i++)
        if(!indegree[i])                                 //入度为 0 的顶点入栈
            Push(S,i);
    while(!StackEmpty(S))                                //栈不空,循环
    {
        Pop(S,i);                                        //出栈
        cout <<G.vertices[i].data<<" ";                  //输出该元素
        count++;                                         //结点数目 +1
        for(p = G.vertices[i].firstarc;                  //遍历输出顶点的边链表
            p; p = p->nextarc)
        {
            k = p->adjvex;                               //邻接顶点的入度-1
            if(!(--indegree[k]))                         //入度为 0 的结点入栈
                Push(S,k);
        }
    }
    if(count <G.vexnum)                                  //输出顶点数目小于总顶点数
    {
        cout<<"无拓扑序列!"<<endl;
        return false;                                    //图中存在环,无拓扑序列
    }
    else
        return true;                                     //操作成功,返回 true
}

void main()                                              //主函数
{
    int i;
    ALGraph<char>G;
    int choice;
    do
    {
        DispMenu();
        cin>>choice;
        switch(choice)
        {
```

```
            case 1:                                  //建立有向图
                CreateDG(G);
                cout<<endl;
                cout<<"创建的有向图为: "<<endl;
                DispG(G);
                break;
            case 2:                                  //顶点的入度
                FindIndegree(G);
                cout<<"顶点的入度为: "<<endl;
                for(i=0;i<G.vexnum;i++)
                    cout<<G.vertices[i].data<<":"<<indegree[i]<<'\t';
                break;
            case 3:                                  //拓扑排序
                TopoSort(G);
                break;
            case 4:                                  //显示图
                DispG(G);
                cout<<endl;
                break;
            case 0:                                  //退出
                DestroyGraph(G);
                cout<<"\n 结束运行,bye-bye!"<<endl;
                break;
            default:                                 //无效选择
                cout<<"\n 无效选择!"<<endl;
                break;
        }
    }while(choice!=0);
}
```

3. 运行说明

运行程序,启动成功后求拓扑序列程序运行界面显示如图 2.6.19 所示。

case 1：输入 1,选择功能 1,建立有向图。

1.1　按屏幕提示输入要创建的有向图的顶点数。

1.2　按屏幕提示输入要创建的有向图的边数。

1.3　按屏幕提示输入各条边的两个顶点。

1.4　屏幕显示创建的有向图信息。

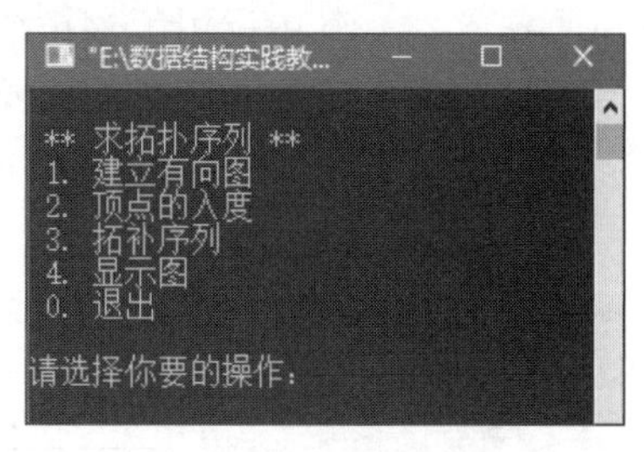

图 2.6.19　求拓扑序列程序运行界面

case 2：输入 2,选择功能 2,求各顶点入度。

屏幕显示各顶点入度。

case 3：输入 3,选择功能 3,求拓扑序列。

如果是有向无环图,屏幕显示求得的拓扑序列；

否则显示不存在拓扑序列的提示信息。

case 4：输入 4，选择功能单 4，显示图。

屏幕显示图的顶点信息和边信息。

case 0：输入 0，选择功能 0，退出。

屏幕显示"结束运行 bye-bye!"，按任意键，结束程序运行。

4. 思考题

研读源程序，回答下列问题。

(1) 验证程序中处理的是什么类型的图？采用了什么存储方式？

(2) 程序中用到了哪些图的基本操作？

(3) 求拓扑序列算法中用栈起什么作用？

(4) 算法 FindIndegree()的时间复杂度是多少？

(5) 算法 TopoSort()如何判断图是无环图还是有环图？

(6) 算法 TopoSort()辅助数组 indegree[]存储什么内容？

运行程序，回答下列问题。

(7) 创建连通图，执行功能 2、3，理解与分析运行结果。

(8) 创建非连通图，执行功能 2、3，理解与分析运行结果。

6.3.4 关键活动

关键路径验证程序用于求解表示工程的有向无环网的关键活动。问题处理的是有向无环网，图采用了邻接表存储，因此，头文件中包含了文件 ALGraph_DN.h。求关键活动用到拓扑序列，因此，头文件中还包含了文件 SqStack.h。

1. 程序设计简介

验证程序包括如下 3 个程序文件。

(1) 头文件 ALGraph_DN.h，实现有向网相关的基本操作。

(2) 头文件 SqStack.h，实现栈的基本操作。

(3) 源程序文件 CriticalPath.cpp，提供程序与用户的交互界面，实现"求关键路径算法"(算法 6.21)，其中调用了求拓扑序列的算法。

验证程序主函数中涉及 10 个函数，调用关系如图 2.6.20 所示。

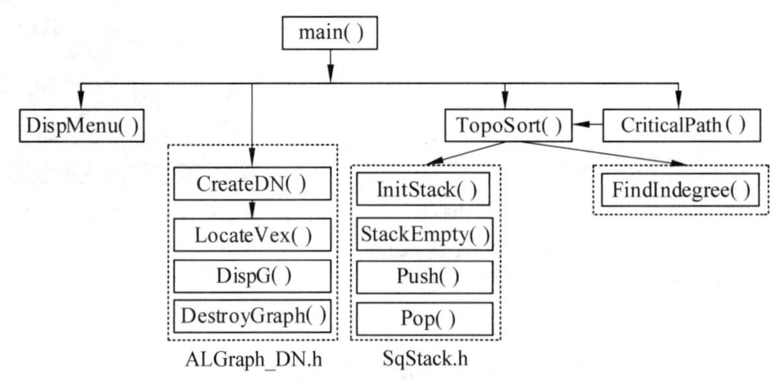

图 2.6.20 最短距离验证程序的函数调用关系

(1) CreateDN(),用于创建有向网。

(2) DispG(),显示有向网边和顶点信息。

(3) LocateVex(),用于判断顶点是否为图的顶点。

(4) TopoSort(),求拓扑序列,其中调用了栈的初始化、入栈、出栈等基本操作和求各顶点入度的操作。

(5) CriticalPath(),求关键活动,其中调用了TopoSort()。

(6) DispMenu(),功能选择菜单。

验证程序提供的功能结构如图 2.6.21 所示,功能 1～4 分别为"建立有向网""拓扑序列""关键活动"和"显示网",功能 0 为结束运行。

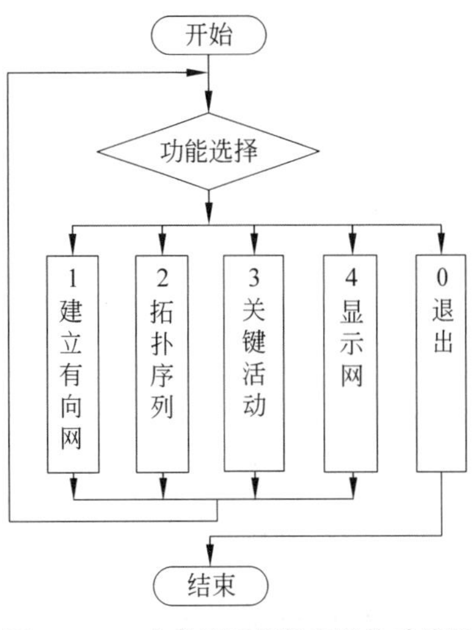

图 2.6.21　求关键路径程序结构功能图

2. 源程序

```
#include <iostream>
#include "ALGraph_DN.h"
#include "SqStack.h"
using namespace std;

bool visited[MAX_VEXNUM]={false};                           //初始化访问标志
const MAX_ARCNUM=40;

void DispMenu()                                             //功能菜单
{
    cout<<endl;
    cout<<" 1. 建立有向网"<<endl;
    cout<<" 2. 拓扑序列"<<endl;
    cout<<" 3. 关键活动"<<endl;
    cout<<" 4. 显示网"<<endl;
    cout<<" 0. 退出"<<endl;
    cout<<"\n 请选择你要的操作:";
}

int indegree[MAX_VEXNUM];                                   //存储各顶点的入度

template<class DT>
void FindIndegree(ALGraph<DT>G)                             //计算各顶点的入度
{
    int i;
    ArcNode *p;
    for(i=0;i<G.vexnum;i++)                                 //入度计数器清零
```

```
        indegree[i]=0;
    for(i=0;i<G.vexnum;i++)                              //遍历边链表
    {
        p=G.vertices[i].firstarc;
        while(p)
        {
            indegree[p->adjvex]++;                       //计数顶点的入度
            p=p->nextarc;
        }
    }
}

int topo[MAX_VEXNUM];                                    //存储拓扑序列

template<class DT>                                       //算法 6.21 的修改
bool TopoSort(ALGraph<DT>G)                              //拓扑序列
{
    ArcNode * p;
    SqStack<int>S;
    int i,j=0,k;
    InitStack(S,MAX_VEXNUM);                             //创建栈
    int count=0;                                         //顶点计数
    FindIndegree(G);
    for(i = 0; i <G.vexnum; i++)
        if(!indegree[i])                                 //入度为 0 的顶点入栈
            Push(S,i);
    while(!StackEmpty(S))                                //栈不空,循环
    {
        Pop(S,i);                                        //出栈
        cout <<G.vertices[i].data<<" ";                  //输出该元素
        topo[j++]=i;
        count++;                                         //结点数目 +1
        for(p = G.vertices[i].firstarc;                  //遍历输出顶点的边链表
            p; p = p->nextarc)
        {
            k = p->adjvex;
            if(!(--indegree[k]))                         //邻接点入度减 1
                Push(S,k);                               //减到 0,入栈
        }
    }
    if(count <G.vexnum)                                  //判断是否求得拓扑序列
    {
        cout<<"无拓扑序列!"<<endl;
        return false;                                    //无拓扑排序
```

```
    }
    else
        return true;                          //操作成功,返回 true
}

template<class DT>                            //算法 6.22
bool CriticalPath(ALGraph<DT>G)               //求工程的关键活动
{
    int i,j,k,ae,al;
    int ve[MAX_VEXNUM]={0};                   //事件最早发生时间
    vl[MAX_VEXNUM];                           //事件最晚发生时间
    ArcNode *p;
    if(!TopoSort(G))                          //求拓扑序列
    {
        cout<<"\n 无拓扑序列,不能求解!"<<endl;
        return false;
    }
    for(i=0;i<G.vexnum;i++)                   //按拓扑序列求 ve[]
    {
        k=topo[i];
        p=G.vertices[k].firstarc;
        while(p)
        {
            j=p->adjvex;
            if(ve[j]<ve[k]+p->weight)
                ve[j] = ve[k]+p->weight;
            p=p->nextarc;
        }
    }
    cout<<"\n 各顶点最早开始时间为: "<<endl;
    for(i=0;i<G.vexnum;i++)
        cout<<"ve["<<i<<"]="<<ve[i]<<endl;

    for(i=0; i<G.vexnum; i++)
        vl[i] = ve[G.vexnum-1];               //初始化顶点事件的最晚发生时间
    for(i=G.vexnum-1;i>=0;i--)                //按拓扑逆序求各顶点的 vl[]
    {
        k=topo[i];
        p=G.vertices[k].firstarc;
        while(p)
        {
            j=p->adjvex;
            if(vl[k]>vl[j]-p->weight)
                vl[k] = vl[j]-p->weight;
```

```
            p=p->nextarc;
        }
    }
    cout<<"\n各顶点最晚开始时间为: "<<endl;
    for(i=0;i<G.vexnum;i++)
        cout<<"vl["<<i<<"]="<<vl[i]<<endl;
    cout<<"\n关键活动: "<<endl;
    for(i=0; i<G.vexnum; ++i)                    //求活动最早、最晚发生时间
    {
        p=G.vertices[i].firstarc;
        while(p)
        {
            j=p->adjvex;
            ae = ve[i];
            al = vl[j]-p->weight;
            if(ae==al)                           //关键活动
                cout<<"("<<i<<","<<j<<"):"<<p->weight<<endl;
            p=p->nextarc;
        }
    }
            return true;
}

void main()
{
    ALGraph<char>G;
    int choice;
    do
    {
        DispMenu();
        cin>>choice;
        switch(choice)
        {
            case 1:                              //建立有向网
                CreateDN(G);
                cout<<endl;
                cout<<"创建有向网为: "<<endl;
                DispG(G);
                break;
            case 2:                              //拓扑序列
                TopoSort(G);
                break;
            case 3:                              //关键活动
                CriticalPath(G);
```

```
            break;
        case 4:                          //显示网
            DispG(G);
            cout<<endl;
            break;
        case 0:                          //退出
            cout<<"\n 结束运行,bye-bye!"<<endl;
            DestroyGraph(G);
            break;
        default:                         //无效选择
            cout<<"\n 无效选择!"<<endl;
        }
    }while(choice!=0);
}
```

3. 运行说明

运行程序,启动成功后求关键路径程序运行界面显示如图 2.6.22 所示。

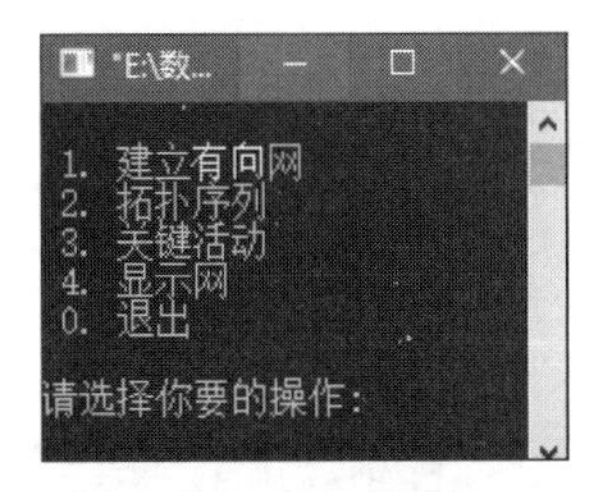

图 2.6.22　求关键路径程序运行界面

case 1:输入 1,选择功能 1,建立有向网。

1.1　按屏幕提示输入要创建的有向网的顶点数。

1.2　按屏幕提示输入要创建的有向网的边数。

1.3　按屏幕提示输入各条边的两个顶点和权值。

1.4　屏幕显示创建的有向网信息。

case 2:输入 2,选择功能 2,求拓扑序列。

如果是有向无环图,屏幕显示求得的拓扑序列;否则显示不存在拓扑序列的提示信息。

case 3:输入 3,选择功能 3,求关键活动。

如果是有向无环图,屏幕显示关键活动顶点及边信息。关键活动组成的路径为关键路径。

case 4:输入 4,选择功能 4,显示网。

屏幕显示网的顶点信息和边信息。

case 0:输入 0,选择功能 0,结束运行。

屏幕显示"结束运行 bye-bye!",按任意键,结束程序运行。

4. 思考题

研读源程序，回答下列问题。

(1) 验证程序中处理的是什么类型的图？采用了什么存储方式？

(2) 程序中用到了哪些图的基本操作？

(3) 拓扑排序在求关键活动中起什么作用？

(4) 求关键路径算法 bool CriticalPath()在什么情况下返回 true？什么情况下返回 false？

(5) 求关键路径算法 CriticalPath()中的工作变量 ve[]、vl[]、ae、al 分别表示什么？

(6) 求关键路径算法 CriticalPath()输出什么？给出关键路径了吗？

运行程序，回答下列问题。

(7) 创建主教材示例，执行功能 2、3，理解与分析运行结果。

(8) 创建非连通图，执行功能 2、3，理解与分析运行结果。

第7章 查找

CHAPTER

7.1 静态查找

静态查找验证程序实现了顺序查找和折半查找算法，顺序查找给出了从表首开始的顺序查找和设置监视哨的从表尾开始的顺序查找两种算法。

1. 程序设计简介

本验证程序只有一个源程序文件 Search.cpp，处理对象为整型数组，0 单元未用。程序实现了如下 3 个算法。

(1) 从表首开始的顺序查找 a[算法 7.1(a)]；

(2) 从表尾开始的顺序查找 b[算法 7.1(b)]；

(3) 折半查找非递归算法(算法 7.2)。

折半查找只能对有序序列进行，排序由函数 Ascendsort()完成。为了不破坏原序列，排序前做了备份，由函数 CopyData()实现。

程序功能结构如图 2.7.1 所示，功能 1～5 分别为“创建查找表”、以上 3 种查找方法和显示查找表，功能 0 为结束程序运行。

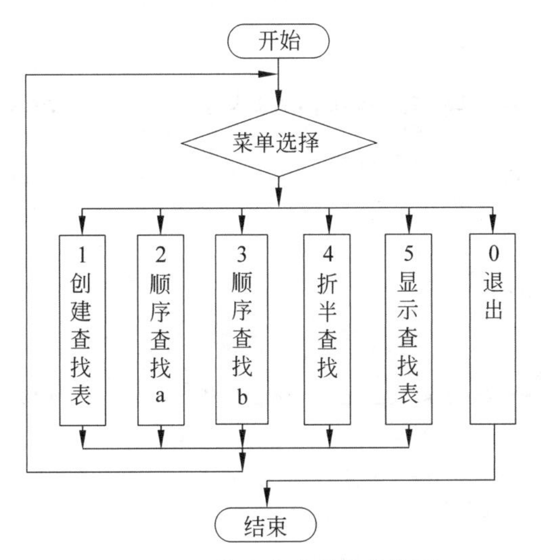

图 2.7.1 静态查找功能结构图

2. 源程序

```
#include<iostream>
using namespace std;

void CreateST(int R[],int n)                    //创建查找表
{
    cout<<"输入"<<n<<"个整数"<<endl;
    for(int i=1;i<=n;i++)
    {
        cout<<"输入第 "<<i<<" 数: "<<endl;
        cin>>R[i];
    }
    cout<<endl;
    cout<<"数据输入完毕!"<<endl;
}

void Display(int R[],int n)                     //输出查找表
{
    for(int i=1;i<=n;i++)
        cout<<R[i]<<"\t";
    cout<<endl;
}

int Search_sqa(int R[],int n,int key)           //算法 7.1(a)从表首开始顺序查找
{
    for(int i=n;i>=1;i--)                       //从最后一个元素开始顺序查找
    if(R[i]==key)                               //找到,返回位序
        return i;
    return 0;                                   //未找到,返回 0
}

int Search_sqb(int R[],int n,int key)           //算法 7.1(b)从表尾开始顺序查找
{
    R[0]=key;                                   //设置监视哨
    for(int i=n;R[i]!=key;i--)                  //从表尾开始顺序查找
      ;
    return i;                                   //返回位序,0 表示未找到
}

void CopyData(int a[],int n, int R[])           //数据备份
{
    for(int i=1;i<=n;i++)
        R[i]=a[i];
}
```

```
void Ascendsort(int R[],int n)                    //冒泡排序
{
    int t;
    for(int i=1;i<n;i++)
    {
        for(int j=1;j<=n-i;j++)
            if(R[j]>R[j+1])
            {
                t=R[j];
                R[j]=R[j+1];
                R[j+1]=t;
            }
    }
}

int Search_bin(int R[],int n,int key)             //算法 7.2: 折半查找非递归算法
{
    int low=1,high=n;                             //查找表的上、下限
    int mid;
    while(low<=high)                              //寻找区间非 0,循环
    {
        mid=(high+low)/2;                         //中间位序
        if(key<R[mid])                            //key 小于中间位序元素值
            high=mid-1;                           //搜索区缩至左半区
        else if(key>R[mid])                       //key 大于中间位序元素值
            low=mid+1;                            //搜索区缩至右半区
        else                                      //找到
            return mid;                           //返回位序
    }
    return 0;                                     //未找到,返回 0
}

void main()                                       //主函数
{
    int *R;                                       //存放测试数据
    int choice,n,k;
    cout<<"========================\n";
    cout<<"| 注意: 必须先创建查找表 |\n";
    cout<<"========================\n";
    int key;
    do
    {
        cout<<endl;
        cout <<" 1.创建查找表\n"
             <<" 2.顺序查找 a(从表首开始)\n"
             <<" 3.顺序查找 b(从表尾开始)\n"
```

```
        <<"4.折半查找\n"
        <<" 5.显示查找表\n"
        <<" 0.退出\n";
    cout<<endl;
    cout<<"请选择操作(1~5,0 退出):";
    cin>>choice;
    switch(choice)
    {
        case 1:                                     //创建查找表
            cout<<"输入查找表的长度"<<endl;
            cin>>n;                                 //输入数据元素个数
            R=new int[n+1];                         //申请存储空间
            CreateST(R,n);                          //创建查找表
            break;
        case 2:                                     //顺序查找 a
            cout<<"请输入查找关键字: "<<endl;
            cin>>key;                               //输入查找关键字
            k=Search_sqa(R,n,key);                  //查找操作
            if(!k)                                  //未找到
              cout<<"未找到!"<<endl;
            else                                    //找到
              cout<<"找到! 位居第 "<<k<<" 个元素"<<endl;
            break;
        case 3:                                     //顺序查找 b
            cout<<"输入查找关键字: "<<endl;
            cin>>key;                               //输入查找关键字
            k=Search_sqb(R,n,key);                  //查找操作
            if(!k)                                  //未找到
                cout<<"未找到!"<<endl;
            else                                    //找到
                cout<<"找到! 位居第 "<<k<<" 个元素"<<endl;
            break;
        case 4:                                     //折半查找
            int * SR;
            SR=new int[n+1];                        //申请查找表的存储空间
            CopyData(R,n,SR);                       //生成查找表
            Ascendsort(SR,n);                       //生成有序表
            cout<<"有序序列为: "<<endl;
            Display(SR,n);                          //显示有序表
            cout<<"输入查找关键字: "<<endl;
            cin>>key;                               //输入查找关键字
            k=Search_bin(SR,n,key);                 //查找操作
            if(!k)                                  //未找到
                cout<<"未找到!"<<endl;
            else                                    //找到
                cout<<"找到! 位居第 "<<k<<" 个元素"<<endl;
```

```
            break;
        case 5:                             //显示查找表
            cout<<"查找表为: "<<endl;
            Display(R,n);
            break;
        case 0:                             //退出
            cout<<"运行结束 bye-bye!"<<endl;
            break;
        default:                            //选择无效
            cout<<"无效选择!"<<endl;
            break;
        }                                   //switch
    }while(choice!=0);
    delete [] R;
}                                           //main
```

3. 运行说明

运行程序，启动成功后静态查找程序运行界面如图 2.7.2 所示。

case 1：输入 1，选择功能 1，创建查找表。

1.1　按屏幕提示，输入要创建的元素个数，按 Enter 键。

1.2　按屏幕提示，依次输入各元素（整型）。

case 2：输入 2，选择功能 2，从表首开始的顺序查找。

2.1　按屏幕提示，输入要查找的元素值。

2.2　若找到，显示元素位序；否则显示“未找到”。

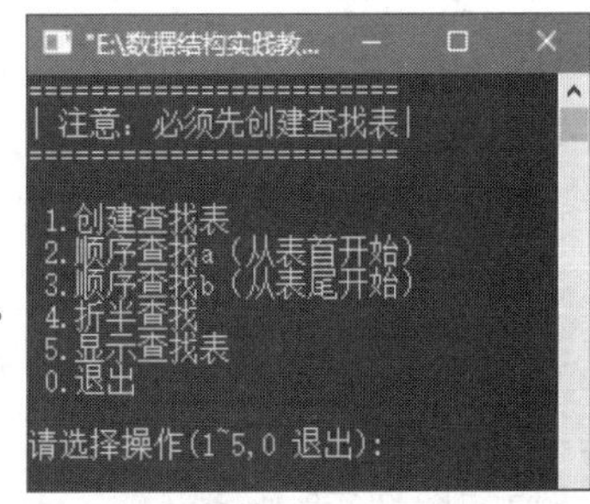

图 2.7.2　静态查找程序运行界面

case 3：输入 3，选择功能 3，从表尾开始的顺序查找。

3.1　按屏幕提示，输入要查找的元素值。

3.2　若找到，显示元素位序；否则显示“未找到”。

case 4：输入 4，选择功能 4，折半查找。

4.1　屏幕显示有序序列。

4.2　按屏幕提示，输入要查找的元素值。

4.3　若找到，显示元素在有序序列中的位序；否则显示“未找到”。

case 5：输入 5，选择功能 5，显示查找表。

屏幕显示查找表的内容。

case 0：输入 0，选择功能 0，进行程序退出操作。

屏幕显示“运行结束 bye-bye!”，按任意键，结束程序运行。

4. 思考题

研读源程序，回答下列问题。

(1)“从尾元素开始的顺序查找”与“从首元素开始的顺序查找”两种算法的时间复杂度和空间复杂度一样吗?

(2) "从尾元素开始的顺序查找"相比与"从首元素开始的顺序查找",有何优点?

(3) 程序中有个排序函数,采用了什么排序算法? 时间复杂度是多少?

运行程序,回答下列问题

(4) 对于查找首元素,执行功能 1、2、3,理解和分析运行结果。

(5) 对于查找尾元素,执行功能 1、2、3,理解和分析运行结果。

(6) 对于查找中间任一元素,执行功能 1、2、3,理解和分析运行结果。

(7) 对于查找不存在元素,执行功能 1、2、3,理解和分析运行结果。

7.2 字符串匹配

字符串匹配验证程序给出了两种串匹配算法,一种是 BF 算法,一种是 KMP 算法。

1. 程序设计简介

本验证程序只有一个源程序文件 FindStr.cpp,处理的字符串下标从 1 开始。源程序包含如下 6 个函数。

(1) MoveStr(),把下标从 0 开始的字符串变成下标从 1 开始的字符串。

(2) DispStr(),显示字符串。

(3) IndexBF(),实现字符串匹配的 BF 算法(算法 7.3)。

(4) GetNext(),求取 KMP 算法中的 next[]值(算法 7.4)。

(5) IndexKMP(),实现字符串匹配的 KMP 算法(算法 7.5)。

(6) main()函数,提供交互界面,通过调用上述函数实现程序的各功能。

程序提供 1-显示串、2-创建串、3-BF 匹配、4-KMP 匹配、5-查看 next[]等功能,程序功能结构如图 2.7.3 所示。

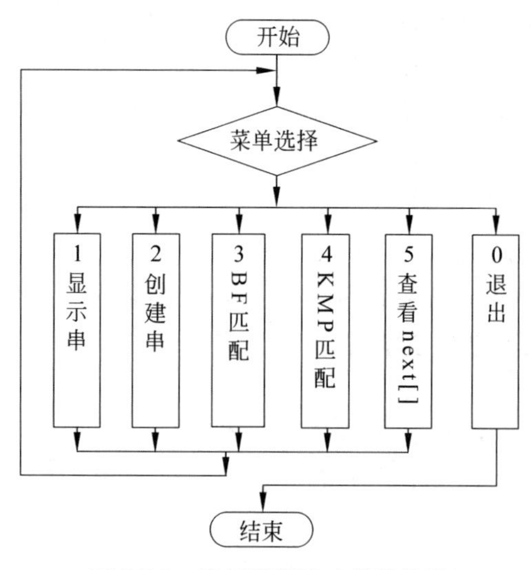

图 2.7.3 串匹配程序功能结构图

2. 源程序

FindStr.cpp 的代码如下。

```
#include<iostream>
#include<string>
using namespace std;

const maxsize=30;

void MoveStr(char s[])                          //字符串下标从 1 开始
{
    for(int i=strlen(s)-1;i>=0;i--)
        s[i+1]=s[i];
}

void DispStr(char s[])                          //显示字符串
{
    for(int i=1;i<=strlen(s);i++)
        cout<<s[i];
    cout<<endl;
}

int IndexBF(char s[],char t[],int pos)          //算法 7.3: BF 算法
{                                               //从主串 s 的 pos 开始查找模式串 t
    int i,j,m,n;
    i=pos;j=1;
    n=strlen(s)-1;                              //设置主串 s 与模式串 t 的比较起始下标
    m=strlen(t)-1;                              //求两个串的长度
    while(i<=n && j<=m)                         //串匹配字符比较
    {
        if(s[i]==t[j])                          //相等
        {++i;++j;}                              //主串与模式串指针后移
        else                                    //不相等
        {
            i=i-j+2;j=1;                        //主串回溯到 i-j+2,j 从 1 开始
        }
    }
    if(j>m)                                     //匹配成功
        return i-m;                             //返回模式串在主串中的首字符位序
    else                                        //匹配不成功
        return 0;                               //返回 0
}

void GetNext(char t[],int next[])               //算法 7.4: 求取 KMP 算法中的 next[]值
```

```
{
    int j=1,k=0;
    int m=strlen(t)-1;
    next[j]=0;                              //next[1]=0
    while(j<m)                              //求其余位置的 next 值
    {
        if(k==0||t[j]==t[k])                //k 为 0 或对应字符相等
        {
            j++;k++;                        //前趟比较最长子串长度 k 增 1
            next[j]=k;                      //得到下一个 next 值
        }
        else                                //否则,k 回退
            k=next[k];
    }
}

int IndexKMP(char s[],char t[],int next[],int pos)   //算法 7.5: KMP 算法
{                                           //求 t 在主串 s 中第 pos 个字符之后的位置
    int i,j,n,m;
    i=pos;j=1;                              //匹配位置初始化
    n=strlen(s)-1;                          //求两个串的长度
    m=strlen(t)-1;
    while(i<=n && j<=m)                     //未匹配或未匹配完,循环
    {
      if(j==0||s[i]==t[j])                  //j 为 0 或对应字符相等
      {
          i++;j++;                          //主串与模式串指针后移
      }                                     //继续比较后续字符
      else
          j=next[j];                        //模式串向右移动
    }
    if(j>m)                                 //匹配成功
        return i-m;                         //返回模式串在主串中的首字符位序
    else                                    //匹配不成功
        return 0;                           //返回 0
}

void main()                                 //主函数
{   char s[maxsize]="aaabaaaabaa",t[maxsize]="aaaab";
    int index, * next;
    int choice,j,pos=0;
    int m,n;
    MoveStr(s);                             //字符串下标从 1 开始
    MoveStr(t);                             //字符串下标从 1 开始
```

```
n=strlen(s)-1;                          //主串长度
m=strlen(t)-1;                          //子串长度
next=new int[m];
GetNext(t,next);
cout<<"\n 不创建串,可以使用测试串! \n";
do
{                                       //功能菜单
    cout<<endl;
    cout<<"1-显示串\n";
    cout<<"2-创建串\n";
    cout<<"3-BF 匹配\n";
    cout<<"4-KMP 匹配\n";
    cout<<"5-查看 next[]\n";
    cout<<"0-退出\n";
    cout<<"\n 功能选择(1~4,0 退出):";
    cin>>choice;
    switch(choice)
    {
        case 1:                         //显示串
            cout<<"主串为:";
            DispStr(s);
            cout<<"子串为:";
            DispStr(t);
            n=strlen(s)-1;              //主串长度
            m=strlen(t)-1;              //子串长度
            next=new int[m];            //申请 next[]存储空间
            GetNext(t,next);            //求 next[]
            cout<<endl;
            break;
        case 2:                         //创建串
            cout<<"请输入主串: \n";      //输入主串
            cin>>s;
            MoveStr(s);                 //串下标从 1 开始
            cout<<"请输入模式串: \n";
            cin>>t;                     //输入子串
            MoveStr(t);                 //串下标从 1 开始
            break;
        case 3:                         //BF 匹配
            cout<<"\n 输入匹配起始位置:";
            cin>>pos;                   //输入匹配起始位置
            if(pos<=n-m+1)              //位置合理
            {
                cout<<"\n 主串为:";
                DispStr(s);
```

```
            cout<<"\n子串为:";
            DispStr(t);
            cout<<"\nBF匹配结果:"<<endl;
            index=IndexBF(s,t,pos);                 //匹配操作
            if(index!=0)                            //匹配成功
                cout<<"匹配成功! 模式串 t 在主串 s 中的位置从第"
                    <<index<<"个字符开始"<<endl;
            else                                    //匹配不成功
                cout<<"\n匹配失败"<<endl;
        }
        else                                        //匹配起始位置不合理
        {                                           //无须匹配操作
            cout<<"\n位置非法,无法匹配!"<<endl;
        }
        break;
    case 4:                                         //KMP匹配
        cout<<"\n输入匹配起始位置:";
        cin>>pos;                                   //输入匹配起始位置
        if(pos<=n-m+1)                              //位置合理
        {
            cout<<"主串为:";
            DispStr(s);
            cout<<"子串为:";
            DispStr(t);
            cout<<"\nKMP匹配结果:"<<endl;
            index=IndexKMP(s,t,next,pos);           //匹配操作
            if(index!=0)                            //匹配成功
            {
                cout<<"\n匹配成功!"<<endl;
                cout<<"模式串在主串的位置从第 "
                <<index <<" 个字符开始"<<endl;
            }
            else                                    //匹配不成功
                cout<<"\n匹配失败!"<<endl;
        }
        else                                        //匹配起始位置不合理
        {                                           //无须匹配操作
            cout<<"\n位置非法,无法匹配!"<<endl;
        }
        break;
    case 5:                                         //查看 next[]
        cout<<"子串为: "<<t<<endl;
        GetNext(t,next);
        for(j=1;j<=m;j++)
```

```
            {
                cout<<"next["<<j<<"]="<<next[j]<<'\t';
                if(j%5==0) cout<<endl;
            }
          cout<<endl;
          break;
        case 0:                                        //退出
            cout<<"结束运行!Bye-bye!"<<endl;
            break;
        default:                                       //结束运行
            cout<<"无效选择!\n"<<endl;
            break;
      }
    }while(choice!=0);
}
```

3. 运行说明

运行程序,启动成功后的串匹配程序启动界面如图 2.7.4 所示。

case 1:输入 1,选择功能 1,串内容显示操作。

屏幕显示主串、子串内容。

注意:未创建串前,显示默认的主串与模式串内容。

case 2:输入 2,选择功能 2,输入主串和模式串。

2.1　按屏幕提示,输入主串。

2.2　按屏幕提示,输入模式串。

case 3:输入 3,选择功能 3,BF 匹配。

3.1　按屏幕提示,输入主串起始匹配位置。

3.2　屏幕显示 BF 匹配结果。

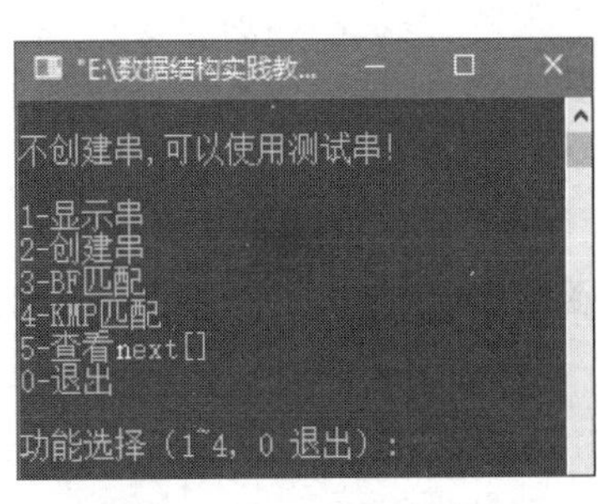

图 2.7.4　串匹配程序启动界面

case 4:输入 4,选择功能 4,KMP 匹配。

4.1　按屏幕提示,输入主串起始匹配位置。

4.2　屏幕显示 KMP 匹配结果。

case 5:输入 5,选择功能 5,查看 next[]。

屏幕显示 next[]值。

case 0:输入 0,选择功能 0,结束程序运行。

屏幕显示"运行结束 bye-bye!",按任意键,结束程序运行。

4. 思考题

研读源程序,回答下列问题。

(1) 主串和模式串位序起始值是多少?

(2) 本程序能处理的最长字符串有多长? 超长程序会如何处理? 如何修改长度?

(3) 用 cin 从键盘接收字符串,字符串的起始位序是多少?

(4) 程序的默认主串和模式串分别是什么?

运行程序,回答下列问题。

(5) 对于主串"aaabaaaabaa"和模式串"aaaab",匹配起始位序取 1,执行功能 3～5,理解和分析运行结果。

(6) 对于主串"aaabaaaabaa"和模式串"aaaab",匹配起始位序取 6,执行功能 3～5,理解和分析运行结果。

(7) 对于主串"aaabaaaabaa"和模式串"abaa",匹配起始位序取 1,执行功能 3～5,理解和分析运行结果。

(8) 对于主串"aaabaaaabaa"和模式串"aaaba",匹配起始位序取 1,执行功能 3～5,理解和分析运行结果。

(9) 对于主串"aaabaaaabaa"和模式串"aabb",匹配起始位序取 1,执行功能 3～5,理解和分析运行结果。

7.3 二叉排序树

二叉排序树验证程序实现了二叉排序树的创建、查找、插入、删除等操作。查找表的原始形式为线性表,所以验证程序中用到了线性表的基本操作。二叉排序树以二叉链表形式存储,所以验证程序还用到了二叉树的一些基本操作。

1. 程序设计简介

验证程序包括 3 个源程序文件: SqList.h、BiTree.h、BstSearch.cpp,主函数调用了 16 个函数,函数之间的调用关系如图 2.7.5 所示。

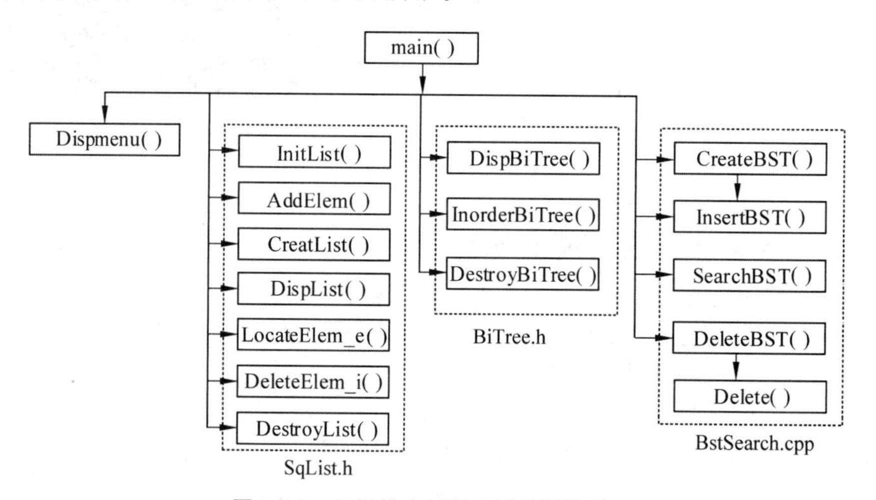

图 2.7.5 二叉排序树程序函数调用关系

(1) SqList.h,功能基本上同第 2 章。但为了方便结点添加,在基本操作集中增加了"在表尾添加元素"的操作,由函数 AddElem()实现。查找表原始形式存于顺序表中。在二叉排序树中增、删结点时,也同时修改顺序表。

(2) BiTree.h,二叉排序树以二叉链表形式存储,该头文件中包括了二叉链表结点定义,中序遍历 InorderBiTree()、二叉树的显示 DispBiTree()和销毁 DestroyBiTree()操作。中序遍历操作用于查看二叉排序树的中序遍历有序性;二叉树的显示用于查看创建的二叉排序树。

(3) BstSearch.cpp,提供了创建查找表、创建二叉排序树 CreateBST()、在二叉排序树中查找元素 SearchBST()(算法 7.6)、插入元素 InseartBST()(算法 7.7) 和删除元素 DeleteBST()(算法 7.8)、中序遍历二叉排序树、显示查找表和显示二叉排序树等功能,功能结构如图 2.7.6 所示。

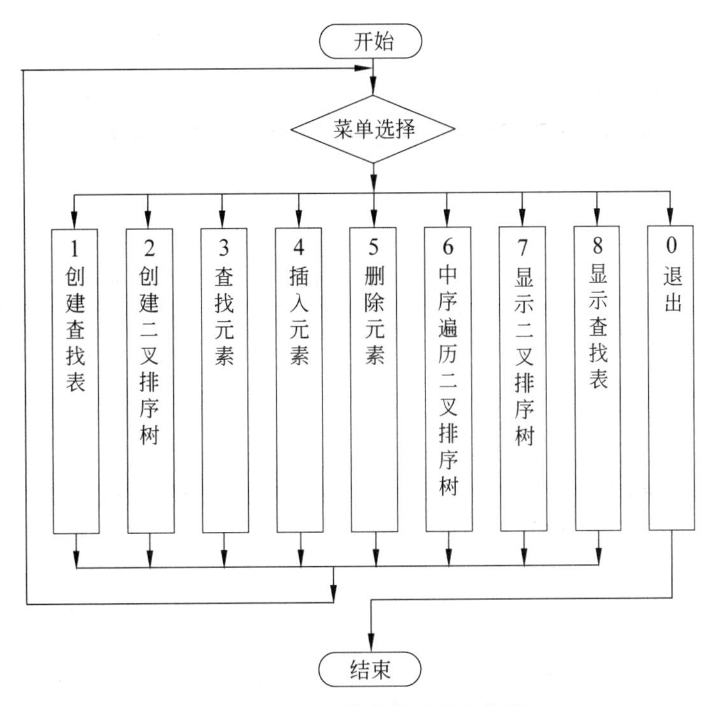

图 2.7.6　二叉排序树功能结构图

程序中给出默认测试数据,如果用户不创建查找表,可以用测试数据进行验证实验。

2. 源程序

(1) SqList.h。

仅给出新增函数 AddElem(),其余代码同第 2 章顺序表的定义。

```
template<class DT>
bool AddElem(SqList<DT>&L, DT e)              //在表尾增加元素
{
    if(L.length>=L.size)                      //表满,不能插入
        return false;
    L.elem[L.length]=e;                       //第 L.length 单元赋值 e
    L.length++;                               //表长增 1
    return true;                              //添加成功,返回 true
}
```

(2) BiTree.h。

相关函数与第 5 章二叉树的相同,此处不再赘述。

(3) BstSearch.cpp。

```
#include<iostream>
using namespace std;
#include"BiTree.h"
#include"SqList.h"

template <class DT>                                     //算法 7.6
BTNode<DT> * SearchBST(BTNode<DT> * bt,DT key)          //二叉排序树查找
{
   if(!bt || key==bt->data)                             //结点空或结点值等于 key
        return bt;                                      //查找结束
    else if(key<bt->data)                               //key<根结点值
        return SearchBST(bt->lchild,key);               //递归在左子树上继续找
    else                                                //key>根结点值
        return SearchBST(bt->rchild,key);               //递归在右子树上继续找
}

template <class DT>                                     //算法 7.7
bool InsertBST(BTNode<DT> * (&bt),DT e)                 //插入元素
{
    if(!bt)                                             //新结点为叶结点
    {
        bt = new BTNode<DT>;
        bt->data = e;
        bt->lchild = bt->rchild = NULL;
        return true;
    }
    else if(e==bt->data)                                //元素已存在,不能插入
    {
        cout<<e<<"已存在,不能插入!\n";
        return false;
    }
    else if(e<bt->data)                                 //小于根结点的值,插到左子树上
        //return InsertBST(bt->lchild, e);              //效果一样
        InsertBST(bt->lchild, e);
    else                                                //大于根结点的值,插到右子树上
        //return InsertBST(bt->rchild, e);
        InsertBST(bt->rchild, e);
}

template <class DT>
```

```
BTNode<DT> * CreateBST(SqList<DT>ST)                    //创建二叉排序树
{
    BTNode<DT> * bt=NULL;
    int i=0;
    while(i<ST.length)
    {
        InsertBST(bt,ST.elem[i]);
        i++;
    }
    return bt;
}

template <class DT>
bool Delete(BTNode<DT> * (&p))                          //在二叉排序树上删除一个结点
{
    BTNode<DT> * q, * s;
    if(!p->rchild)                                      //被删除点只有左子树
    {
        q=p;                                            //将该结点的左孩子替代该结点
        p=p->lchild;
        delete q;
        cout<<"成功删除"<<endl;

    }
    else if(!p->lchild)                                 //被删除的结点只有右子树
    {
        q=p;                                            //将该结点的右孩子替代该结点
        p=p->rchild;
        delete q;
        cout<<"成功删除"<<endl;
    }
    else                                                //被删结点左右孩子均有
    {                                                   //用前驱代替被删结点
        q=p;                                            //辅助指针 q 指向当前结点 p
        s=p->lchild;                                    //辅助指针 s 指向 p 的左孩子
        while(s->rchild)                                //把指针 s 指向 p 所指
        {                                               //结点的左子树最右下角的结点
            q=s;
            s=s->rchild;
        }
        p->data=s->data;                                //p 值域替换为 s 值域
        if(q!=p)                                        //若 p 的左孩子有右孩子
          q->rchild=s->lchild;                          //把 q 的右孩子用 s 的左孩子替换
        else                                            //若 p 的左孩子无右孩子
```

```
            q->lchild=s->lchild;                    //把q的左孩子用s的左孩子替换
        delete s;                                   //删除s结点
        cout<<"成功删除"<<endl;
    }
    return true;
}

template <class DT>                                 //算法 7.8
bool DeleteBST(BTNode<DT> * (&bt),DT key)           //在二叉排序树中删除结点
{
    if(!bt)                                         //二叉排序树为空
        return false;                               //不能删除,返回 false
    else                                            //二叉排序树非空
    {
        if(bt->data==key)                           //若当前结点为删除结点
            Delete(bt);                             //则删除该结点
        else if(key<bt->data)                       //若 key 小于当前结点
            DeleteBST(bt->lchild,key);              //则在左子树上删除
        else                                        //若 key 大于当前结点
            DeleteBST(bt->rchild,key);              //则在右子树上删除
        return true;                                //删除成功,返回 true
    }
}

void dispmenu()                                     //功能菜单
{
    cout <<"  1. 创建查找表 \n"
         <<"  2. 创建二叉排序树\n"
         <<"  3. 查找元素\n"
         <<"  4. 插入元素   \n"
         <<"  5. 删除元素   \n"
         <<"  6. 中序遍历二叉排序树 \n"
         <<"  7. 显示二叉排序树 \n"
         <<"  8. 显示查找表 \n"
         <<"  0. 退出   \n";
}

void main()                                         //主函数
{
    int i,e,key,level,k,n;
    BTNode<int> * bt=NULL;
    BTNode<int> * p;
    SqList<int>ST;
    InitList(ST, 30);
```

```
int R[11]={40,21,53,8,99,48,36,24,42,71,80};  //测试数据
for(i=0;i<11;i++)
  AddElem(ST,R[i]);                           //由测试数据生成查找表
int choice;
cout<<"********************************************************"<<endl;
cout<<"* 如果不创建查找序列,将使用默认测试数据,由功能 7 查看! * "<<endl;
cout<<"* 功能 3、4、5、6 需在功能 2 创建二叉排序后执行!        * "<<endl;
cout<<"********************************************************"<<endl;
do
{
    dispmenu();
    cout<<"输入功能选择(1~8),0 退出: ";
    cin>>choice;
    switch(choice)
    {
        case 1:                                //创建查找表
            cout<<"请输入查找序列元素个数: "<<endl;
            cin>>n;                            //输入元素个数
            CreateList(ST,n);                  //创建查找序列
            cout<<"查找序列为: "<<endl;
            DispList(ST);                      //显示查找表
            break;
        case 2:                                //创建二叉排序树
            bt=CreateBST(ST);                  //生成二叉排序树
            cout<<"创建的二叉排序树为"<<endl;
            level=1;
            DispBiTree(bt,level);              //显示二叉排序树
            cout<<"中序遍历二叉排序树序列为"<<endl;
            InOrDerBiTree(bt);                 //有序的中序遍历序列
            cout<<endl;
            break;
        case 3:                                //查找元素
            cout<<"输入要查找的数据元素\n";
            cin>>key;                          //输入查找关键字
            p=SearchBST(bt,key);               //查找操作
            if(p)                              //找到
                cout<<"查找成功!"<<endl;
            else                               //未找到
                cout<<"元素不存在!"<<endl;
            break;
        case 4:                                //插入元素
            cout<<"输入要插入的数据元素\n";
            cin>>e;                            //输入要插入的元素值
            if(AddElem(ST,e))                  //在查找序列中添加成功
```

```
        if(InsertBST(bt,e))                   //在二叉排序树中插入元素
        {
            cout<<"插入后的二叉排序树为"<<endl;
            level=1;
            DispBiTree(bt,level);             //显示二叉排序树
        }
        cout<<endl;
        break;
    case 5:                                   //删除元素
        cout<<"输入要删除的数据元素:";
        cin>>key;                             //输入要删除的元素值
        if(SearchBST(bt,key))                 //元素存在
        {
            cout<<key<<"元素存在,即将被删除!"<<endl;
            DeleteBST(bt,key);                //删除操作
            cout<<"删除后的二叉排序树为"<<endl;
            level=1;
            DispBiTree(bt,level);             //显示二叉排序树
            cout<<endl;
            k=LocateElem_e(ST,key);           //在查找表中删除元素
            DeleteElem_i(ST,k);               //在查找序列中删除元素
        }
        else                                  //元素不存在,无须删除操作
            cout<<key<<"元素不存在!"<<endl;
        break;
    case 6:                                   //中序遍历二叉排序树
        cout<<"中序遍历序列为:\n";
        InOrDerBiTree(bt);
        cout<<endl;
        break;
    case 7:                                   //显示二叉排序树
        cout<<"二叉排序树输出:\n";
        level=1;
        DispBiTree(bt,level);
        cout<<endl;
        break;
    case 8:                                   //显示查找表
        cout<<"查找序列为: "<<endl;
        DispList(ST);
        break;
    case 0:                                   //退出
        DestroyList(ST);
        DestroyBiTree(bt);
        cout<<"结束运行 Bye-bye!\n";
```

```
                break;
            default:                                    //功能选择错误
                cout<<"无效选择,请重新选择!"<<endl;
                break;
        }
    }while(choice!=0);
    return;
}
```

3. 运行说明

运行程序,启动成功后程序运行界面如图 2.7.7 所示。

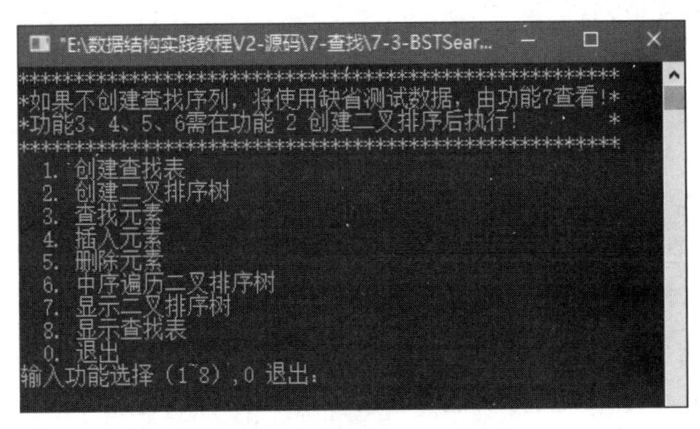

图 2.7.7　程序运行界面

case 1:输入 1,选择功能 1,创建查找表。

1.1　按屏幕提示,输入数据元素个数。

1.2　按屏幕提示,输入各数据元素。

注意: 如果用户不创建查找表,将用测试数据进行后续操作的操作对象。通过功能 8,可看到测试数据。从源程序中可知,测试数据集为{40,21,53,8,99,48,36,24,42,71,80}。

case 2:输入 2,选择功能 2,创建二叉排序树。

屏幕显示创建的二叉排序树,一棵逆时钟转了 90°的二叉树。

case 3:输入 3,选择功能 3,在二叉排序树中查找元素。

3.1　按屏幕提示,输入要查找的元素值。

3.2　屏幕显示查找结果,“查找成功”或“元素不存在”。

case 4:输入 4,选择功能 4,在二叉排序树中插入元素。

4.1　按屏幕提示,输入要插入的元素值。

4.2　插入成功,屏幕显示元素插入后的二叉排序树。

注意: 查找表满或元素已存在,不能插入。

case 5:输入 5,选择功能 5,在二叉排序树中删除元素。

5.1　按屏幕提示,输入要删除的元素值。

5.2　若元素存在,屏幕显示元素删除后的二叉排序树;否则,显示“元素不存在”。

case 6：输入 6，选择功能 6，中序遍历二叉排序树。

屏幕显示二叉排序树的中序遍历序列，应该是一个升序序列。

case 7：输入 7，选择功能 7，显示二叉排序树。

屏幕显示二叉排序树。

case 8：输入 8，选择功能 8，显示查找表。

屏幕显示查找表序列。

case 0：输入 0，选择功能 0，结束程序运行。

屏幕显示“运行结束 bye-bye!”，按任意键，结束程序运行。

4. 思考题

研读源程序，回答下列问题。

(1) 阅读函数 CreateBST()，说明二叉排序树是如何建立的。

(2) 函数 Delete()的功能是什么？

(3) 什么情况下不能向二叉排序树中插入新数据元素？

(4) 为什么功能 3～6 必须在功能 2 之后执行，否则会怎样？

(5) 二叉排序树的中序遍历序列是一个升序序列还是一个降序序列？

运行程序，回答下列问题。

(6) 对于默认测试数据，执行功能 2～8，理解和分析运行结果。

(7) 创建一个升序序列，执行功能 2～8，理解和分析运行结果。

(8) 创建一个降序序列，执行功能 2～8，理解和分析运行结果。

(9) 通过功能 7 和功能 8，分析顺序表中数据序列与二叉排序树的数据关系。

7.4 散列查找

本验证程序实现了散列表构造、在散列表中插入元素和散列查找。

1. 程序设计简介

散列函数采用除模取余的方法，冲突解决采用线性探测。散列函数 H(key)＝key % p 中的 p 默认为 13，程序提供修改功能。查找表由用户创建。

验证程序只有一个源程序文件 LineHashSearch.cpp，共有如下 6 个函数。

(1) InitHT()，初始化散列表。当用户输入查找表长度时，由该函数对散列表进行初始化，所有空间为空。

(2) HTLength()返回散列表中元素个数。在插入新元素时，如果表满则不能插入。

(3) InsertHT()，在散列表中插入元素。

(4) HashSearch()，实现散列查找(算法 7.9)。

(5) DispHT()，显示散列表。

(6) main()，提供功能菜单，通过调用上述各函数实现程序的各功能。

程序提供的功能结构如图 2.7.8 所示。功能 1 为修改散列函数的除数 p，功能 2 为创建散列表，功能 3 为在散列表中插入元素，功能 4 为散列查找，功能 5 为显示散列表，功能 0 结束程序运行。

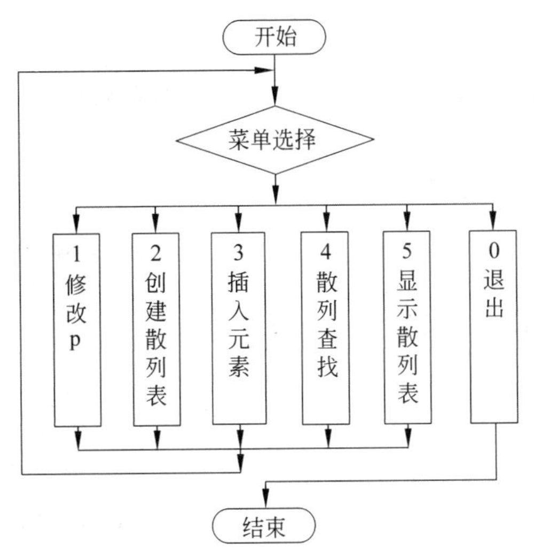

图 2.7.8　散列查找程序功能结构图

2. 源程序

```
#include<iostream>
using namespace std;
const empty=-1;
int p=13;

int H(int key)                                  //散列函数
{
  return key%p;                                 //H(key)=key %p
}

void InitHT(int HT[],int m)                     //初始化散列表
{
    for(int i=0;i<m;i++)
        HT[i]=empty;
}

int HTLength(int HT[], int m)                   //求散列表元素个数
{
    int len=0;
    for(int i=0;i<m;i++)
    {
        if(HT[i]!=-1)
            len++;
    }
    return len;
```

```
}

bool InsertHT(int HT[], int m,int e)            //插入元素
{
    int len,h0,hi,i,c=0;
    len=HTLength(HT,m);
    if(len==m)                                  //表满,不能插入
    {
        cout<<"表满,不能插入!"<<endl;
        return false;
    }
    h0=H(e);
    cout<<"\n 散列地址为: "<<h0<<endl;
    if(HT[h0]==e)                               //已有相同的元素,不能插入
    {
      cout<<"非冲突,该元素已存在,不能插入!"<<endl;
      return false;
    }
    else if(HT[h0]==empty)                      //不冲突,可插入
    {
        HT[h0]=e;
        cout<<"不冲突,插入成功!"<<endl;
        return true;
    }
    else                                        //冲突
    {
        hi=h0;                                  //计算下一个散列地址
        for(i=0;i<m;i++)
        {
            hi=(hi+1)%m;                        //线性探测
            c++;                                //冲突次数
                cout<<"第"<<c<<"个冲突地址为: "<<hi<<endl;
            if(HT[hi]==empty)                   //冲突后可插入
            {
                HT[hi]=e;
                cout<<"冲突后插入成功!"<<endl;
                return true;                    //插入成功,返回 true
            }
            else if(HT[hi]==e)                  //冲突后,相同元素不能插入
            {
                cout<<"冲突后,有相同元素,不能插入!"<<endl;
                return false;                   //插入失败,返回 false
            }
        }
```

```
        return false;                        //插入失败,返回 false
    }
}

int HashSearch(int HT[],int m,int key)       //算法 7.9: 散列查找
{
    int h0,hi,i,c=0;
    h0=H(key);                               //计算散列地址
    cout<<"\n 散列地址为: "<<h0<<endl;
    if(HT[h0]==key)                          //找到,返回存储位序
    {
        cout<<"不冲突找到"<<endl;
        return h0;
    }
    else if(HT[h0]==empty)                   //未找到,返回-1
    {
        cout<<"\n 不冲突,未找到!"<<endl;
        return -1;
    }
    else                                     //冲突处理
    {
        hi=h0;                               //计算下一个散列地址
        for(i=0;i<m;i++)
        {
            hi=(hi+1)%m;                     //线性探测
            c++;                             //冲突次数
            cout<<"第"<<c<<"个冲突地址为"<<hi<<endl;
            if(HT[hi]==key)                  //冲突后找到
            {
                cout<<"冲突后找到!"<<endl;
                return h0;
            }
            else if(HT[hi]==empty)           //冲突后未找到
            {
                cout<<"冲突后未找到"<<endl;
                return -1;
            }
        }
    }
    return 0;
}

void DispHT(int HT[],int m)                  //显示散列表
{
```

```
    int i;
    for(i=0;i<m;i++)
        cout<<i<<'\t';
    cout<<endl;
    for(i=0;i<m;i++)
        cout<<HT[i]<<'\t';
    cout<<endl;
}

void main()
{
    int *HT;
    int choice;
    int m,key,e;
    do                                                  //功能菜单
    {
        cout<<"\n 散列函数 H(key)=key %p,p=13 "<<endl;
        cout <<" 1. 修改 p\n"
             <<" 2. 创建散列表\n"
             <<" 3. 插入元素\n"
             <<" 4. 散列查找\n"
             <<" 5. 显示散列表\n"
             <<" 0. 退出 \n"
             <<"\n 请选择操作:";
        cin>>choice;
        switch(choice)
        {
            case 1:                                     //修改 p
                cout<<"请输入一个整数: ";
                cin>>p;
                break;
            case 2:                                     //创建散列表
                cout<<"请输入表容量: \n";
                cin>>m;                                 //输入散列表容量
                HT=new int[m];                          //申请散列表存储空间
                InitHT(HT,m);                           //初始化散列表
                cout<<"依次输入表元素,-1 结束:\n";      //输入表元素
                for(cin>>e;e!=-1;cin>>e)
                    InsertHT(HT,m,e);                   //存储到查找表中
                break;
            case 3:                                     //插入元素
                cout<<"输入元素:\n";
                cin>>e;                                 //输入要插入的元素
                InsertHT(HT,m,e);                       //插入操作
```

```
                break;
            case 4:                                     //散列查找
                cout<<"请输入查找关键字: \n";
                cin>>key;                               //输入要查找的关键字
                HashSearch(HT,m,key);                   //查找操作
                break;
            case 5:                                     //显示散列表
                DispHT(HT,m);
                break;
            case 0:                                     //退出
                cout<<"结束 bye-bye !\n";
                break;
            defalut:                                    //无效选择
                cout<<"选择无效!\n";
                break;
        }
    }while(choice!=0);
    delete [] HT;
}
```

3. 运行说明

运行程序,启动成功后的散列查找程序运行界面如图2.7.9所示。

case 1：输入1,选择功能1,修改p。

按屏幕提示输入一个整数。

case 2：输入2,选择功能2,创建散列表。

2.1　按屏幕提示,输入表容量。

2.2　按屏幕提示,依次输入表元素,输入－1表示结束。

2.3　屏幕显示元素的散列地址,包括冲突地址。

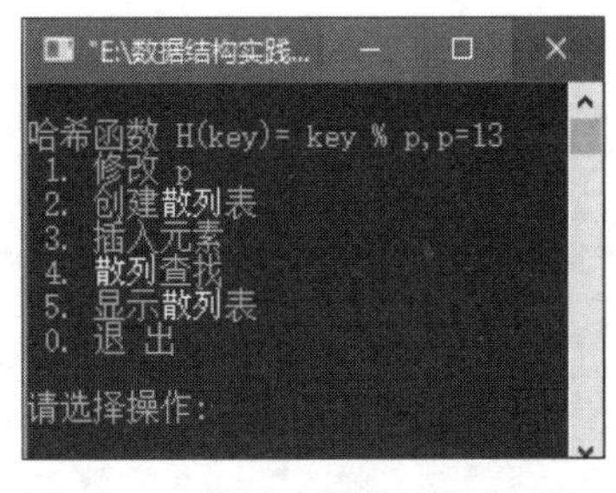

图2.7.9　散列查找程序运行界面

case 3：输入3,选择功能3,插入元素。

3.1　按屏幕提示,输入元素。

3.2　屏幕显示散列地址,包括冲突地址及插入成功提示。

注意：*表满或输入已有元素,不能插入。*

case 4：输入4,选择功能4,散列查找。

4.1　按屏幕提示,输入要查找的元素值。

4.2　屏幕显示散列地址(包括冲突地址)和查找结论"不冲突找到"或"冲突找到"或"未找到"等。

case 5：输入5,选择功能5,显示散列表。

屏幕显示散列表。

case 0：输入 0，选择功能 0，结束程序运行。

屏幕显示“运行结束 bye-bye!”，按任意键，结束程序运行。

4. 思考题

研读源程序，回答下列问题。

(1) 阅读函数 InsertHT(int HT[],int m,int e)，说明哪些情况下元素不能插入。

(2) 阅读函数 HTLength(int HT[],int m)，说明散列表中元素长度是如何统计的。

(3) 阅读函数 HashSearch(int HT[],int m,int key)，说明其中设计了几种运行的结果。

(4) 阅读函数 DispHT(int HT[],int m)，说明散列表的显示内容。

(5) 如果要修改散列函数，在哪里修改？

(6) 如果要将线性探测改成二次探测，如何修改源程序？

运行程序，回答下列问题。

(7) 对于主教材示例，即关键码为{13,51,73,21,54,35,37,32,7,93,45}，p=13，表长为 15，执行功能 2、5，理解和分析运行结果。

(8) 对于第(7)题所示关键码，分别查找 54、93、45，理解和分析运行结果。

(9) 对于第(7)题所示关键码，分别查找 14、15、16，理解和分析运行结果。

(10) 对于第(7)题所示关键码，分别插入 27、28、30、32、31、30，理解和分析运行结果。

第8章 内部排序

CHAPTER

内部排序验证程序实现了主教材中的各种排序方法，包括插入排序（直接插入排序、折半插入排序、希尔排序），交换排序（冒泡排序、快速排序），选择排序（简单选择排序、堆排序），归并排序和基数排序。设排序数据为整型，存于整型数组中。

1. 程序设计简介

1）功能介绍

程序功能结构如图2.8.1所示，共实现了10种内部排序方法。

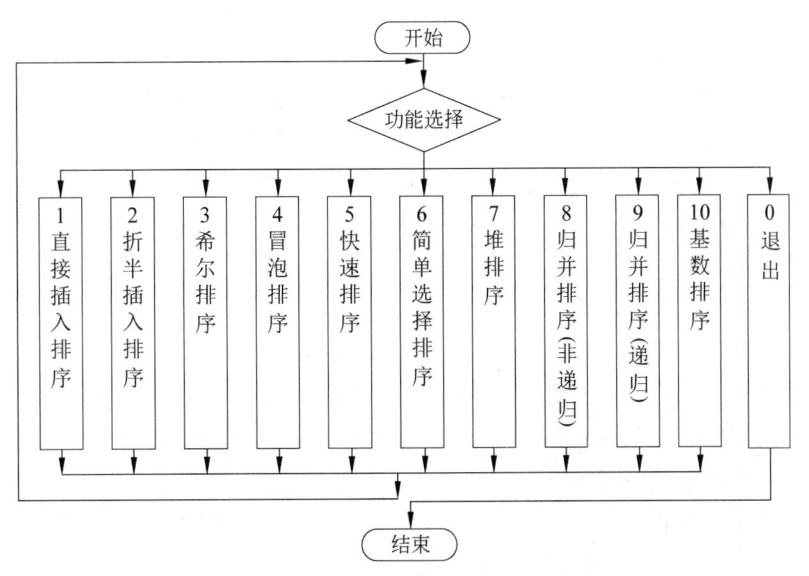

图2.8.1 排序程序的功能结构图

验证程序包含两个文件：一个头文件Sort.h，一个源程序文件Sort.cpp。

(1) 头文件Sort.h。

头文件Sort.h中给出了所有排序算法的源代码，共有18个函数。

① 函数InsertSort()（算法8.1），实现直接插入排序。

② 函数BInsertSort()（算法8.2），实现折半插入排序。

③ 函数 ShellSort(),实现希尔排序,其中调用函数 ShellInsert()(算法 8.3)实现一趟希尔排序。

④ 函数 BubbleSort()(算法 8.4),实现冒泡排序。

⑤ 函数 Qsort()(算法 8.6),实现快速排序,其中调用函数 Partition()(算法 8.5) 实现一次划分。

⑥ 函数 SelectSort()(算法 8.7),实现简单选择排序。

⑦ 函数 HeapSort()(算法 8.10) 实现堆排序,其中调用函数 CreateHeap()(算法 8.9)创建堆,两者均调用了函数 HeapAdjust()(算法 8.8)用于堆调整,即一次筛选。

⑧ 函数 MergeSort()(算法 8.13) 实现 2-路归并排序,其中调用函数 Mergepass()(算法 8.12) 实现一趟归并;函数 MergePass()调用了函数 Merge()(算法 8.11)实现两个有序列的合并。

⑨ 函数 MergeSort1()通过调用函数 MSort()(算法 8.14) 实现 2-路归并递归算法。

⑩ 函数 RadixSort()(算法 8.15) 实现基数排序,相关函数 CreateDL()用于创建排序序列链表;DispDL()用于显示排序序列。

除递归程序外,各种排序方法通过调用函数 DispData()显示各趟排序结果。

(2) 源程序文件 Sort.cpp。

源程序文件 Sort.cpp 中包含 4 个函数。

① 函数 dispmenu()展示程序的交互界面,定义功能选择方法。

② 函数 CopyData()用于排序序列后移一个位序,从下标 1 开始,0 单元不用。

③ 函数 Inputdata()用于创建排序序列,不创建、使用默认测试序列。

④ 函数 main(),通过调用上述各函数,实现各项功能。

除上述 4 个函数外,Sort.cpp 还提供了各种排序方法的默认排序序列。

2) 设计特点

本验证程序设计在以下两个方面具有独到之处。

(1) 排序数据序列。

为了测试方便,程序提供了默认排序数据和用户创建排序数据两种方式。程序通过交互方式由用户选择。如果用户不创建序列,则采用默认的排序数据。

为了验证主教材示例的正确性,默认排序数据取自主教材,详见源代码。

(2) 排序结果展示。

除了归并排序递归算法外,程序给出了每一趟排序的结果。快速排序给出每趟枢轴元素。例如堆排序,排序结果如图 2.8.2 所示。

```
Enter choice(1~10,0 退出):7
堆排序
创建序列吗 (Y/N)?:N
初始序列:     38    25    16    36    18    32    28    50
    堆  :     50    38    32    36    18    16    28    25
 第 1 趟      25    38    32    36    18    16    28    50
 第 2 趟      28    36    32    25    18    16    38    50
 第 3 趟      16    28    32    25    18    36    38    50
 第 4 趟      18    28    16    25    32    36    38    50
 第 5 趟      18    25    16    28    32    36    38    50
 第 6 趟      16    18    25    28    32    36    38    50
 第 7 趟      16    18    25    28    32    36    38    50
```

图 2.8.2　排序结果

2. 源程序

(1) Sort.h。

```
void DispData(int R[], int n)                        //数据显示
{
    int i;
    for(i=1;i<=n;i++)                                //排序序列下标从 1 开始
        cout<<R[i]<<'\t';
    cout<<endl;
}

void InsertSort(int R[], int n)                      //算法 8.1: 直接插入排序
{
    int i, j;
    for(i=2; i<=n; i++)                              //进行 n-1 趟
    {                                                //第 i-1 趟
        if(R[i-1]>R[i])                              //如果 R[i-1]>R[i]
        {
            R[0]=R[i];                               //R[i]复制为监视哨
            R[i]=R[i-1];                             //R[i]后移
            for(j=i-2;R[j]>R[0];j--)                 //从 i-2 开始,大于 R[0],后移
                R[j+1]=R[j];
            R[j+1]=R[0];                             //插入 R[i]
        }
        cout<<" 第 "<<i-1<<" 趟 \t";                 //显示每趟排序结果
        DispData(R,n);
    }
}

void BInsertSort(int R[],int n)                      //算法 8.2: 折半插入排序
{
    int i,j,m;
    int low,high;
    for(i=2; i<=n; i++)                              //进行 n-1 趟
    {                                                //第 i-1 趟
        R[0]=R[i];                                   //保存 R[i]
        low=1;                                       //用折半查找方法,找插入点
        high=i-1;                                    //设置查找范围的下界和上界
        while(low<=high)                             //当 low≤high,循环
        {
            m=(low+high)/2;                          //计算中间位置 m
            if(R[m]>R[i])   high=m-1;                //R[m]>R[0],调整查询上界
            else low=m+1;                            //否则,调整查找下界
        }                                            //插入点 high+1 后元素移动
```

```
        for(j=i-1;j>=high+1;j--)                    //R[i-1]~R[high+1]依次后移
            R[j+1]=R[j];                            //R[i]复制到 R[high+1]
        R[high+1]=R[0];
        cout<<" 第 "<<i-1<<" 趟 \t";                 //显示每趟排序结果
        DispData(R,n);
    }
}

void ShellInsert(int R[],int n,int dk)              //算法 8.3: 希尔排序
{
    int i,j;
    for(i=dk+1;i<=n;i++)                            //增量为 dk 的一趟希尔排序
        if(R[i]<R[i-dk])                            //通过下标间距控制一起插入
        {                                           //d 组同时进行
            R[0]=R[i];
            for(j=i-dk;j>0 && (R[0]<R[j]); j-=dk)
                R[j+dk]=R[j];
            R[j+dk]=R[0];
        }
}

void ShellSort(int R[],int n,int d[],int t)         //d 个增量,d 趟希尔排序
{
    int k;
    for(k=0;k<t;k++)                                //t 个增量
    {
        ShellInsert(R,n,d[k]);                      //进行 t 趟
        cout<<"第 "<<k+1<<" 趟  "<<"d="<<d[k]<<'\t';    //显示每趟排序结果
        DispData(R,n);
    }
}

void BubbleSort(int R[],int n)                      //算法 8.4: 冒泡排序
{
    int i,j,temp;
    bool exchange;                                  //交换标志
    for(i=1,exchange=true;i<n && exchange; i++)     //交换标志为 true,进行下一趟
    {                                               //至多进行 n-1 趟
        exchange=false;                             //置交换标志为 false
        for(j=1;j<=n-i;j++)                         //从表首开始两两比较
        {
            if(R[j]>R[j+1])                         //相邻元素逆序,互换位置
            {
                temp=R[j],R[j]=R[j+1],R[j+1]=temp;
```

```
                exchange=true;                  //交换标志改为 true
            }
        }
        cout<<" 第 "<<i<<" 趟 \t";               //显示每趟排序结果
        DispData(R,n);
    }
}

int Partition(int R[],int low,int high)          //算法 8.5: 一次划分
{
    int pivot=R[low];
    R[0]=R[low];                                 //第 1 个记录为枢轴
    while(low<high)                              //扫描完所有记录,退出循环
    {
        while(low<high && R[high]>=pivot)        //高端扫描
            --high;                              //大于枢轴,位置不动
        R[low]=R[high];                          //小于枢轴,记录移到低端
        while(low <high && R[low]<=pivot)        //低端扫描
            ++low;                               //小于枢轴,位置不动
        R[high]=R[low];                          //大于枢轴,记录移到高端
        cout<<endl;
    }
    R[low]=R[0];                                 //扫描结束,枢轴记录定位
    return low;                                  //返回枢轴位置
}

void QSort(int R[],int low,int high)             //算法 8.6: 对 R[n]进行快速排序
{
    int pivoitloc;                               //枢轴位置
    if(low<high)                                 //序列长度大于 1,进行下列操作
    {
        pivoitloc=Partition(R,low,high);         //一次划分
        cout<<"枢轴元素: "<<R[pivoitloc];         //输出各趟枢轴元素
        QSort(R,low,pivoitloc-1);                //递归左子序列排序
        QSort(R,pivoitloc+1,high);               //递归右子序列排序
    }
}

void SelectSort(int R[],int n)                   //算法 8.7: 对 R[n]进行简单选择排序
{
    int i,j,t,mink;
    for(i=1;i<n;++i)                             //共需 n-1 趟
    {                                            //第 i 趟
        mink=i;                                  //预置最小关键码记录位序
```

```
        for(j=i+1;j<=n;j++)                   //在 i+1~n 中查找最小关键字
            if(R[j]<R[mink])
                mink=j;
        if(mink!=i)                           //如果最小记录不是第 i 个
        {
            t=R[i];R[i]=R[mink];R[mink]=t;    //R[i]←→R[mink]
        }
        cout<<" 第 "<<i<<" 趟 \t";           //显示每趟排序结果
        DispData(R,n);
    }
}

void HeapAdjust(int R[],int s,int n)          //算法 8.8
{                                             //将 R[s..n]调整为大根堆
    int j;
    R[0]=R[s];                                //复制 R[s],让出 R[s]空间
    for(j=2*s;j<=n;j=2*s)                     //一次筛选
    {
        if(j<n && R[j]<R[j+1])                //比较子树根的两个孩子,取大者
            j++;
        if(R[0]>R[j])                         //子树根大于大者,记录无须移动
            break;
        R[s]=R[j];                            //否则,R[j]为子树根
        s=j;                                  //考量下一级子树
    }
    R[s]=R[0];                                //R[s]插入合适位置
}

void CreateHeap(int R[],int n)                //算法 8.9
{                                             //把无序序列 R[1..n]建成大根堆
    int i;
    for(i=n/2;i>0;i--)                        //从首个非叶结点开始
    {
        HeapAdjust(R,i,n);                    //反复调用 HeapAdjust,逐个调整
    }
    cout<<"    堆: \t";                       //输出堆
    DispData(R,n);
}

void HeapSort(int R[],int n)                  //算法 8.10: 堆排序
{
    int i,t;
    CreateHeap(R,n);                          //建堆
    for(i=1;i<n;i++)
```

```
    {
        t=R[1];R[1]=R[n-i+1];R[n-i+1]=t;       //堆顶与堆尾元素互换位置
        cout<<"第"<<i<<"趟\t";                  //显示每趟排序结果
        DispData(R,n);
        HeapAdjust(R,1,n-i);                   //调整成堆
    }
}

void Merge(int R[],int s, int m, int t)        //算法 8.11
{                                              //两个有序序列 R[s..m]、R[m+1..t]
    int i,j,n,k;                               //合并一个有序序列
    int *R1;                                   //辅助数组临时存储归并结果
    n=t+1;
    R1=new int[n];                             //申请辅助数组存储空间
    i=s;                                       //设3个工作指针 i、j、k 分别
    j=m+1;                                     //指向 R[s]、R[m+1]、R1[]首元素处
    k=s;
    while(i<=m && j<=t)                        //两个序列合并：2.1 两个序列均不空
    {
        if(R[i]<=R[j])
            R1[k++]=R[i++];
        else
            R1[k++]=R[j++];
    }
    while(i<=m)                                //第1个子序列未处理完
        R1[k++]=R[i++];                        //剩余记录复制到 R1 中
    while(j<=t)                                //第2个子序列未处理完
        R1[k++]=R[j++];                        //剩余部分复制到 R1
    for(k=s,i=s;i<=t;k++,i++)                  //将 R1 复制到 R[s..t]中
        R[i]=R1[k];
    delete R1;                                 //释放 R1 所占空间
}

void MergePass(int R[],int n,int len)          //算法 8.12：一趟归并
{
    int i=1;                                   //排序序列下标从1开始
    while(i+2*len-1<=n)                        //等长子序列合并
    {
        Merge(R,i,i+len-1,i+2*len-1);
        i+=2*len;
    }
    if(i+len-1<n)                              //不等长子序列
        Merge(R,i,i+len-1,n);
}
```

```
void MergeSort(int R[],int n)                    //算法 8.13: 2-路归并算法
{
    int len;
    for(len=1;len<=n;len=len*2)                  //初始子序列长度为 1
    {
        MergePass(R,n,len);                      //子序列合并
        cout<<"第"<<log(len)/log2+1<<"趟\t";      //显示每趟排序结果
        DispData(R,n);
    }
}

void MSort(int R[],int s,int t)                  //算法 8.14: 2-路归并递归算法
{
    int m;                                       //待排序记录只有 1 个,递归结束
    if(s<t)
    {
        m=(s+t)/2;                               //序列对半分
        MSort(R,s,m);                            //递归归并前半子序列
        MSort(R,m+1,t);                          //递归归并后半子序列
        Merge(R,s,m,t);                          //前、后两个子序列归并
    }
}

void MergeSort1(int R[], int n)                  //归并排序
{
    MSort(R,1,n);                                //初次调用
}

struct RNode                                     //多关键字结点
{
    int keys[3];                                 //设关键字数为 d=3
    struct RNode *next;
};

void CreateDL(RNode *&L,int R[],int n)           //尾插法建无头结点的单链表
{
    int i;
    RNode *p, *rr;
    for(i=1;i<=n;i++)                            //由排序序列建多关键字排序链表
    {
        p=new RNode;
        p->keys[0]=R[i]/100;                     //百位
        p->keys[1]=R[i]%100/10;                  //十位
```

```
        p->keys[2]=R[i]%100%10;                    //个位
        p->next=NULL;
        if(i==1)                                   //首元结点
        {
            L=p;
            rr=L;
        }
        else                                       //非首元结点
        {
            rr->next=p;
            rr=p;
        }
        cout<<endl;
    }
}
```

```
void DispDL(RNode * L)                             //显示链表
{
    int d;
    RNode * p;
    p=L;
    while(p!=NULL)
    {
        for(d=0;d<3;d++)
            cout<<p->keys[d];
        cout<<'\t';
        p=p->next;
    }
    cout<<endl;
}
```

```
void RadixSort(RNode * &L,int r,int d)             //算法 8.15: r 进制数、d 位数的基数排序
{
    int i,j,k;
    RNode * h[10], * t[10];                        //十进制数,建立 10 个队列
    RNode * T;                                     //T 为收集时链表表尾
    for(i=d-1;i>=0;i--)                            //d 个数位 d 个关键字,d 趟
    {                                              //每一趟
        for(j=0;j<r;j++)                           //队列初始化
            h[j]=t[j]=NULL;
        while(L!=NULL)                             //扫描序列列表,进行分析
        {
            k=L->keys[i];                          //第 i 个子关键字为 k 则入第 k 个队列
            if(h[k]==NULL)                         //首元结点,则
```

```
            {
                h[k]=L;t[k]=L;                  //队尾指向队头
            }
            else                                //非首元结点,则
            {
                t[k]->next=L; t[k]=L;           //入队尾
            }
            L=L->next;                          //取待排序记录
        }
        L=NULL;                                 //收集
        for(j=0;j<r;j++)                        //r 个队列,尾-首相连
        {
            if(h[j]!=NULL)
            {
                if(L==NULL)                     //首元结点
                {
                    L=h[j];T=t[j];              //队尾指向队头
                }
            else                                //非首元结点
                {
                T->next=h[j];T=t[j];            //首尾相接
                }
            }
        }
        T->next=NULL;                           //尾结点,next 为空
        cout<<"第 "<<d-i<<" 趟 "<<'\t';
        DispDL(L);
    }
}
```

(2) Sort.cpp。

```
#include<iostream>
#include "Sort.h"
#include "cmath"
using namespace std;
                                                //测试数据集,0 单元未用
int IA[]={0,58,40,65,97,87,8,17,58};            //直接插入、折半插入
int SA[]={0,58,40,65,97,87,8,17,58,46,60};      //希尔排序
int BA[]={0,58,40,65,97,87,8,17,58};            //冒泡排序
int QA[]={0,58,35,65,97,87,8,17,58};            //快速排序
int SSA[]={0,58,35,25,97,87,8,58,17};           //简单选择排序
int HA[]={0,38,25,16,36,18,32,28,50};           //堆排序
int EA1[]={0,58,40,25,87,8,58,17};              //归并排序
int EA2[]={0,8,4,5,2,6,3,7,9};                  //递归归并排序
int RA[]={0,769,763,63,249,243,545,281,89};     //基数排序
```

```
void CopyData(int a[],int n, int R[])                    //数据后移一个单元,从1单元开始
{
    for(int i=1;i<=n;i++)
        R[i]=a[i];
}

void InputData(int * &R)                                 //创建排序序列
{
    int n;
    cout<<"输入元素个数:";
    cin>>n;                                              //输入元素个数
    R=new int[n+1];                                      //申请排序序列存储空间
    cout<<"输入"<<n<<"个元素: ";
    for(int i=1;i<=n;i++)
    {
        cout<<"\n 输入第"<<i<<"个数据:";
        cin>>R[i];
    }
    return;
}

void dispmenu()                                          //功能菜单
{
    cout<<"* \n 主菜单 * "<<endl;
    cout<<"---------------"<<endl;
    cout<<"* 插入排序 * "<<endl
    <<"  1 直接插入排序"<<endl
    <<"  2 折半插入排序"<<endl
    <<"  3 希尔排序"<<endl
    <<endl;
    cout<<"* 交换排序 * "<<endl
    <<"  4 冒泡排序"<<endl
    <<"  5 快速排序"<<endl
    <<endl;
    cout<<"* 选择排序 * "<<endl
    <<"  6 简单选择排序"<<endl
    <<"  7 堆排序"<<endl
    <<endl;
    cout<<"* 归并排序 * "<<endl
        <<"* 8 归并排序(非递归) * "<<endl
        <<"* 9 归并排序(递归)   * "<<endl
        <<endl;
    cout<<"* 10 基数排序 * "<<endl
```

```
        <<endl;
    cout<<"0 退出程序"<<endl;
    cout<<"\n 请选择菜单: ";
}

int main()                                          //主函数
{
    int i,n;
    char ans='N';
    int choice;
    system("cls");                                  //清屏
    do
    {
        dispmenu();                                 //显示菜单
        cout<<"Enter choice(1~10,0 退出):";
        cin>>choice;
        switch(choice)
        {
            case 1:                                 //直接插入排序
            {
                int * R;
                cout<<"直接插入排序"<<endl;
                cout<<"创建序列吗(Y/N)?:";
                cin>>ans;
                if(ans=='Y' || ans=='y')            //创建排序序列
                {
                    cout<<"输入元素个数:";
                    cin>>n;
                    cout<<"输入"<<n<<"个元素: ";
                    for(i=1;i<=n;i++)
                      cin>>R[i];
                }
                else                                //使用默认排序序列
                {
                    n=sizeof(IA)/sizeof(int)-1;
                    R=new int[sizeof(IA)/sizeof(int)];
                    CopyData(IA,n,R);               //复制预设排序序列
                }
                cout<<"初始序列"<<'\t';             //显示初始序列
                DispData(R,n);
                InsertSort(R,n);                    //直接插入排序
                break;
            }
            case 2:                                 //折半插入排序
```

```
{
    int * R;
    cout<<"折半插入排序"<<endl;
    cout<<"创建序列吗(Y/N)?:";
    cin>>ans;
    if(ans=='Y' || ans=='y')            //创建排序序列
    {
        cout<<"输入元素个数:";
        cin>>n;
        cout<<"输入"<<n<<"个元素: ";
        for(i=1;i<=n;i++)
          cin>>R[i];
    }
    else                                //使用默认排序序列
    {
        n=sizeof(IA)/sizeof(int)-1;
        R=new int[sizeof(IA)/sizeof(int)];
        CopyData(IA,n,R);               //复制预设排序序列
    }
    cout<<"初始序列"<<'\t';             //显示初始序列
    DispData(R,n);
    BInsertSort(R,n);                   //折半插入排序
    cout<<endl;
    break;
}
case 3:                                 //希尔排序
{
    int * R;
    cout<<"希尔排序"<<endl;
    int d[3]={5,3,1};                   //d值
    cout<<"创建序列吗(Y/N)?:";          //创建排序序列
    cin>>ans;
    if(ans=='Y' || ans=='y')
    {
        cout<<"输入元素个数:";
        cin>>n;
        cout<<"输入"<<n<<"个元素: ";
        for(i=1;i<=n;i++)
          cin>>R[i];
    }
    else                                //使用默认排序序列
    {
        n=sizeof(SA)/sizeof(int)-1;
        R=new int[sizeof(SA)/sizeof(int)];
```

```
            CopyData(SA,n,R);           //复制预设排序序列
        }
    cout<<"初始序列"<<'\t';
        DispData(R,n);                  //显示初始序列
        ShellSort(R,n,d,3);             //希尔排序
        break;
    }
    case 4:                             //冒泡排序
    {
        int * R;
        cout<<"冒泡排序"<<endl;
        cout<<"创建序列吗(Y/N)?:";       //创建排序序列
        cin>>ans;
        if(ans=='Y' || ans=='y')
        {
            cout<<"输入元素个数:";
            cin>>n;
            cout<<"输入"<<n<<"个元素: ";
            for(i=1;i<=n;i++)
              cin>>R[i];
        }
        else                            //使用默认排序序列
        {
            n=sizeof(BA)/sizeof(int)-1;
            R=new int[sizeof(BA)/sizeof(int)];
            CopyData(BA,n,R);           //复制预设排序序列
        }
        cout<<"初始序列"<<'\t';          //显示初始序列
        DispData(R,n);
        BubbleSort(R,n);                //冒泡排序
        break;
    }
    case 5:                             //快速排序
    {
        int * R;
        cout<<"快速排序"<<endl;
        cout<<"创建序列吗(Y/N)?:";       //创建排序序列
        cin>>ans;
        if(ans=='Y' || ans=='y')
        {
            cout<<"输入元素个数:";
            cin>>n;
            cout<<"输入"<<n<<"个元素: ";
            for(i=1;i<=n;i++)
```

```
                cin>>R[i];
            }
            else                                //使用默认排序序列
            {
                n=sizeof(QA)/sizeof(int)-1;
                R=new int[sizeof(QA)/sizeof(int)];
                CopyData(QA,n,R);               //复制预设排序序列
            }
            cout<<"初始序列"<<'\t';             //显示初始序列
            DispData(R,n);
            QSort(R,1,n);                       //快速排序
            cout<<endl;
            cout<<"有序序列\t";
            DispData(R,n);                      //显示排序结果
            break;
        }
        case 6:                                 //简单选择排序
        {
            int *R;
            cout<<"简单选择排序"<<endl;
            cout<<"创建序列吗(Y/N)?:";          //创建排序序列
            cin>>ans;
            if(ans=='Y' || ans=='y')
            {
                cout<<"输入元素个数:";
                cin>>n;
                cout<<"输入"<<n<<"个元素: ";
                for(i=1;i<=n;i++)
                  cin>>R[i];
            }
            else                                //使用默认排序序列
            {
                n=sizeof(SSA)/sizeof(int)-1;
                R=new int[sizeof(SSA)/sizeof(int)];
                CopyData(SSA,n,R);              //复制预设排序序列
            }
            cout<<"初始序列"<<'\t';             //显示初始序列
            DispData(R,n);
            SelectSort(R,n);                    //简单选择排序
            break;
        }
        case 7:                                 //堆排序
        {
            int *R;
```

```
        cout<<"堆排序"<<endl;
        cout<<"创建序列吗(Y/N)?:";          //创建排序序列
        cin>>ans;
        if(ans=='Y' || ans=='y')
        {
            cout<<"输入元素个数:";
            cin>>n;
            cout<<"输入"<<n<<"个元素: ";
            for(i=1;i<=n;i++)
              cin>>R[i];
        }
        else                                  //使用默认排序序列
        {
            n=sizeof(HA)/sizeof(int)-1;
            R=new int[sizeof(HA)/sizeof(int)];
            CopyData(HA,n,R);                 //复制预设排序序列
        }
        cout<<"初始序列"<<'\t';              //显示初始序列
        DispData(R,n);
        HeapSort(R,n);                        //堆排序
        cout<<endl;
        break;
    }
    case 8:                                   //归并排序(非递归)
    {
        int *R;
        cout<<"归并排序(非递归)"<<endl;
        cout<<"创建序列吗(Y/N)?:";          //创建排序序列
        cin>>ans;
        if(ans=='Y' || ans=='y')
        {
            cout<<"输入元素个数:";
            cin>>n;
            cout<<"输入"<<n<<"个元素: ";
            for(i=1;i<=n;i++)
              cin>>R[i];
        }
        else                                  //使用默认排序序列
        {
            n=sizeof(EA1)/sizeof(int)-1;
            R=new int[sizeof(EA1)/sizeof(int)];
            CopyData(EA1,n,R);                //复制预设排序序列
        }
        cout<<"初始序列"<<'\t';              //显示初始序列
```

```
        DispData(R,n);
        MergeSort(R,n);                   //二路归并排序(非递归)
        cout<<endl;
        break;
    }
    case 9:                               //归并排序(递归)
    {
        int * R;
        cout<<"归并排序(递归)"<<endl;
        cout<<"创建序列吗(Y/N)?:";        //创建排序序列
        cin>>ans;
        if(ans=='Y' || ans=='y')
        {
            cout<<"输入元素个数:";
            cin>>n;
            cout<<"输入"<<n<<"个元素: ";
            for(i=1;i<=n;i++)
              cin>>R[i];
        }
        else                              //使用默认排序序列
        {
            n=sizeof(EA2)/sizeof(int)-1;
            R=new int[sizeof(EA2)/sizeof(int)];
            CopyData(EA2,n,R);            //复制预设排序序列
        }
        cout<<"初始序列"<<'\t';           //显示初始序列
        DispData(R,n);
        MergeSort1(R,n);
        cout<<"有序序列\t";
        DispData(R,n);                    //排序结果
        break;
    }
    case 10:                              //基数排序
    {
        int r,d;
        r=10;                             //十进制数
        d=3;                              //3 个关键字
        RNode * L;                        //链式存储,无头结点
        L=NULL;                           //空表
        cout<<"基数排序"<<endl;
        cout<<endl;
        n=sizeof(RA)/sizeof(int)-1;
        int R[sizeof(RA)/sizeof(int)];
        CopyData(RA,n,R);                 //复制预设排序序列
```

```
                cout<<"测试数据:";
                DispData(R,n);                      //显示初始序列
                CreateDL(L,R,n);                    //创建链表
                cout<<"初始序列"<<'\t';             //显示链表
                DispDL(L);
                RadixSort(L,r,d);                   //基数排序
                cout<<"有序序列\t";                 //显示排序结果
                DispDL(L);
                break;
            }
            case 0:                                 //退出
                cout<<"结束运行 bye-bye!"<<endl;
                break;
            default:                                //无效法选择
                cout<<"无效选择,重新选择!\n";
                break;
        }
    }while(choice!=0);
    return 0;
}
```

3. 运行说明

运行程序,启动成功后内部排序程序运行界面如图 2.8.3 所示。

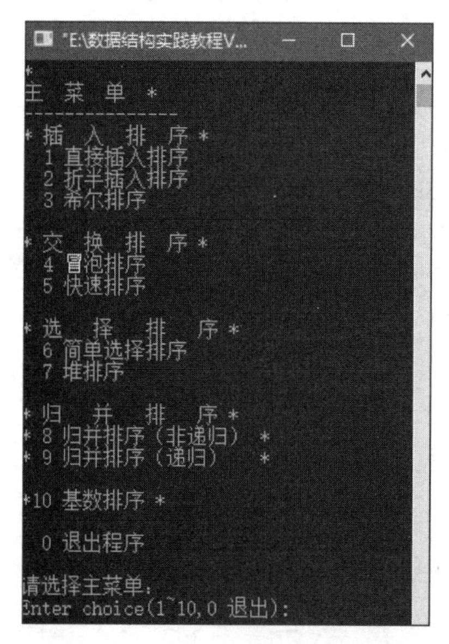

图 2.8.3　内部排序程序运行界面

case 1:输入 1,选择功能 1,直接插入排序。

1.1　屏幕提示“创建序列吗(Y/N)?:”

1.1.1　回答 Y 或 y：

(1) 按提示输入序列元素个数；

(2) 依次输入需排序的数据。

1.1.2　回答非 Y 或 y,继续下一步。

1.2　屏幕显示各趟排序结果。

case 2～10,操作方法同功能 1。

case 0：输入 0,选择功能 0,进行程序退出操作。

屏幕显示"结束运行 bye-bye!",按任意键,结束程序运行。

4. 思考题

研读源程序,回答下列问题。

(1) 程序中的排序是非降序排序还是非升序排序?

(2) 对于相同的序列直接插入排序和折半插入排序,各趟排序结果一样吗?

(3) 程序中的希尔排序,d 是如何取的? 共进行几趟插入排序?

(4) 举例说明对于冒泡排序,什么样的排序序列排序趟数最少,需几趟? 什么样的排序序列排序趟数最多,需几趟?

(5) 对于快速排序,最多需多少趟? 最少需多少趟?

(6) 对于简单选择排序,最少进行几趟? 最多进行几趟?

(7) 堆排序中建立的是大根堆还是小根堆?

(8) 对于归并排序,n 个数据的排序序列,当 n 为奇数和偶数时,归并排序分别进行多少趟?

(9) 归并排序中,一趟归并实现相邻两个有序序列合并,被合并的两个序列有几种不同情况需分别处理?

(10) 程序中的基数排序,处理的是几位数的整数? 如何修改位数?

运行程序,回答下列问题。

(11) 对于序列{29,18,25,47,58,12,51,10},运行功能 1～9,观察与分析运行结果。

(12) 对于一个正序序列(数据元素为长度为 3 的整数),运行功能 1～10,观察与分析运行结果。

(13) 对于一个逆序序列(数据元素为长度为 3 的整数),运行功能 1～10,观察与分析运行结果。

(14) 分别对于奇数个排序数据和偶数个排序数据,观察归并排序趟数。

第3篇

设　计　篇

第1章 绪　论

CHAPTER

设计性质的实践活动要求学习者针对具体问题，应用数据结构课程的某一个或几个知识点设计解决问题的方案并实现。设计篇的任务主要为课程实验而设计。

《工程教育认证标准》“研究”中要求“能够基于科学原理并采用科学方法对复杂工程问题进行研究，包括设计实验、分析与解释数据，并通过信息综合得到合理、有效的结论”。设计型实验是可以支撑此目标的基础性训练。设计篇中的问题都是具体的问题，着眼于原理与应用相结合，体现知识的可用性，帮助实践者深入理解和灵活掌握学习内容，为实践者提供将知识用于解决实际问题的引导和机会，激发学习兴趣。

设计任务按章分类，每一章给出 3～5 个不同难度的任务供实践者选择。每个设计任务由问题描述、基本要求、设计提示等几部分组成。**问题描述**给出问题的背景，指明需解决的问题。**基本要求**给出求解该问题时在数据结构、实现策略上的具体要求，突出该设计任务所针对的知识点。**设计提示**给出问题的数据抽象、存储结构设计及解决方法设计等方面的提示。**要求一般只给出问题求解的最基本要求，需要实践者根据对问题的分析，从需求角度进行拓展。设计提示只是起到启发作用，实践者不能局限于此提示。**

1.1 实验步骤

不同于验证型实验，设计型实验需要实验者充分理解问题，从需求的角度设计解决方案，对数据对象进行抽象，选择或设计合适的数据结构，在数据结构上进行算法设计，通过编程实现算法，并且对算法的正确性和性能进行分析。设计型实验一般需完成问题分析、数据结构设计、算法设计、编码实现和静态检查、调试与结果分析以及撰写实验报告 6 项工作。

1. 问题分析

问题分析的任务是充分理解问题和了解问题的背景，清楚已知条件和限制条件及需解决的问题。通过问题分析，明确下列问题。

(1) 需处理的数据对象及数据对象的抽象表述。

(2) 程序需提供的功能。

(3) 输入数据的类型、值、输入形式。

(4) 输出数据的类型、值、输出形式。

(5) 初步确定测试样例，包括合法数据、边界数据和非法数据。

2. 数据结构设计

厘清问题域中实体之间的逻辑关系，根据问题求解需要选择或设计存储结构。设计型实验通常是针对某一个或几个知识点应用，这里的数据结构一般采用课程教学中的某一种或稍加修改即可。

数据结构设计的结果应说明处理对象的逻辑结构，给出存储描述。

3. 算法设计

围绕程序所提供的功能设计相应的算法。通常程序中除了解决某一问题的一个或几个函数外，还会需要一些辅助函数，如处理对象的输入、加工结果的输出以及一个主函数main()等。为了避免调试困难，每个函数不宜过长(一般不超过60行)和功能太多。太长或功能太多时应考虑分解为多个函数。该过程的要点是使整个程序结构清晰、合理和易于调试。**算法设计给出算法思想和实现步骤、类语言描述等形式的算法描述**。

4. 编码实现和静态检查

将算法描述细化为程序设计语言的源代码，并进行静态检查。

编码时需注意程序的每行不超过60个字符，控制if语句连续嵌套的深度。一般根据算法描述通过键盘输入创建源代码。

静态检查是指程序设计者阅读程序，并用测试数据手工执行程序，检查程序语法及逻辑的错误。静态检查是提高上机效率的关键因素。许多初学者在编程后，或者对自己编写的程序的正确性“过分自信”，或者认为检查错误是计算机的事，这两种心态都极不可取，会严重影响上机调试进度以及让程序设计成功所带来的喜悦大打折扣。

5. 调试与结果分析

通过编译、连接和运行源程序，获取运行结果并分析算法设计的正确性。为了能够上机时集中精力在程序调试上，学习者应具备一定的条件：①熟悉机器的操作系统；②熟练掌握语言集成环境的使用；③掌握调试方法；④具有一定的纠错技能。

调试顺序也是影响调试效率的重要因素。许多初学者喜欢把完整的程序一起调试，这时源程序通常会比较长，这样同时出现的错误可能很多且关系复杂，使得调试时间加长。过长的调试时间极易使学习者因挫败而失去耐心。因此，调试最好分模块进行，自底向上，以函数为单位，逐步扩大调试范围。

程序能够运行，不代表程序正确。编译可以检查程序的语法错误，不能检测程序的逻辑错误。所以，**程序运行后，一定要对运行结果进行正确性分析**。

6. 撰写实验报告

工程技术人员除了能用专业知识和专业技能解决专业问题外，还需要有撰写报告的能力。《工程教育认证标准》中“毕业要求”的第10条“沟通”中明确要求学生能够撰写报告和设计文稿等就复杂工程问题与业界同行及社会公众进行有效沟通和交流的能力。

实验报告记录学生实践活动中对问题求解的分析、设计方案和实现，为实验评价提供依据。通过撰写实验报告，学生可以了解实验文档撰写的基本要求，提升科研文档的撰写能力。

1.2　实验报告格式

1. 实验题目及实验者基本信息

2. 问题描述与分析

2.1　问题陈述

阐述本次实验任务。

2.2　问题分析

根据实验任务，分析任务需求，明确需解决的问题和整个任务的功能划分；弄清要处理的实体对象，给出实体的抽象定义。

3. 数据结构设计

根据实体之间的逻辑关系，结合功能实现的需要，设计处理对象的存储结构。

4. 算法设计

基于功能的划分设计算法，对每一个算法给出算法思想和算法描述。

5. 交互设计

陈述界面设计及提供给用户的软件使用方法等。

6. 运行与测试

对程序的每一个功能进行测试，给出运行截图，并说明运行结果的正确性。

7. 实验小结

阐述实验的得失。

8. 附：源程序

1.3　实验报告案例

以一个简单的学生信息管理系统为例，给出实验报告案例见附录A。

第2章 线性表

CHAPTER

2.1 实验目的

线性表是一种线性结构,具有很广泛的应用。通过实验达到以下目的。

(1) 掌握顺序表和链表的存储、操作方法。

(2) 掌握顺序表和链表的特性,根据问题需要选择合适的结构并解决问题。

2.2 实验任务

2.2.1 集合运算

一、问题描述

实现集合交、并、差运算。

二、基本要求

(1) 输入:数据可以在程序中定义、随机生成或用键盘输入。

(2) 输出:两个集合及两个集合的交、并、差运算结果。

三、设计提示

1. 数据结构设计

问题描述中包括两个集合的多个运算,集合运算不能破坏原集合。被运算的两个集合创建好后不会发生改变,可以考虑采用顺序存储。

2. 功能设计

本实验涉及以下4个功能:

(1) 创建集合。

(2) 求两个集合的交。

(3) 求两个集合的并。

(4) 求两个集合的差。

3. 算法设计

(1) 创建集合。

顺序表的基本操作可以参照顺序表验证程序。需要注意的是,集合的创建与顺序表的创建有所不同,同一集合中不能有重复的元素,所以每输入一个元素都要判定该元素是否已经存在,如果存在则不能放入表中。

使用变量 count 对不重复元素计数,表长等于 count。

算法(类 C/C++ 语言)描述如下。

```
template <class DT>
void CreateList(SqList<DT>& L, int n)      //创建集合
{   count = 0;
    exist = false;
    cout <<"请依次输入" <<n <<"个元素值: " <<endl;
    for(i = 1; i <=n; i++)
    {   cin >>elem;
        for(j = 0; j <i-1; j++)
            if(L.elem[j] ==elem)             //判断是否存在相同元素
                exist = true;
        if(!exist)                           //如果不存在则加入 L 中
        {
            L.elem[i-1] = elem;
            count++;
        }
    }
    L.length = count;                        //表长为创建的元素个数
}
```

(2) 两个集合的交。

两个集合的交为两个集合中都有的元素,所以,求集合 La 和 Lb 交,可以遍历 La,对其中的每一个元素 e,在 Lb 中查找,如果找到该元素,将其添加到 Lc 中。用线性表的基本操作,算法描述如下。

```
void InterSet(SqList La, SqList Lb, SqList &Lc)
{ j=0;                                   //设置 Lc 中首个元素的存储位置
  for(i=1;i<=La.length; i++)             //遍历 La
  {
     if(GetElem_i (La,i, e))             //依位序获取 La 中的每个元素 e
       if(LocateElem_e (Lb, e))          //如果 Lb 中有元素 e
         InsertElem(Lc, j++,e);          //将 e 添加在 Lc 表尾
  }
  Lc.length=j;                           //Lc 表长为 Lc 中元素个数
}
```

(3) 两个集合的并。

参考配套主教材[算法 2.11]及其验证程序。

（4）两个集合的差。

差集 Lc=La−Lb=La−La∩Lb，即 Lc 中为属于 La 而不属于 Lb 的元素集合。求 Lc，可以遍历 La，对其中每个元素 e，在 Lb 中查找，如果没找到，将其添加到 Lc 中。算法（类 C/C++ 语言）描述如下。

```
void SubSet(SqList La, SqList Lb, SqList &Lc)
{  j=0;                                     //设置 Lc 中首个元素的存储位置
   for(i=1;i<=La.length; i++)               //遍历 La
   {
       if(GetElem_i (La,i, e))              //依位序获取 La 中的每个元素 e
         if(!LocateElem_e (Lb, e))          //如果 Lb 中没有元素 e
           InsertElem(Lc, j++,e);           //将 e 添加在 Lc 表尾
   }
   Lc.length=j;                             //Lc 表长为 Lc 中元素个数
}
```

四、测试与运行

运行下列测试用例，分析运行结果，如发现不足或错误，对程序进行改进或改正。

（1）A={'b','e','a','r'}，B={'h','e','a','r','s'}。

（2）A={'g''o'}，B={'a'}。

（3）A={'g','o','o','d'}，B={''}。

（4）A={''}，B={'g','o','o','d'}。

2.2.2 一元多项式求导

一、问题描述

求一元多项式 $P_n(x)=p_0+p_1x+p_2x^2+\cdots+p_nx^n$ 的一阶导数。

二、基本要求

（1）设计一元多项式的存储结构。

（2）设计一元多项式的输入形式。

（3）输入：一元多项式可在程序中定义或从键盘输入。

（4）输出：一元多项式和一元多项式的一阶导数。

三、设计提示

1. 数据结构设计

一元多项式是个和式，其中每一项由系数和指数幂确定。考虑到稀疏多项式，可用下列线性表来表示：$((p_1,e_1),(p_2,e_2),\cdots,(p_m,e_m))$。线性表的每个元素含有两个数据项：一个系数 p，另一个指数幂 e。每一项可定义如下。

```
struct PolyNode                       //多项式结点
{
    float coef;                       //系数
```

```
    int exp;                            //指数
    PolyNode * next;                    //指向下一项结点
};
```

由于非零项的个数无法预知,因此较宜采用有头结点的单链表。

2. 功能设计

完成该实验涉及以下 3 个功能:

(1) 创建多项式。

(2) 显示多项式。

(3) 多项式求导。

3. 算法设计

(1) 创建和显示多项式。

多项式创建与显示可以参考"一元稀疏多项式求和"中相关操作。

(2) 多项式求导。

根据求导运算规则,一元多项式一阶导数各项的系数等于其各项指数幂与原系数的乘积,幂为原幂减 1。

一元多项式求导的操作方法为从首元结点开始遍历每一个结点;对每一个结点计算系数和幂乘积;如果不为零,创建新结点;利用尾插法插入一阶导数的多项式表中。

算法(类 C/C++ 语言)描述如下。

```
void Processlink(PolyNode * LA, PolyNode * &LB)
{
    p = LA->next;                       //p 指向一元多项式首元结点
    q = LB;
    while (p)                           //只要 p 有所指,重复执行
    {
        t=p->coef * p->exp;             //当前指针系数和幂乘积
        if(t!=0)                        //不为零
        {   s = new PolyNode;           //创建结点用来存放求导后的项
            s->ceof=t;
            s->exp = p->exp -1;         //幂减 1
            q->next =s;                 //结点连接到 q 之后
            q = q->next;                //q 后移
            q->next = NULL;             //最后结点下一个指向 NULL
        }
        p=p->next;                      //工作结点移向下一个
    }
}
```

四、测试与运行

运行下列测试用例,分析运行结果,如发现不足或错误,对程序进行改进或改正。

输　　入	输　　出
$1+2x^2-5x^{10}+7x^{20}$	$4x-50x^9+140x^{19}$
$1+2x^2-5x^{10}+7x^{-20}$	$4x-50x^9-140x^{-21}$
100	0
100x	100
$a+bx^2$	2b

2.2.3　有序表合并

一、问题描述

将两个数据元素类型为整型的有序表 A、B 归并为一个有序表，结果存于 A 中。

二、基本要求

(1) 算法的空间复杂度为 $O(1)$。

(2) 输入：集合 A、B 可在程序中定义或随机生成，也可通过键盘输入。

(3) 输出：屏幕显示两个有序表及归并后的有序表。

三、设计提示

1. 数据结构设计

求 A 为 A、B 的并，即将 B 中元素有序地插入 A 中，因要求空间复杂度为 $O(1)$，所以需采用链式存储方式。可采用有头结点的单链表。

2. 功能设计

完成该实验至少涉及以下 3 个功能：

(1) 创建有序表。

(2) 两个有序表合并。

(3) 有序表输出。

3. 算法设计

(1) 创建有序表。

为了创建有序表，可让每一个元素都有序插入表中，操作方法如下。

Step 1　寻找插入位置。

Step 2　插入元素。

插入位置为插入点的前驱。定位到该位置，采用顺序查找。算法(类 C/C++ 语言)描述如下。

```
template<class DT>
void InsertSortElem(LNode<DT> * (&L), DT &e)          //在有序表 L 中增加元素 e
{
    p = L;                                             //从首元结点开始按顺序找
    while (p)                                          //定位到插入点的前驱
    {   if(!(p->data <e && (p->next->data))>e          //不满足插入点的条件
```

```
            p = p->next;                              //指针后移
    }
    s=new LNode<DT>;                                  //创建插入结点 s
    s->data=e;                                        //给 s 赋值
    s->next=p->next;                                  //s 插入 p 之后
    p->next=s;
}
```

(2) 两个有序表合并算法。

以 La 表作为主表,同时遍历 La、Lb,将 Lb 表中元素依序插入 La 中。操作方法如下。

Step 1 设置工作指针 pa、pb,分别指向两个有序表 LA、LB 的头结点,qa、qb 指向首元结点。

Step 2 只要 qa 和 qb 有所指,循环执行下列操作。

2.1 如果 qa->data < qb->data,pa、qa 后移。

2.2 否则将结点 qb 插入 pa 之后,pa、qb 分别后移。

Step 3 如果 qa 空 qb 不空,将 qb 为头的链表接在 qa 之后,删除 LB 的头结点。

算法(类 C/C++ 语言)描述如下。

```
template<class DT>
void ConbineElem(LNode<DT> * (&LA), LNode<DT> * LB))
{                                                 //LA 表为主表,有序插入 LB 表元素
    pa = LA, qa = pa->next;                       //工作指针初始化
    pb = LB, qb = pb->next;
    while (qa && qb)
    {                                             //两表均未处理完
      if(qa->data <qb->data)                      //LB 表元素比 LA 表大
      {                                           //pa、qa 后移
          pa = qa;
          qa = qa->next;
      }
      else                                        //LB 表空
      {                                           //qb 插入 qa 前
          pa->next = qb;
          pb->next = qb->next;
          qb->next = qa;
          pa = pa->next;
          qa = pa->next;
          qb = pb->next;
      }
    }
    if(qb!=NULL)                                  //qa 空,qb 不空
          pa->next = pb->next;                    //qb 链接到 qa 之后
```

```
    delete pb;
    LB=NULL;
}
```

(3) 有序表输出。

有序表输出参考单链表遍历输出算法。

四、测试与运行

运行下列测试用例，分析运行结果，如发现不足或错误，对程序进行改进或改正。

La	Lb	合并以后 La
11,22,33,44	1,13,17,39	
11	1,13,17,39	1,11,13,17,39
11,22,33,44	1	1,11,22,33,44
11,22,33,44	空	11,22,33,44
空	1,13,17,39	1,13,17,39
空	空	空
55	1,13,17,39	1,13,17,39,55

2.2.4　循环单链表

一、问题描述

基于模板机制设计并实现有头结点的、设置了头指针的循环单链表。

二、基本要求

(1) 编写一个头文件 clinklist.h，实现循环单链表的各种基本操作。

(2) 编写一个.cpp 文件，通过调用上述头文件，完成相应功能。

三、设计提示

1. 数据结构设计

可采用与单链表一样的存储定义。

2. 功能设计

实现下列循环单链表的基本操作。

(1) 初始化表。

(2) 在指定位序插入元素。

(3) 删除指定位序的元素。

(4) 访问第 i 个元素。

(5) 修改第 i 个元素值。

(6) 求表长。

(7) 显示表元素。

(8) 销毁表。

3. 算法设计

(1) 初始化循环链表。

区别于单链表的初始化，将头结点的指针域由空指针改为指向头结点，整个单链表就形成了一个环。

(2) 访问第 i 个元素值、修改第 i 个元素值、求表长及销毁表。

与单链表操作类似，不同之处在于定位循环操作的结束条件。单链表结束条件是 p==NULL，循环单链表结束条件是 p==L。

(3) 在指定位序插入元素。

在指定位序插入元素操作与在单链表中按位序插入元素操作一样，区别在于查找插入点时的循环结束条件不一样，单链表中是 p !=NULL && j<i−1；循环单链表中是 p->next !=L && j<i−1)。

算法(类 C/C++ 语言)描述如下。

```
template<class DT>
bool InsertElem_i(LNode<DT> * (&L), int i, DT e)
{
    p = L;                                  //工作指针初始化
    while (p ->next != L && j <i -1)        //p定位到插入点的前驱
    {
        p = p->next;
        j++;
    }
    if(j!=i-1)                              //定位失败
        return false;                       //定位失败,不能插入
    else                                    //定位成功
    {
        s = new LNode<DT>;                  //建立新结点 s
        s->data = e;                        //新结点赋值
        s->next = p->next;                  //结点 s 链接到 p 结点之后
        p->next = s;
        return true;                        //插入成功,返回 true
    }
}
```

(4) 删除指定位序的元素。

循环单链表中删除指定位序的元素的操作与单链表中删除指定位序的元素的操作步骤一样，区别是定位到删除点有前驱时，循环结束条件不一样。在单链表中是 p->next !=NULL && j<i−1；循环单链表中是 p->next->next !=L && j<i−1。

算法(类 C/C++ 语言)描述如下。

```
template<class DT>
bool DeleElem_i(LNode<DT> * (&L), int i)
```

```
{
    p = L;                                   //查找从头结点开始
    j = 0;                                   //计数器初始化
    if(p->next == L)                         //空表,不能删除
        return false;
    while (p->next->next!=L && j <i - 1)     //p定位到删除点的前驱
    {
        p = p->next;
        j++;
    }
    if(j!=i-1)                               //删除位置不合理,不能删除
        return false;
    q = p->next;                             //暂存删除结点位置
    p->next = q->next;                       //从链表中删除结点
    delete q;
    return true;                             //删除成功,返回 true
}
```

四、测试与运行

参照单链表的验证程序中测试要求,对每一个基本操作,给出1～8个测试运行的截图,并说明程序运行的正确性。

2.2.5 约瑟夫环问题

一、问题描述

约瑟夫环问题是由古罗马的史学家约瑟夫(Josephus)提出的。公元66—70年,罗马人攻克裘达伯特(Jotapat)城后,约瑟夫和其他40名犹太人避难到一个洞穴里。此时有人提出"要投降毋宁死",但是约瑟夫与赫格西斯(Hegesippus)不想死,但又难以启齿,于是建议:大家坐成一个圆圈,然后点数"1、2、3",凡数到3的人就殉难,然后从下一个人开始新的报数,如此下去,直到最后一个人。他把自己和赫格西斯排在倒数最后2个出圈,以获得生存机会。

撇开具体背景,约瑟夫环问题描述为设有编号为1,2,…,n($n>0$)的n个人围成一圈,从约定编号k($1\leqslant k\leqslant n$)开始报数,报到m的人出圈,然后从他的下一位开始新一轮报数。如此反复下去,直至所有人出圈。当任意给定n和m时,设计算法求n个人出圈的次序。

二、基本要求

(1) 对任意n个人,密码为m,起始报数人编号为k,实现约瑟夫环问题。

(2) 输入:m、n、k可在程序中定义,或以交互方式从键盘输入。

(3) 输出:m、n、k的值及出圈序列。

三、设计提示

1. 数据结构设计

问题的实质是求1～n个自然数的某个序列,所以,可以用一个数据类型是整型的属

性表示处理对象。

由于出圈的人将不再属于圈内的人，意味着数据元素的删除。因此，算法中存有频繁的元素删除操作，存储结构宜采用链表。当某人出圈后，报数的工作要从下一个人开始继续，剩下的人仍然围成一圈，可以使用循环表。另外，为统一处理各结点，不设头结点。链表中每一个结构代表一个人，结点结构可定义如下。

```
struct person
{   int num;                //编号
    person * next;          //指向下一个结点
}
```

综上所述，建议选用无头结点的循环单链表的存储结构。

2. 功能设计

完成该实验至少涉及以下两个功能。

(1) 创建循环单链表。

(2) 计算出圈序列并输出。

3. 算法设计

(1) 创建循环单链表

创建循环单链表与创建单链表的方法一样，如采用头插法，注意逆序创建；如采用尾插法，尾指针为空。本任务也可采用设有尾指针的循环单链表实现。

(2) 计算出圈序列并输出。

计算出圈序列方法如下。

Step 1 工作指针 q 定位到编号为 k 的结点。

Step 2 只要圈中多于 1 人，重复下列操作。

2.1 计数器 count 为 1。

2.2 从 q 结点开始后移并数结点(即 count++)，且设 p 为 q 的前驱。

2.3 当 count==m 时，删除 q 结点。

2.4 q 取 p 的后继。

Step 3 输出最后一个结点编号值，计算结束。

算法(类 C/C++ 语言)描述如下。

```
void Processlink(person * & h, int n, int m, int k)
{                                //k 为起始报数人,m 为密码
    q=h;                         //从首元结点开始,顺序查找
    while (q->num != k)          //定位到起始报数人
    {
        p=q;                     //p 为 q 的前驱
        q = q->next;
    }
    while (p->next!=p)           //圈中多于 1 人,循环
    {
        count = 1;               //计数器复位
```

```
        while (count<m)              //从 q 开始数结点
        {
            p=q; q=q->next; count++;
        }
          cout<<q->num;              //第 m 个结点,出圈
          p->next = q->next;         //删除当前结点
          delete q;
          q=p->next;                 //新一轮数数
      }
    }
          cout <<p->num;             //最后一个人出局
}
```

四、测试与运行

(1) 当 $n=7,m=5,k=1$ 时,正确的出列顺序应为 5、3、2、4、7、1、6。

(2) 给出下列输入时的输出,并分析输出结果的正确性。

①$n=7,m=20,k=1,5$; ②$n=7,m=20,k=10$; ③$n=7,m=1,k=1,5$。

第3章 栈和队列

CHAPTER

3.1 实验目的

栈和队列是两种特殊的线性表,栈具有先进后出的特性,队列具有先入先出的特性。灵活使用它们,可以方便问题的求解。通过本实验,达到以下目的。

(1) 掌握栈和队列作为工具的使用方法。

(2) 能够以栈和队列为工具求解问题。

3.2 实验任务

3.2.1 数制转换

一、问题描述

将十进制正整数转换为十六进制数。

二、基本要求

(1) 用递归算法求解问题。

(2) 以栈为工具求解问题。

(3) 从键盘输入十进制正整数,屏幕输出十六进制数。

三、设计提示

1. 数据结构设计

处理对象为整数,采用整型变量即可。

作为求解问题工具的栈可以用顺序栈也可以使用链栈。

2. 功能设计

完成该实验至少涉及以下两个功能:

(1) 递归求解问题。

(2) 非递归求解问题。

3. 算法设计

采用除模取余法。设十进制数为 N,当 N 不为 0 时,进行下列操作。

Step 1 十六进制位 d=N % 16。

Step 2 N=N/16。

首先求得的是十六进制数的低位，输出时需从高位开始，递归程序正好可以实现这点，最后递归的最先输出。

非递归程序，可以用栈将求得的十六进制数位依次入栈，然后出栈输出，以实现先进后出。

需注意的是，十六进制数的数字符号为 0～9、A～F，当结果数字为 10～15 时，需转换为对应的字符 A～F。

递归算法的类(C/C++)语言描述如下。

```
void Trans10To16_1(int n)                  //递归算法
{
    if(n!=0)                               //商为 0,结束运算
    {
        k=n%16;                            //取模
        Trans10To16_1(n/16);               //商为下一轮被除数,递归求解
        if(k<=9)                           //数字位小于 9,原样输出
            cout<<k;
        else                               //数字位大于 9,转变为字符输出
            cout<<char('A'+k-10);
    }
}
```

非递归算法的类(C/C++)语言描述如下。

```
void N10to16_2(int n)                      //非递归算法
{
    InitStack (S);                         //创建一个栈
    while(n)                               //求十六进制数各个数位并进栈
    {
        Push(S,n%16);
        n=n/16;
    }
    while (!StackEmpty(S))                 //栈非空,出栈,输出各位数字
    {
        Pop(S,k);
        if(k<=9)                           //数字位小于 9,原样输出
            cout<<k;
        else                               //数字位大于 9,转变为字符输出
            cout<<char('A'+k-10);
    }
    DestroyStack(S);
}
```

四、测试与思考

1. 针对下列各种整数，验证程序的正确性。

(1) 0；(2) 1 位整数；(3) 正序序列；(4) 逆序序列；(5) 任意一个无序序列。

2. 如果转换的是二进制数、八进制数，如何修改程序？

3. 按上述算法，最多可以正确表示出多大数制的数据？

3.2.2　算术表达式正确性判断

一、问题描述

判断一个可以进行整数加(+)、减(-)、乘(*)、除(/)、求模(%)和圆括号运算的表达式形式上是否正确。

二、基本要求

(1) 表达式通过键盘输入，也可以通过初始化方式获取。

(2) 能够判断操作数错、操作符错、括号不匹配、含非法符号等错误。

三、设计提示

1. 数据结构设计

表达式中含有运算符，运算符是字符，因此，表达式可以以字符串形式存储，如用 char exp[] 或 string exp。

2. 功能设计

完成该实验至少涉及以下 3 个功能。

(1) 创建表达式。

(2) 判断表达式形式上是否正确。

(3) 显示表达式，用于查看创建的表达式。

3. 算法设计

表达式形式上的操作数、操作符、括号不匹配、含非法符号等错误，归纳起来，正确性判断包括两方面内容：①字符(包括操作数和操作符)正确性判断；②括号匹配判断。两者都没有错误则为正确的表达式。可将两个工作分开进行。

表达式字符合理性判断流程如图 3.3.1 所示。

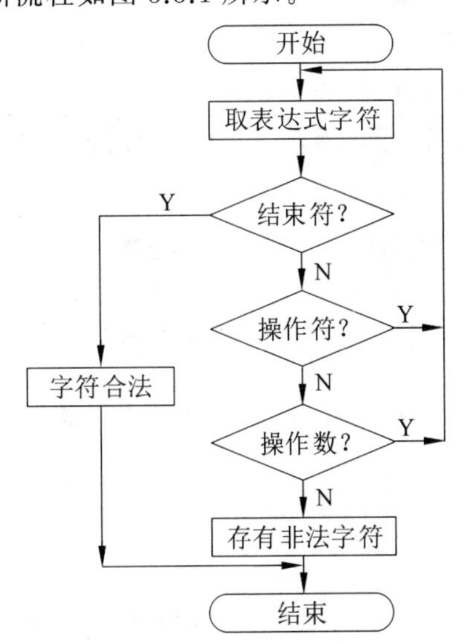

图 3.3.1　表达式字符合理性判断流程图

操作数合理性判断、操作符合理性判断及括号匹配判别的算法设计参照主教材中表达式计算和括号匹配算法。

四、测试与思考

1. 针对下列各种形态的表达式进行测试,验证程序的正确性。

(1) 含有括号的正确的表达式;(2) 含有非法操作数的表达式;(3) 含有非法操作符的表达式;(4) 左括号多的表达式;(5) 右括号多的表达式。

2. 表达式错误除“基本要求”中的提到的原因外,还可能有哪些因素?

3.2.3 栈的逆置

一、问题描述

将栈中元素逆置。

二、基本要求

(1) 以队列为工具,实现栈元素的逆置。

(2) 显示逆置前、后的栈元素值。

三、设计提示

1. 数据结构设计

如果栈采用顺序栈,因容量可知,建议相应地采用顺序队列。

2. 功能设计

完成该实验至少涉及以下两个功能:

(1) 栈元素逆置。

(2) 栈元素显示,查看逆置前后栈中的元素。

3. 算法设计

用队列逆置栈元素的操作如下。

Step 1 将栈中元素依次出栈至队列中。

Step 2 将队列中元素依次出队并入栈。

设采用顺序栈和顺序队列。算法的类(C/C++)语言描述如下。

```
template<class DT>
void RevStack(SqStack<DT>S)              //栈逆置
{
    SqQueue<DT>Q;                        //创建队列
    InitQueue(Q,S.stacksize);
    while (!StackEmpty(S))               //栈不空,元素出栈、入队
    {
        if(Pop(S,e))
            EnQueue(Q,e);
    }
    while(!QueueEmpty(Q))                //队不空,元素出队、入栈
    {
```

```
        if(DeQueue(Q,e))
            Push(S,e);
    }
    DestroyQueue(Q);
}
```

四、测试与思考

1. 对下列栈进行测试与分析：

(1) 非空栈；(2) 空栈；(3) 满栈。

2. 能否以栈为工具实现队列的逆置？

3.2.4　求任意长两个大整数的和

一、问题描述

求任意长两个大整数的和。

二、基本要求

(1) 能够实现超出整型数据表示范围的超长整数的加法运算。

(2) 从高位到低位显示超长整数及运算结果。

三、设计提示

1. 数据结构设计

因为要求处理超过整型数的表示范围的任意长整数，所以不能用 int 或 long int 的变量存储操作对象，可以用数组按位存储整数，表示任意长的整数。

2. 功能设计

完成该实验至少涉及以下两个功能：

(1) 长整数的存储和显示。

(2) 求两个长整数的和。

3. 算法设计

(1) 求和算法。

设分别用 int A[na]、int B[nb]存储被加数和加数。为了方便计算，低位存储在低下标处，高位存储在高下标处。如果计算 123456789＋123456，其存储示意如图 3.3.2 所示。

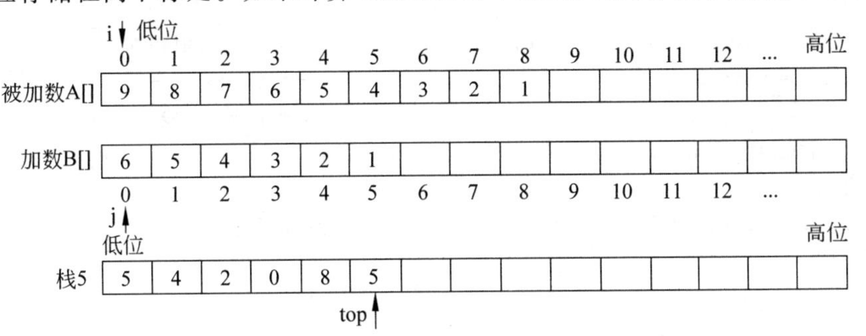

图 3.3.2　长整数存储示意图

设置两个整型变量 i 和 j 分别指示被加数和加数当前处理的数据的位置。设进位位为 c，初值为 0。从低位开始，进行被加数＋加数＋c。如果结果大于 9，则进位位 c 为 1，否则为 0。

因为首先求的是低位，但结果显示是先高位后低位，所以，将求得和的各位数字入栈。求完所有位的和之后依次出栈输出。

求和操作如下。

Step 1 当 i、j 均有所指时，即 i＜na && j＜nb，重复下列操作。

1.1 (A[i]＋B[j]＋c)%10 入栈。

1.2 c＝(A[i]＋B[j]＋c)/10。

1.3 i＋＋、j＋＋。

Step 2 当 na＞nb 时，将剩余部分与进位位相加。具体为对剩余部分的每一位重复下列操作。

2.1 (A[i]＋c)%10 入栈。

2.2 c＝(A[i]＋c)/10。

2.3 i＋＋。

Step 3 当 na＜nb 时，将剩余部分与进位位相加。具体为对剩余部分的每一位重复下列操作。

3.1 (B[j]＋c)%10 入栈。

3.2 c＝(B[j]＋c)/10。

3.3 j＋＋。

Step 4 如果最高位有进位，c 进栈。

Step 5 出栈输出和的各位数值。

算法的类(C/C++)语言描述如下。

```
void GIAdd(int A[], int na,int B[],int nb)
{
    InitStack(S);                               //创建栈
    c=0;                                        //进位位初始化
    i=0,j=0;                                    //位置指针初始化
    while(i<na && j<nb)                         //被加数与加数均不空
    {
        sum=A[i++] +B[j++] +c;                  //对应位上数值相加
        c=sum/10;                               //进位位
        sum=sum%10;                             //取个位数,进栈
        Push(S,sum);
    }
    while(i<na)                                 //被加数长
    {
        sum=A[i++]+c;                           //加进位位
        c=sum/10;
        sum=sum%10;
```

```
        Push(S,sum);
    }
    while(j<nb)                          //加数长
    {
        sum=B[j++]+c;                    //加进位位
        c=sum/10;
        sum=sum%10;
        Push(S,sum);
    }
    if(c==1)                             //最高位有进位
    {
        sum=1;                           //进位位进栈
        Push(S,sum);
    }
    while(!StackEmpty(S))                //输出结果
    {
        if(Pop(S,sum))
            cout<<sum;
    }
    DestroyStack(S);
}
```

（2）数据转存算法。

如果被加数和加数是通过键盘输入，则最初的形式是字符串，需转换为数字后才能计算。转换工作可以在存储时进行，也可以在计算时进行，建议在存储时进行转换，减少求和时的工作。

键盘输入是先高位，后低位，数据转存时可以由高到低入栈后，再依次出栈至数组中。算法的类（C/C++）语言描述如下。

```
void StrToNum(string str,int R[],int n)     //将被加数字符串变成数据存储到数组
{
    InitStack(S);                           //创建栈
    for(i=0;i<n;i++)                        //各位数字字符转为数据存储依次入栈
        Push(S,str[i] -'0');
    i=0;
    while(!StackEmpty(S))                   //依次出栈存到数组中，低下标开始
        if(Pop(S,num))
            R[i++]=num;
    DestroyStack(S);
}
```

四、测试与思考

1. 针对下列各种特征的被加数 N1 与加数 N2 进行测试，验证程序的正确性。注意：

一定要进行有进位位的测试。

(1) N1 和 N2 一样长;(2) N1 比 N2 长;(3) N2 比 N1 长;(4) 最高位有进位。

2. 如果大整数的存储位序与显示顺序一样,即高位存在低位,如何设计算法?

3.2.5 单指针链队问题

一、问题描述

以设有尾指针的单链表(见图 3.3.3)表示队列,实现该队列的基本操作:初始化、入队、出队、测队空、获取队头元素、获取队尾元素、清空队等。

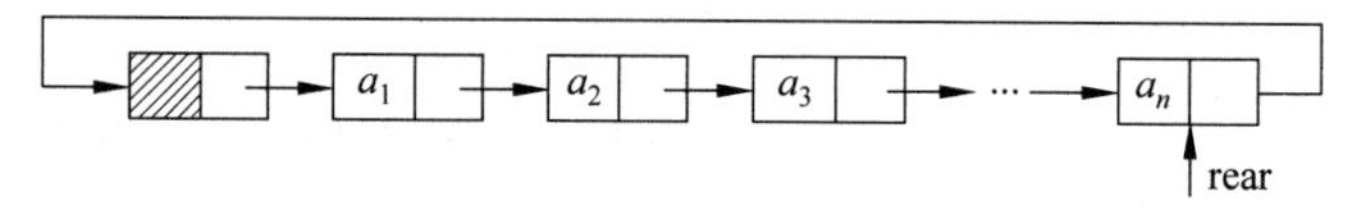

图 3.3.3 设有尾指针的单表

二、基本要求

参照链队的验证程序,按基本操作设计程序功能并提供交互界面,以便验证每一个基本操作。

三、设计提示

1. 数据结构设计

根据要求采用有头结点的循环单链表。结点定义同链队,即:

```
struct QNode                    //元素结点
{
   DT data;                     //数据域
   QNode * next;                //指针域,指向下一个结点
}
```

只设尾指针,链队属性中去掉头指针。定义如下。

```
template<class DT>
struct LinkQueue                //链队
{
    QNode<DT> * rear;
};
```

因只有一个属性,存储定义也可不设 LinkQueue 结构,参照单链表,用 QNode * rear 标识链队。

2. 功能设计

对应队列的基本操作,设计功能。为了查看队列中的元素,可增加一个输出队列元素的操作。

3. 算法设计

(1) 初始化链队。

创建仅有头结点的单链表，Q.rear指向它，且Q.rear->next=Q.rear。

(2) 入队。

入队，即在队尾加入一个新结点。入队操作如下。

Step 1　创建一个新结点p。

Step 2　为p->data赋值。

Step 3　p插到rear结点后，并为新的表尾结点。

算法(类C/C++语言)描述与算法步骤如下。

```
template<class DT>
bool EnQueue(LinkQueue<DT>&Q,DT e)
{
    p=new QNode<DT>;                              //创建新结点
    if(!p) exit(1);                               //创建失败,结束运行
    p->data=e;                                    //新结点赋值
    p->next=Q.rear->next;                         //链在队尾
    Q.rear->next=p;
    Q.rear=p;
    return true;                                  //入队成功,返回 true
}
```

(3) 出队。

头结点后的元素为队首元素。出队操作如下。

Step 1　队空，无队首元素。

Step 2　队非空，取该元素值。

Step 3　删除队首元素结点。

Step 4　如果队列只有一个元素，尾指针指向头结点。

算法(类C/C++语言)描述与算法步骤如下。

```
template<class DT>
bool DeQueue(LinkQueue<DT>&Q,DT &e)
{
    if(Q.rear->next==Q.rear)   return false;     //队空,返回 false
    p=Q.rear->next->next;                         //取队头元素
    e=p->data;
    Q.rear->next->next=p->next;                   //队首元素出队
    if(Q.rear==p)                                 //只有一个元素时出队
    {
        Q.rear=Q.rear->next;                      //修改队尾
        Q.rear->next=Q.rear;
    }
    delete p;
    return true;                                  //出队成功,返回 true
}
```

（4）取队头元素。

队空，没有队头元素；否则，取头结点后的结点的元素。

（5）取队尾元素。

队空，没有队尾元素；否则，取尾指针所指结点的元素。

（6）测队空。

空队是只有头结点的循环单链表，即空表时 Q.rear->next==Q.rear。

（7）清空队。

清空队，即把链队变成空队，需要删除除头结点外的所有结点。在循环链表指针 p 后移中，p 不可能为空，因此，不能以指针 p 不空为循环结束条件，这一点与清空单链表是不一样的。并且，当 p==Q.rear 时，需单独处理，删除队尾结点，同时使 Q.rear 指向头结点，并且 Q.rear->next=Q.rear。

算法（类 C/C++ 语言）描述与算法步骤如下。

```
template <class DT>
void ClearQueue(LinkQueue<DT> &Q)                //清空链队
{
    h=Q.rear->next;                              //指向头结点
    p=h->next;                                   //指向队头元素结点
    while(p!=Q.rear)                             //从队头元素结点开始,依次释放结点
    {
        h->next=p->next;
        delete p;
        p=h->next;
    }
    Q.rear=h;                                    //队尾结点单独处理
    Q.rear->next=h;
    delete p;
}
```

（8）销毁队。

从头结点开始，依次释放结点。同清空队一样，注意循环结束条件与单链表销毁的不一样。

四、测试与思考

（1）分别针对空队、非空队测试各功能，验证程序的正确性。

（2）比较只设尾指针的链队和设头、尾指针的链队的各自特点。

3.2.6 杨辉三角形问题

一、问题描述

输出杨辉三角形数列，如图 3.3.4 所示。

```
               1
            1     1
         1     2     1
      1     3     3     1
   1     4     6     4     1
1     5    10    10     5     1
...
```

图 3.3.4 杨辉三角形

二、基本要求

利用队列求取杨辉三角形数列，并输出。

三、设计提示

1. 数据结构设计

任务要求用队列解决问题，可直接把数据存在队列中，边求解杨辉三角形的元素边输出。杨辉三角形的每一行数列是由上一行数列求取的，当前行又决定下一行的数列，所以，采用顺序队列比较合适。

2. 功能设计

本问题任务只需输出杨辉三角形数列，所需参数一个，即阶数。

3. 算法设计

队列初始化如图 3.3.5(a)所示，队列中有两个元素 0 和 1。第 1 行只有一个值为 1 的元素，直接输出；从第 2 行开始，边计算边输出，第 i 行有 i 个元素。整个操作步骤如下。

Step 1　0、1 入队。

Step 2　输出第 1 行元素，即 1。

Step 3　i 从 $2\sim n$，重复下列操作，依次计算第 i 行元素并同时输出。

3.1　0 入队。

3.2　计数器 k 为 1。

3.3　当 $k<=i$ 时，重复下列操作：

3.3.1　出队一个元素(e0)，与队头元素(e1) 相加，输出，并入队。

3.3.2　k++。

3.4　i++。

例如：计算并输出第 2 行，如图 3.3.5(b)所示；计算并输出第 4 行，如图 3.3.5(c)所示。n 阶杨辉三角形数列，队列长度为 $n+2$。

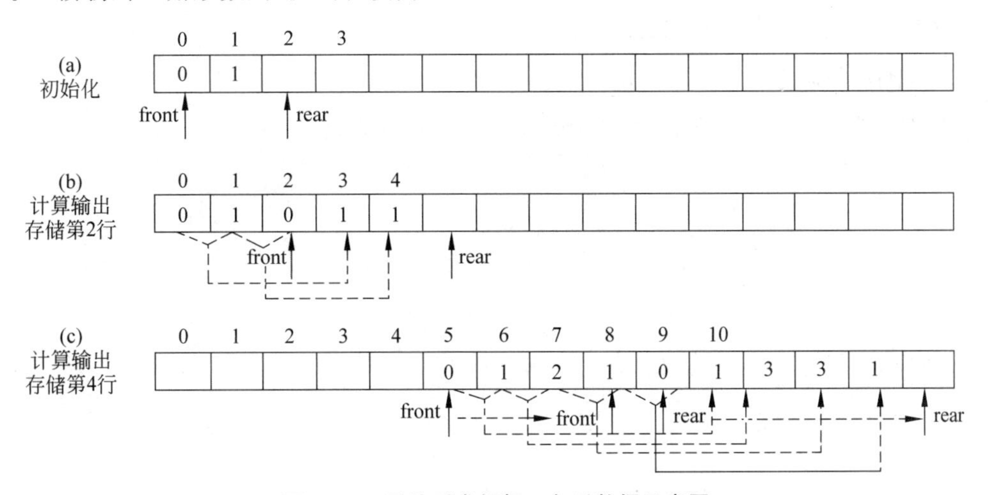

图 3.3.5　用队列求杨辉三角形数据示意图

算法(类 C/C++ 语言)描述与算法步骤如下。

```
void YHTriangle(int n)
{
    e=1;                                           //输出元素,第 1 行为 1
    InitQueue(Q, n*n);                             //创建队列
    EnQueue(Q,0);                                  //0、1 入队
    EnQueue(Q,1);
        cout<<e<<endl;                             //输出第 1 行
        for(int i=2;i<=n;i++)                      //依次计算和输出第 2~n 行
        {
            EnQueue(Q,0);                          //0 入队
            k=1;                                   //出队计数器初始化
            while(k<=i)                            //计算和输出第 i 行,循环 i 次
            {
                if(DeQueue(Q,e1) && GetHead(Q,e2)) //出队和取队头元素
                {
                        k++;                       //出队计数
                    e=e1+e2;                       //求和
                    cout<<e<<'\t';                 //输出和
                    EnQueue(Q,e);                  //和入队
                }
                else
                    cout<<"出队异常"<<endl;
            }
            cout<<endl;
        }
        DestroyQueue(Q);
}
```

注意：上述算法没有控制输出格式。

四、测试与思考

分别给出 1、3、5、7、9 阶杨辉三角形，验证程序的正确性。

第4章 数组和矩阵

CHAPTER

4.1 实验目的

数组和矩阵的数据组成形式相似，在科学计算或数字游戏中常采用这种数据对象。通过本实验，达到以下目的。

（1）掌握对称矩阵的压缩存储方法及应用；

（2）分析特殊矩阵的数字分布规律并生成矩阵。

4.2 实验任务

4.2.1 求两个对称矩阵之和与乘积

一、问题描述

A 和 ***B*** 为两个 N 阶对称矩阵，求两个对称矩阵之和与乘积。

二、基本要求

（1）输入：只输入对称矩阵下三角元素，存储在一维数组中。

（2）输出：以阵列方式输出。

（3）实现两个对称矩阵的和。

（4）实现两个对称矩阵的乘积。

三、设计提示

1. 数据结构设计

N 阶对称矩阵形式上是个二维数组，压缩存储时只存储其对角线及其上或其下的元素到大小为 $2*N-1$ 的一维数组。按题目要求，存储下三角元素。

2. 功能设计

完成该实验至少涉及以下 4 个功能。

（1）创建矩阵。

（2）输出矩阵。

(3) 求对称矩阵 **A** 和 **B** 的和。

(4) 求对称矩阵 **A** 和 **B** 的乘积。

3. 算法设计

(1) 创建矩阵。

设对称阵的阶数为 N,通过初始化或键盘输入 $N(N+1)/2$ 个元素。本题求两个矩阵的和与两个矩阵的积,所以需建两个规模一样的矩阵。

若采用行优先存储方式,则对称矩阵的第 i 行第 j 列的元素存储在一维数组 a 中的位序 k 的计算公式如下。

$$k=\begin{cases}\dfrac{i(i+1)}{2}, & i\geqslant j\\ \dfrac{j(j+1)}{2}, & i<j\end{cases}$$

设 i,j,k 均从 0 开始。

(2) 按阵列输出矩阵。

按阵列输出矩阵,则需按阵列访问矩阵元素。建议专门写一个函数,实现由下标$[i,j]$从压缩存储中找到元素值。算法(类 C/C++ 语言)描述如下。

```
int value(int a[], int i, int j)                     //返回压缩存储 a 中 A[i][j]的值
{
    if(i >= j)                                        //下三角元素
        return a[(i * (i+1))/2 +j];
    else                                              //对角线以上元素
        return a[(j * (j +1)) / 2 +i];
}
```

(3) 求对称矩阵 **A** 和 **B** 的和放入矩阵 **C** 中。

相同规模的两个矩阵 **A**、**B** 可以求和,和矩阵 **C** 元素是 **A**、**B** 相同位置上的元素的和,压缩存储后,和矩阵 **C** 为一维数组中相同下标的元素的和。

(4) 求对称矩阵 **A** 和 **B** 的乘积放入矩阵 **C** 中。

两个对称矩阵可以做积运算。积矩阵 **C** 中元素 $c[i][j]=\sum_{k=1}^{n}a_{ik}b_{kj}$。

算法(类 C/C++ 语言)描述如下。

```
void mult(int a[], int b[], int c[][N])                  //求 a 和 b 的乘积
{
    for(i = 0; i <N; i++)
      for(j = 0; j <N; j++)
      {  s = 0;
         for(k = 0; k <N; k++)                           //利用压缩后的一维数组元素
             s = s +value(a, i, k) * value(b, k, j);     //表示对应第 i 行第 j 列元素
         c[i][j] = s;
      }
}
```

四、测试与运行

测试数据自拟。

4.2.2 “蛇形”矩阵

一、问题描述

蛇形矩阵是矩阵的一种，常被应用在编程题目与数学数列中。它由1开始的自然数依次排列成的一个矩阵上三角形、环形或对角线等的走法组成。编写程序，将自然数1～n^2按矩阵上三角的“蛇形”填入$n \times n$矩阵中，例如1～4^2的蛇形矩阵如图3.4.1所示。

二、基本要求

输入小于10的阶数n，输出蛇形矩阵。

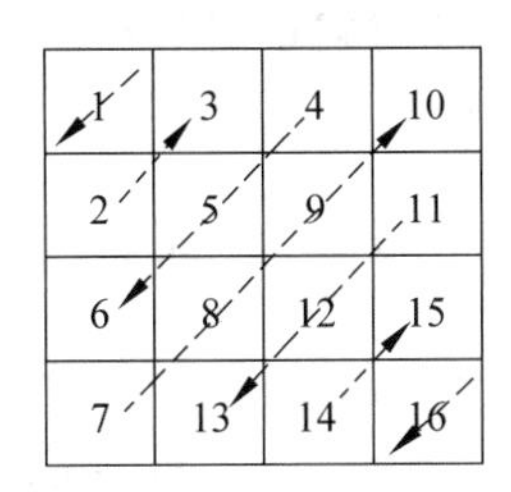

图3.4.1 1～4^2的蛇形矩阵

三、设计提示

1. 数据结构设计

采用二维数组存放矩阵。

2. 功能设计

本实验涉及以下3个功能：

(1) 初始化n阶方阵。

(2) 将自然数1～n^2按“蛇形”填入$n \times n$矩阵。

(3) 输出矩阵。

3. 算法实现

(1) 初始化二维数组。

根据n生成数组的存储空间。

(2) 将自然数1～n^2按“蛇形”填入$n \times n$矩阵。

从左上角第一格开始(起始为1)，沿着右上角到左下角的斜线。先从上到下，再从下到上，开始按数字递增填入。

n阶蛇形阵共有2 * n−1条斜线(见图3.4.1)需填数，设置初值leg=1表示从右上角到左下角的斜线按数字递增填写，每次填完后leg取相反值，继续按相反方向填数。

算法(类C/C++语言)描述如下。

```
void handle(int * * & a, int n)
{
    count = 1;                          //第一个元素值
    leg = 1;                            //斜线方向
    for(t = 0; t <2 * n -1; t++)        //有2*n-1条斜线
    {
      for(i = 0; i <n; i++)             //遍历行
      {
        for(j = 0; j <n; j++)           //遍历列
        {
          if(i +j == t)                 //按斜线元素处理
```

```
                if(leg <0)
                  a[j][i] = count++;          //从左下角到右上角
                else
                  a[i][j] = count++;          //从右上角到左下角
            }
          }
          leg = -leg;                         //调整斜线方向
      }
}
```

四、测试与运行

给出 $n=1$、2、3、4、5、6 的运行结果。

4.2.3 魔方问题

一、问题描述

n 阶魔方，又叫幻方阵，在我国古代称为“纵横图”，是一个比较有趣的游戏。所谓 n 阶魔方就是一个填数游戏。要求在一个 $n \times n$ 方阵中不重复地填入 1 到 n^2 个数字，n 为奇数，使得每一行、每一列、每条对角线元素的累加和都相等。例如 $n=3$ 时的魔方方阵如图 3.4.2 所示。

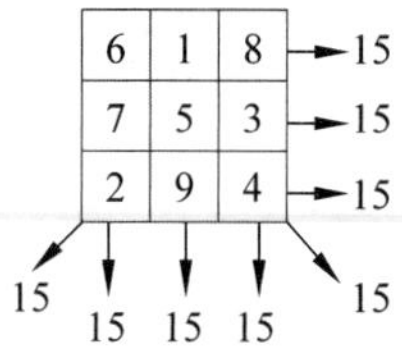

6	1	8	→15
7	5	3	→15
2	9	4	→15
15	15	15	

（两条对角线之和均为 15）

图 3.4.2　3 阶魔方方阵

二、基本要求

(1) 设计魔方的数据结构。

(2) 设计求魔方方阵的算法。

(3) 输入：数字 $n(3 \leqslant n \leqslant 15)$。

(4) 输出：以矩阵形式输出 n 阶魔方方阵。

三、设计提示

1. 数据结构设计

使用二维数组存储魔方。

2. 功能设计

本实验涉及以下 3 个功能：

(1) 初始化 n 阶矩阵。

(2) 将自然数 $1 \sim n^2$ 填入 $n*n$ 方阵。

(3) 输出魔方方阵。

3. 算法设计

(1) 将自然数 $1 \sim n^2$ 填入 $n*n$ 方阵。

求解魔方问题的方法有多种。这里介绍 H.Coxeter 提出的方法，也称为“左上斜行法”。用二维数组存储魔方，元素下标从 0 开始，创建魔方的方法如下。

Step 1　由 1 开始填数，放在第 0 行的中间位置。

Step 2　向已填充数字位置(x,y)的左上角(x-1,y-1)填入下一个数字，可能的情况有 3 种。

2.1　填充位置超出上边界，则为下边界相对应的位置（即把 x－1 改为 n－1）。

2.2　填充位置超出左边界，则为最右边相对应的位置（即把 y－1 改为 n－1）。

2.3　如果找到的位置已放入数据，则填充位置调为下一行同一列位置；如果找到的位置未放入数据，则放入下一个数字。

重复 Step 2，直至将 $2 \sim n^2$ 个数字全部填入魔方中。

以 3 阶魔方方阵为例，其填入数字的过程如图 3.4.3 所示。

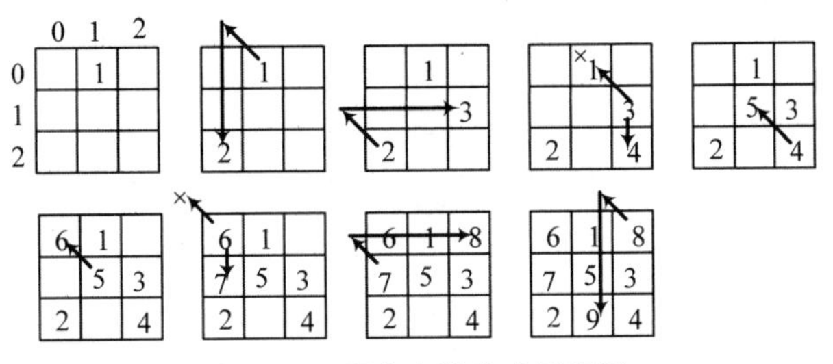

图 3.4.3　魔方方阵生成示意图

算法（类 C/C++ 语言）算法描述如下。

```
void CreatingMagicSquare(int** &arr, int n)
{
    x=n/2, y = 0;                          //x,y 为填数位置
    arr[y][x] = 1;                         //起点为第一行的中间(n 是奇数)
    for(i = 2; i <= n * n; i++)            //填入 2~n²
    {
        p = x -1;                          //p、q 为下一个填数位置
        if(p <0)   p= n -1;
        q = y -1;
        if(q <0)   q = n -1;
        if(arr[q][p] == 0)                 //如左上角位置没有被填数则填值
        {
            x = p;
            y = q;
            arr[y][x] = i;
        }
        else                               //否则填入该位置下一行的同一列位置
        {
            y++;
            arr[y][x] = i;
        }
    }
}
```

四、测试与运行

（1）求解 3 阶魔方方阵，检查是否与上述结果一致。

（2）求解 5 阶魔方方阵。

第5章 树与二叉树

CHAPTER

5.1 实验目的

树是一种非线性结构，适合表示具有层次结构的研究对象，具有广泛的应用。通过本实验，达到以下目的。

（1）更深入地理解二叉树的递归特性，并能够运用该特性求解问题。

（2）掌握二叉树先/中/后序遍历的递归遍历方法，并用于解决二叉树的其他问题。

（3）掌握二叉树的先/中/后序遍历的非递归遍历方法，并用于解决二叉树的其他问题。

（4）掌握二叉树的层序遍历方法，并用于解决二叉树的其他问题。

5.2 实验任务

5.2.1 二叉树的叶结点计数

一、问题描述

已知一棵二叉树，求该二叉树的叶结点的个数。

二、基本要求

（1）采用二叉链表存储二叉树。

（2）采用递归算法求二叉树中叶结点个数。

（3）采用非递归算法求二叉树中叶结点个数。

三、设计提示

1. 数据结构设计

根据“基本要求”，二叉树采用二叉链表存储结构。

2. 功能设计

完成该实验至少涉及以下4个功能：

（1）创建二叉树。

(2) 显示二叉树，用于了解创建的二叉树是否正确。

(3) 采用递归算法求叶结点个数。

(4) 采用非递归算法求叶结点个数。

3. 算法设计

(1) 创建和显示二叉树。

创建和显示二叉树可以参考二叉树验证程序相关操作或通过头文件包含直接使用。

(2) 求叶结点个数。

叶结点是无左、右孩子的结点，为了求出叶结点总数，需判断树中每个结点是否为叶结点，所以，可以通过遍历访问树的每一个结点，对其中的叶结点计数。

方法一：采用递归算法求二叉树的叶结点个数。

空二叉树的叶结点数为0；只有根结点的二叉树，叶结点数为1，其他情况下二叉树的叶结点数为左子树叶结点数与右子树叶结点数的和。求二叉树叶结点数的递归定义如下。

$$\text{LeafNum}(bt)=\begin{cases}0 & \text{空树}\\ 1 & \text{一个结点}\\ \text{LeafNum}(bt\text{->}lchild)+\text{LeafNum}(bt\text{->}rchild) & \text{其他}\end{cases}$$

基于上述递归定义，得到算法(类C/C++语言)描述如下。

```
template <class DT>
int LeafNum_1(BTNode<DT> * bt){                          //递归算法
    if(!bt)   return 0;                                  //空树,叶结点数为0
    else if(bt->lchild==NULL && bt->rchild==NULL)        //对于叶结点,计数
        return 1;
    else                                                 //总叶结点数等于
        return LeafNum_1(bt->lchild)+LeafNum_1(bt->rchild);
                                                         //左、右子树叶结点数的和
}
```

方法二：采用非递归算法求二叉树的叶结点个数。

采用先序、中序或后序遍历的非递归遍历或层序遍历方法，遍历中对叶结点进行计数。

设采用先序遍历的非递归算法，算法(类C/C++语言)描述如下。

```
template <class DT>
int LeafNum_2(BTNode<DT> * bt){                 //基于先序遍历非递归算法的叶结点计数
    Stack<DT>S;                                 //可采用 SqStack 或 LinkStack
    InitStack(S);
    count=0;                                    //叶结点计数器初值为0
     p=bt;
    while (p!=NULL || !StackEmpty(S))           //树非空或栈非空
    {
       while(p!=NULL){                          //结点非空
```

```
            if(p->lchild==NULL && p->rchild==NULL)          //如果是叶结点
                count++;                                    //计数
            Push(S,p);                                      //结点入栈
            p=p->lchild;                                    //转左子树
        }
        if(!StackEmpty(S)){                                 //栈非空
            Pop(S,p);                                       //出栈
            p=p->rchild;                                    //转右子树
        }
    }
    DestroyStack(S);                                        //销毁栈
    return count;                                           //返回叶结点数
}
```

四、测试与运行

针对下列各种形态的树进行测试,验证程序的正确性。

(1) 空树;(2) 只有一个结点;(3) 完全二叉树;(4) 满二叉树;(5) 左斜树;(6) 右斜树;(7) 如图 3.5.1 所示的一般二叉树。

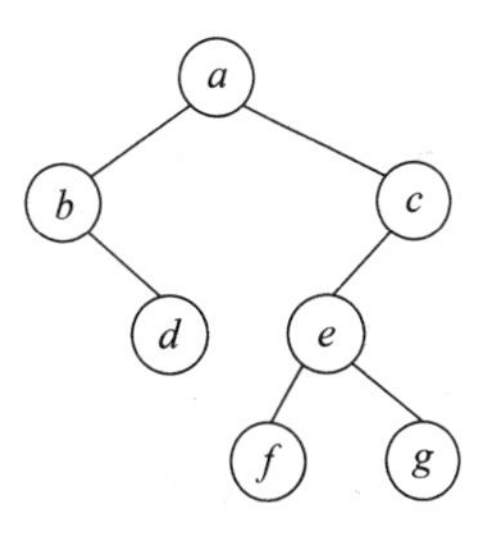

图 3.5.1　一般二叉树示例(1)

5.2.2　复制二叉树

一、问题描述

由一棵二叉树生成另一棵一样的二叉树。

二、基本要求

(1) 采用二叉链表存储二叉树。

(2) 显示源二叉树及生成的目标二叉树。

三、设计提示

1. 数据结构设计

根据"基本要求",二叉树采用二叉链表存储结构。

2. 功能设计

完成该实验至少涉及以下 3 个功能:

(1) 创建二叉树。(2) 显示二叉树。(3) 复制二叉树。

3. 算法设计

(1) 创建和显示二叉树。创建和显示二叉树可以参考二叉树验证程序相关操作或通过头文件包含直接使用。

(2) 复制二叉树。二叉树由根、左子树和右子树组成,可通过递归创建根、左子树、右子树来复制二叉树。除根结点外的其余结点,必须先有双亲后有孩子,所以,采用先序遍历方式。

算法(类 C/C++ 语言)描述如下。

```
template <class DT>
BTNode<DT> * CopyBiTree(BTNode<DT> * bt)          //复制二叉树
{
    if(bt==NULL)                                  //结点为空,返回
        return NULL;
    else                                          //非空结点
    {
        nt=new BTNode<DT>;                        //创建一个新结点
        nt->data=bt->data;                        //复制数据
        nt->lchild=CopyBiTree(bt->lchild);        //复制左子树
        nt->rchild=CopyBiTree(bt->rchild);        //复制右子树
    }
    return bt;
}
```

四、测试与运行

同 5.2.1 节的测试与运行。

5.2.3 求二叉树的宽度

一、问题描述

已知一棵二叉树,求该二叉树的宽度。

二、基本要求

(1) 采用二叉链表存储二叉树。

(2) 采用递归算法求二叉树的宽度。

(3) 采用非递归算法求二叉树的宽度。

三、设计提示

1. 数据结构设计

根据"基本要求",二叉树采用二叉链表存储结构。

2. 功能设计

完成该实验至少涉及以下 4 个功能:

(1) 创建二叉树。

(2) 显示二叉树,用于了解创建的二叉树是否正确。

(3) 用递归算法求二叉树的宽度。

(4) 用非递归算法求二叉树的宽度。

3. 算法设计

(1) 创建和显示二叉树。创建和显示二叉树可以参考二叉树验证程序相关操作或通过头文件包含直接使用。

(2) 用递归算法求二叉树的宽度。二叉树的宽度由某层上最多结点数决定。孩子结点所在层数等于双亲结点所在层数加 1,根的层数为 1。每一层上结点个数的计算方法是

一样的,可以采用递归方法。

基于先序递归算法思路,设置数组 width[]存储各层结点数,初值各元素为 0;当先序遍历到某个结点时,求出其层次,即双亲结点所在层数 $i+1$,将该层上的结点数 width[i+1]增 1。遍历完毕求出 width[]中最大值,即为二叉树的宽度。

求各层结点数的递归算法(类 C/C++ 语言)描述如下。

```
template <class DT>                                          //递归算法
void Width_1(BTNode<DT> * bt, int width[],int i){            //求各层结点数,i 初值为 1
    if(bt){                                                  //结点非空,计数
        width[i]++;                                          //i 初值为 1,第 1 层结点数为 1
        Width_1(bt->lchild,width,i+1);                       //左孩子所在层结点计数
        Width_1(bt->rchild,width,i+1);                       //右孩子所在层结点计数
    }
}
```

调用上述函数求各层结点数及求其中的最大值的算法描述如下。

```
template <class DT>
int Width(BTNode<DT> * bt){                                  //求二叉树宽度
    int i,max=0;
    int width[MaxLevel];                                     //各层宽度存储于 width[]
    for(i=1;i<MaxLevel;i++)                                  //width[]初始化
        width[i]=0;
    Width_1(bt,width,1);                                     //求各层结点数
    for(i=0;i<MaxLevel;i++)                                  //求最大的层结点数
        if(width[i]>max)
            max=width[i];
    return max;                                              //返回二叉树宽度
}
```

(3) 用非递归算法求二叉树的宽度。

求二叉树的宽度需计算每层上的结点数,采用层序遍历的方法;求完一层后与最大值比较,保留最大层结点数作为二叉树宽度。操作方法如下。

Step 1　创建一个队列。

Step 2　根入队。

Step 3　只要队非空,重复下列操作:

3.1　设置指针 last 指向某层最右结点。

3.2　宽度计数器 temp 初始化为 0。

3.3　出队至 p,宽度计数器 temp++。

3.4　队头指针 Q.front 大于 last 时表示该层出队结束,修改 last 值为 Q.rear−1(正好为下一层最右结点处),并将该层结点数与最多层结点数比较,保留大值。

3.5　p 的左、右孩子依次入队。

例如图 3.5.2(a)所示二叉树，根入队后，队头 Q.front 和 last 指针情况如图 3.5.2(b)所示；a 出队，计算器 temp 增 1，b、c 入队后，Q.front>last，此时计数器为 1(表示第 1 层有 1 个结点)，Q.rear 指向 3，修改 last 为 2(指针第 2 层最后一个元素)情况如图 3.5.2(c)所示；待 b、c 出队后，Q.front 为 3，Q.front>last，此时计数器为 2(表示第 2 层有两个结点)。

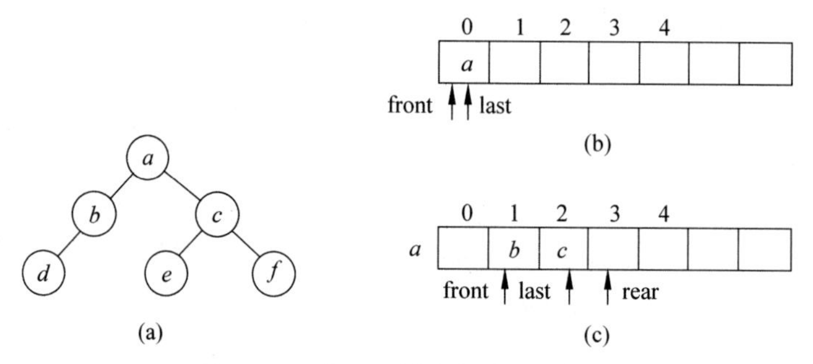

图 3.5.2　求二叉树宽度过程示意图

基于层序遍历求二叉树宽度的算法(类 C/C++ 语言)描述如下。

```
template <class DT>
int Width_2(BTNode<DT> * bt){                    //求宽度的非递归算法
    SqQueue<DT>Q;                                //创建一个队
    InitQueue(Q);
    int temp=0;                                  //局部宽度
    int maxw=0;                                  //最大宽度
    int last=0;                                  //同层最右结点指针
    if(bt==NULL)                                 //空树,宽度为 0
        return 0;
    else{                                        //非空树
        p=bt;                                    //取根结点
        EnQueue(Q,p);                            //入队
        while (!QueueEmpty(Q)){                  //队非空
            DeQueue(Q,p);                        //出队
            temp++;                              //局部宽度计数
            if(p->lchild!=NULL)                  //有左孩子
                EnQueue(Q, p->lchild);           //左孩子入队
            if(p->rchild!=NULL)                  //有右孩子
                EnQueue(Q, p->rchild);           //右孩子入队
            if(Q.front>last){                    //该层结点遍历完
                last=Q.rear-1;                   //下一层最后一个结点位置
                if(temp>maxw)                    //更新宽度最大值
                    maxw=temp;
                temp=0;
            }
        }
    }
```

```
    DestroyQueue(Q);                        //销毁队列
    return maxw;                            //返回二叉树的宽度
}
```

四、测试与运行

同5.2.1节的测试与运行。

5.2.4　求先/中/后序遍历序列的首、尾数据元素

一、问题描述

求二叉树先序遍历序列、中序遍历序列和后序遍历序列的第一个数据元素和最后一个数据元素。

二、基本要求

(1) 采用二叉链表存储二叉树;

(2) 屏幕输出先序遍历序列的第一个和最后一个数据元素。

(3) 屏幕输出中序遍历序列的第一个和最后一个数据元素。

(4) 屏幕输出后序遍历序列的第一个和最后一个数据元素。

三、设计提示

1. 数据结构设计

根据"基本要求",二叉树采用二叉链表存储结构。

2. 功能设计

完成该实验至少涉及以下5个功能:

(1) 创建二叉树。

(2) 显示二叉树,用于了解创建的二叉树是否正确。

(3) 求先序遍历序列的第一个和最后一个数据元素。

(4) 求中序遍历序列的第一个和最后一个数据元素。

(5) 求后序遍历序列的第一个和最后一个数据元素。

3. 算法设计

(1) 创建和显示二叉树。创建和显示二叉树可以参考二叉树验证程序相关操作或通过头文件包含直接使用。

(2) 先序遍历序列的第一个数据元素。如果二叉树非空,先序遍历的第一个数据元素为根元素。

(3) 先序遍历序列的最后一个数据元素。先序遍历的最后一点为从根出发沿右子树至极右结点p;如果p无左孩子,p为先序遍历的最后一点;否则拐向左孩子并以此为新出发点开始右行,重复该过程直至无左孩子的极右结点。

算法的类(C/C++)语言描述如下。

```
emplate <class DT>
bool PreOrderBiTree_Nn(BTNode<DT> * bt, DT &e){
    if(!bt)                             //空树
```

```
        return false;                       //无遍历序列
    else{                                   //非空树
        p=bt;                               //从根出发
        while(p){                           //右行

            while(p->rchild)                //走至极右
                p=p->rchild;
            pre=p                           //保存极右位置
                p=p->lchild;                //以左孩子为新出发点
        }
        pre->data;                          //无左子树的极右结点为先序遍历最后一个结点
        return true;
    }
}
```

(4) 中序遍历序列的第一个数据元素。

中序遍历的第一点为从根出发一路左行的极左(无左孩子)结点。算法的类(C/C++)语言描述如下。

```
template <class DT>
bool InOrderBiTree_N1(BTNode<DT> * bt, DT &e){
    BTNode<DT> * p;
    if(!bt)                                 //空树
        return false;                       //无遍历序列
    else{                                   //非空树
        p=bt;                               //从根出发
        while (p->lchild){                  //一路左行至极左结点
            p=p->lchild;
        }
        e=p->data;                          //取中序遍历第一个结点值
        return true;                        //返回 true
    }
}
```

(5) 中序遍历序列的最后一个数据元素。

中序遍历的最后一个元素为从根出发一路右行的极右(无右孩子)的结点。算法的类(C/C++)语言描述如下。

```
template <class DT>
bool InOrderBiTree_Nn(BTNode<DT> * bt, DT &e){
    BTNode<DT> * p;
    if(!bt)                                 //空树
        return false;                       //无遍历序列
    else{                                   //非空树
        p=bt;                               //从根出发
        while(p->rchild)                    //一路右行至极右
```

```
            p=p->rchild;
        e=p->data;                    //取中序遍历最后一个结点元素值
        return true;                  //返回 true
    }
}
```

(6) 后序遍历序列的第一个数据元素。

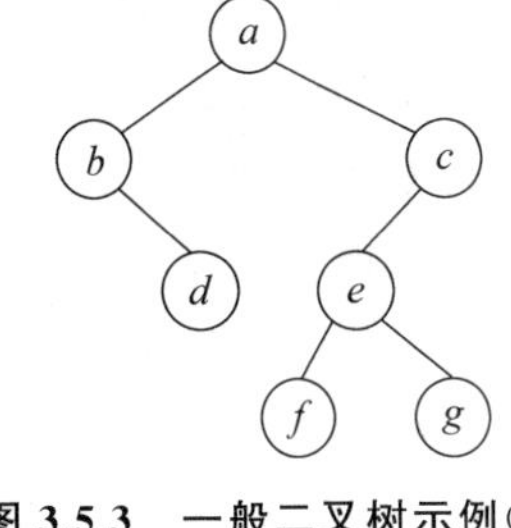

图 3.5.3　一般二叉树示例(2)

后序遍历的第一个结点是从根开始走至极左;如果该结点有右孩子,以其右孩子为出发点走到极左;以同样方式继续,直至一个极左的叶结点。算法的类(C/C ++)语言描述如下。

```
template <class DT>
bool PostOrderBiTree_N1(BTNode<DT> * bt, DT &e)
{
        BTNode<DT> * p , pre;
        if(!bt)                                  //空树
            return false;                        //无遍历序列
        else                                     //非空树
    {
            p=bt;                                //重新出发
        do
        {
    while (p->lchild)                            //一路左行至极左结点
        p=p->lchild;
            pre=p;
            p=p->rchild;
} while (p);
        e=pre->data;                             //取中序遍历第 1 个结点值
        return true;                             //返回 true
    }
}
```

(7) 后序遍历序列的最后一个数据元素。

后序遍历序列的最后一个数据元素为树根。

四、运行与测试

针对下列各种形态的树进行测试,验证程序的正确性。

(1) 空树;(2) 只有一个结点;(3) 完全二叉树;(4) 满二叉树;(5) 左斜树;(6) 右斜树;(7) 如图 3.5.3 所示的一般二叉树。

5.2.5　叶结点路径问题

一、问题描述

求二叉树的树根与各叶结点的路径。

二、基本要求

（1）采用二叉链表存储二叉树，数据元素类型为字符型。

（2）屏幕显示由顶点序列表示的二叉树的树根与各叶结点的路径。

三、设计提示

1. 数据结构设计

根据“基本要求”，二叉树采用二叉链表存储结构。

2. 功能设计

完成该实验至少涉及以下 3 个功能：

（1）创建二叉树。

（2）显示二叉树。

（3）求根到各叶结点路径上的顶点序列。

3. 算法设计

（1）创建和显示二叉树。创建和显示二叉树可以参考二叉树验证程序相关操作或通过头文件包含直接使用。

（2）根到叶结点的所有路径。采用基于先序遍历的递归方法，用 path[]存放路径上的结点，pathlen 存放路径长度，映射路径上结点的存储位置。当找到叶结点时，输出路径；然后分别递归处理左右子树。

算法（类 C/C++ 语言）描述与算法步骤如下

```
template <class DT>                                      //根到叶结点路径
void AllPath(BTNode<DT> * bt, DT path[], int pathlen){
    if(bt){                                              //树非空
        if(bt->lchild==NULL && bt->rchild==NULL){ //叶结点
            cout<<"根到叶结点"<<bt->data<<"的路径为: ";      //输出路径上顶点
            for(i=0;i<=pathlen-1;i++)
                cout<<path[i]<<' ';
            cout<<bt->data;
        }
        else                                             //非叶结点
        {
            path[pathlen]=bt->data;                      //加入路径中
            pathlen++;                                   //路径上下一个结点的存储位置
            AllPath(bt->lchild,path,pathlen);            //递归扫描左子树
            AllPath(bt->rchild,path,pathlen);            //递归扫描右子树
            pathlen--;                                   //恢复环境
        }
    }
}
```

四、测试与运行

同 5.2.1 节的测试与运行。

第6章 图

CHAPTER

6.1 实验目的

图是一种比树更复杂的非线性结构,元素之间有着多对多的关系,在实际中有着非常广泛的应用。通过本实验,达到以下目的。

(1) 掌握图的邻接矩阵和邻接表两种存储结构的特点及其相互转换。

(2) 掌握图的广度优先遍历算法,并能够用该思想求解图的其他问题。

(3) 掌握图的深度优先遍历算法,并能够用该思想求解图的其他问题。

(4) 掌握图的经典应用算法,包括最小生成树、最短路径、拓扑排序、关键路径等,并能基于算法原理解决其他问题。

6.2 实验任务

6.2.1 存储结构转换问题

一、问题描述

邻接矩阵和邻接表是图的两种常用的存储方式,编程实现两种存储方式的相互转换。

(1) 以图的邻接矩阵方式创建一个有向图,然后根据此存储,求图的邻接表的存储方式,并输出邻接表;

(2) 以图的邻接表方式创建一个有向图,然后根据此存储,求图的邻接矩阵的存储方式,并输出邻接矩阵。

二、基本要求

(1) 定义图的邻接矩阵、邻接表的存储结构。

(2) 按图的邻接矩阵和邻接表存储结构创建图。

(3) 根据图的邻接矩阵存储,求得图的邻接表存储。

(4) 根据图的邻接表存储,求得图的邻接矩阵存储。

(5) 分别设计邻接矩阵与邻接表的输出形式。

(6) 输入：图的顶点与边可以以初始化方式读入，也可从键盘以交互方式读入或从文件读入。

(7) 输出：输入图的邻接矩阵/邻接表和图的邻接表/邻接矩阵。

三、设计提示

1. 数据结构设计

采用主教材或验证程序中图的邻接矩阵和邻接表的存储定义。

2. 功能设计

本实验任务中涉及以下功能：

(1) 创建邻接矩阵存储的图。

(2) 显示邻接矩阵存储的图。

(3) 显示图信息。

(4) 将邻接矩阵存储的图转换为邻接表存储的图。

(5) 将邻接表存储的图转换为邻接表矩阵的图。

(6) 创建邻接表存储的图。

(7) 显示邻接表存储的图。

3. 算法设计

功能(1) ～(3) 有关图的创建与显示，参见原理篇和验证篇图的相关操作，也可通过头文件包含直接使用。为调试方便，修改相关程序使图的信息从文件中读取图信息，或通过初始化的方式创建图。

(1) 将邻接矩阵转化为邻接表。

将邻接矩阵存储的图 **g** 转化为邻接表存储的图 G，即由 g.vexs[]、g.vexnum 和 g.arcnum 生成 G.vretices[]、G.vexnum、G.arcnum。

以有向图为例，操作方法如下。

Step 1 创建图的顶点数和边数，即 G.vexnum＝g.vexnum，G.arcnum＝g.arcnum。

Step 2 创建顶点信息，即由 g.vexs[i]生成 G.vertices[i].data。

Step 3 创建边结点，在图 G 的邻接矩阵 **g** 中查找值不为 0 或∞的元素，若找到这样的元素，例如 g.arcs[i][j]，表示存在一条边，创建一个 adjvex 域为 j 的边结点，采用头插法将它插入第 i 个单链表中。

从邻接矩阵存储到邻接表存储算法(类 C/C++ 语言)描述如下。

```
void MatToList(MGraph g, ALGraph &G)                    //将邻接矩阵 g 转换为邻接表 G
{
    G.vexnum=g.vexnum;                                   //创建图的顶点数
    G.arcnum=g.arcnum;                                   //创建图的边数
    for(i = 0; i <g.vexnum;  i++)                        //创建顶点信息
      G.vertices[i].data=g.vexs[i]
    for(i = 0; i <g.vexnum;  i++)                        //初始化边链表
      G->vertice[i].firstarc = NULL;
    for(i = 0; i <g.vexnum; i++)                         //创建边结点
```

```
        for(j = g.vexnum-1; j >=0; j--)
          if(g.arcs[i][j]!=0)                          //存在一条边
          {  p= new ArcNode;                           //创建一个边结点 p
               p->adjvex=j;
               p->nextarc=G->vertices[i].firstarc;  //采用头插法插入结点 p
               G->vertices[i].firstarc=p;
          }
}
```

(2) 将邻接表转化为邻接矩阵。

将邻接表存储的图 G 转化为邻接矩阵存储的图 g，即由 G.vretices[]、G.vexnum 和 G.arcnum 生成 g.vexs[]、g.vexnum 和 g.arcnum。以有向图为例，操作方法如下。

Step 1　创建图的顶点数和边数，即 g.vexnum＝G.vexnum，g.arcnum＝G.arcnum。

Step 2　创建顶点信息，即由 G.vertices[i].data 生成 g.vexs[i]。

Step 3　创建邻接矩阵。

3.1　初始化邻接矩阵，将 g.arcs[][]中所有元素值设置为 0。

3.2　扫描邻接表 G 的所有单链表，通过第 i 个单链表查找顶点 i 的相邻结点 p，将邻接矩阵 $\boldsymbol{g}$ 的元素 g.arcs[i][p->adjvex]修改为 1。

从邻接表存储到邻接矩阵存储算法(类 C/C++ 语言)描述如下。

```
void ListToMat(ALGraph G, MGraph &g)        //将邻接表 G 转换成邻接矩阵 g
{
    g.vexnum=G.vexnum;                      //创建图的顶点数
    g.arcnum=G.arcnum;                      //创建图的边数
    for(i = 0; i <g.vexnum;  i++)           //创建顶点信息
      g.vexs[i] =G.vertices[i].data;
    for(i = 0; i <g.vexnum;  i++)           //初始化邻接矩阵
      for(j = 0; i <g.vexnum; j++)
        g.arcs[i][j]=0;
    for(i=0;i<G->vexnum;i++)                //扫描所有的单链表,生成边信息
    {   p=G->vertice[i].firstarc;           //p 指向第 i 个单链表的首结点
        while (p!=NULL)                     //扫描第 i 个单链表
        {   g.arcs[i][p->adjvex]=1;
            p=p->nextarc;
        }
    }
}
```

四、测试与运行

完成下列工作，验证程序的正确性。

(1) 创建图的邻接矩阵。

(2) 显示图的邻接矩阵。

(3) 输出图相应的邻接表。

(4) 创建图的邻接表。

(5) 显示图的邻接表。

(6) 输出图相应的邻接矩阵。

(7) 手工计算,验证实验结果的正确性。

6.2.2 有向图的路径问题

一、问题描述

编写一个程序,设计相关算法,完成如下功能。

(1) 输出有向图 G 从顶点 u 到顶点 v 的所有简单路径。

(2) 输出有向图 G 从顶点 u 到顶点 v 的所有长度为 len 的简单路径。

(3) 输出有向图 G 从顶点 u 到顶点 v 的最短路径。

二、基本要求

(1) 图采用邻接表存储。

(2) 对应 3 个问题,分别用 3 个函数实现。

三、设计提示

1. 数据结构设计

根据"基本要求",有向图采用邻接表存储结构。

2. 功能设计

完成该实验至少涉及以下 5 个功能:

(1) 创建邻接表存储的图。

(2) 显示图信息,了解创建的图是否正确。

(3) 输出图 G 中从顶点 u 到顶点 v 的所有简单路径。

(4) 输出图 G 中从顶点 u 到顶点 v 的长度为 len 的所有简单路径。

(5) 求顶点 u 到顶点 $v(u \neq v)$的最短路径。

3. 算法设计

(1) 有向图的创建与显示。

有向图的创建与显示,参见原理篇和验证篇图的相关操作,也可通过头文件包含直接使用。为调试方便,修改相关程序使图的信息从文件中读取图信息,或通过初始化的方式创建图。

(2) 输出图 G 中从顶点 u 到顶点 v 的所有简单路径。

采用从顶点 u 出发的回溯深度优先搜索方法,当搜索到顶点 v 时输出路径 path[0..d],然后继续回溯查找其他路径。

算法(类 C/C++ 语言)描述如下。

```
int visited[MAXV];                                    //全局数组
void PathAll1(ALGraph G, int u, int v, int path[], int d)
                                                      //求顶点 u 到顶点 v 的所有简单路径
{
```

```
    d++;                                    //路径长度 d 增 1
    path[d]=u;                              //将当前顶点添加到路径中
    visited[u]=1;
    if(u==v && d>0)                         //找到终点
    {   for(j=0; j<=d; j++)
            cout<<path[j]);
        cout<<endl;
    }
    p=G->vertices[u].firstarc;              //p 指向顶点 u 的第一个相邻点
    while (p!=NULL)
    {   w=p->adjvex;                        //w 为 u 的相邻点编号
        if(visited[w]==0)                   //若该顶点未标记访问,则递归访问之
            PathAll1(G, w, v, path, d);
        p=p->nextarc;                       //找 u 的下一个相邻点
    }
    visited[u]=0;                           //取消访问标记,以使该顶点可重新使用
}
```

(3) 输出图 G 中从顶点 u 到顶点 v 的长度为 len 的所有简单路径。

此问题是上述问题(1) 的特例,只求 u 至 v 长度为 len 的简单路径。采用从顶点 u 出发的回溯深度优先搜索方法,每搜索一个新顶点,路径长度增 1,若搜索到顶点 v 且 d 等于 len,则输出路径 path[0..d],然后继续回溯查找其他路径。

算法(类 C/C++ 语言)描述如下。

```
void PathAll2(ALGraph G, int u, int v, int len, int path[], int d)
                                        //输出顶点 u 到顶点 v 长度为 l 的所有简单路径
{
    d++;
    path[d]=u;                          //路径长度 d 增 1,当前顶点添加到路径中
    visited[u]=1;
    if(u==v && d==len)                  //满足条件,输出一条路径
    {   for(j=0; j<=d; j++)
            cout<<path[j];
        cout<<end;
    }
    p=G->vertices[u].firstarc;          //p 指向顶点 u 的第一个相邻点
    while (p!=NULL)
    {   w=p->adjvex;                    //w 为 u 的相邻点编号
        if(visited[w]==0)               //若该顶点未标记访问,则递归访问之
            PathAll2(G, w, v, len, path, d);
        p=p->nextarc;                   //找 u 的下一个相邻点
    }
    visited[u]=0;                       //取消访问标记,以使该顶点可重新使用
}
```

(4) 求顶点 u 到顶点 $v(u \neq v)$ 的最短路径。

采用从顶点 u 出发的广度优先搜索方法，当搜索到顶点 v 时，在队列中找出对应的路径。由广度优先搜索的特性可知，找到的路径一定是最短路径。

队列元素定义如下。

```
struct
{   int vno;                            //当前顶点编号
    int level;                          //当前顶点的层次
    int parent;                         //当前顶点的双亲结点在队列中的下标
} qu[MAXNUM];                           //定义顺序非循环队列
```

设队头指针 front 指向队头元素，初值 front＝－1，队尾指针指向队尾元素初值 rear＝－1，队列初态如图 3.6.1(a)所示。

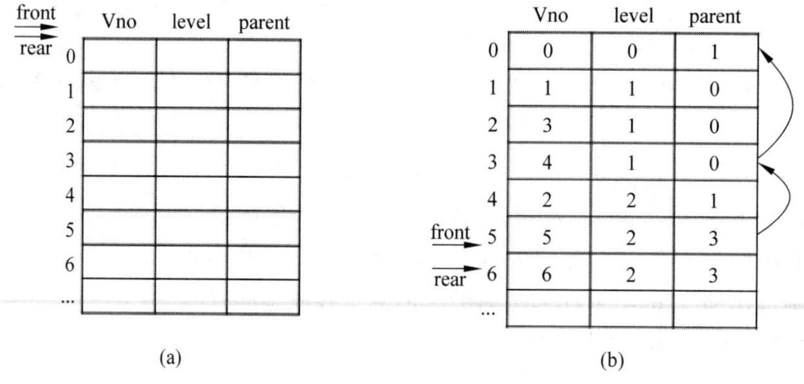

图 3.6.1 队列示意图

另设 path[]记载最短路径。寻找 u 到 v 最短路径的操作方法如下。

Step 1 初始化。

1.1 初始化顶点访问标志，即 visited[i]＝0。

1.2 初始化队列，front＝－1，rear＝－1。

Step 2 处理顶点 u。

2.1 置 u 的访问标志为 1，即 visited[u]＝1。

2.2 u 入队。

Step 3 只要队列非空，重复下列操作。

3.1 出队，且设 k＝qu[front].von; lev＝qu[front].level。

3.2 如果 $k \neq v$(终端顶点)，对 k 的所有未被访问邻接点进行如下操作。

3.2.1 置访问标志，即 visited[p->adjvex]＝＝1。

3.2.2 入队。

3.3 如果 $k==v$，通过回溯，在队列中前推出一条正向路径。

从上述算法中可知，最短路径是通过在队列中回溯得到的，所以，所有入队的元素均需保留在队列中，队列不能是循环队列，且出队只移动队头指针，不能删除元素。

对于图 3.6.2 所示，设顶点 u＝0，v＝5，从 u 出发进行广度优先遍历时，(1) 0 入队；

(2) 0 的邻接点 1、3、4 入队；(3) 1 出队，2 入队；(4) 3 出队，5、6 入队；(5) 4 出队；(6) 5 出队，5 是目标顶点。找到目标顶点时，队列如图 3.6.1(b)所示。

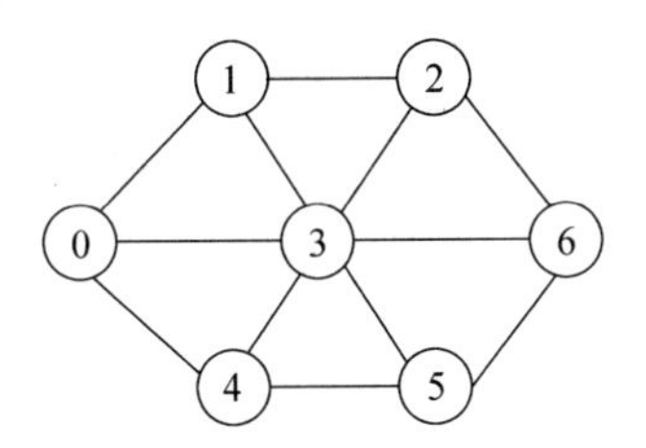

图 3.6.2　示例图

从目标顶点 5 开始回溯，5→3→0，所以，(0,5) 的最短路径为 0→3→5，长度为 2。

算法(类 C/C++ 语言)描述如下。

```
int ShortPath(ALGraph G, int u, int v, int path[])
                                              //求顶点 u 到顶点 v(u≠v)的最短路径
{
    front=-1, rear=-1;
    visited[u]=1;
    rear++;                                   //顶点 u 已访问,将其入队
    qu[rear].vno=u;
    qu[rear].level=0;                         //根结点层次置为 1
    qu[rear].parent=-1;
    while (front<rear)                        //队非空则执行
    {   front++;
        k=qu[front].von;                      //出队顶点 k
        lev=qu[front].level
        if(k==v)                              //若顶点 k 为终点
        {  i=0;                               //在队列中前推出一条正向路径
           j=front;                           //该路径存放在 path 中
           while (j!= -1)
           {  path[lev-i]=qu[j].vno;          //将最短路径存入 path 中
              j=qu[j].parent;
              i++;
           }
           return lev;                        //找到顶点 v,返回其层次
        }
     p=G->vertices[k].firstarc;               //p 指向顶点 k 的第一个相邻点
     while (p!=NULL)                          //依次搜索 k 的相邻点
     {   if(visited[p->adjvex]==0)            //若未访问过
         {   visited[p->adjvex]==1;
             rear++;
             qu[rear].vno=p->adjvex;          //访问过的相邻点进队
             qu[rear].level=lev+1;
```

```
                qu[rear].parent=front;
            }
            p=p->nextarc;                          //找顶点 k 的下一个相邻点
        }
    }
    return -1;                                     //如果未找到顶点 v,返回特殊值-1
}
```

四、测试与运行

完成下列工作,验证程序的正确性。

(1) 创建图和显示图信息。

(2) 输出从起点到终点的所有简单路径。

(3) 输出从起点到终点的所有长度为指定长度的简单路径。

(4) 输出起点到终点的最短路径。

(5) 手工推演计算,证明程序结果的正确性。

6.2.3 无向图的路径问题

一、问题描述

从无向图 G 中找出从 u 到 v 的符合下列约束条件的路径:

(1) 经过一组顶点 V1[0..n−1]。

(2) 避开一组顶点 V2[0..m−1]。

二、基本要求

(1) 图采用邻接表存储。

(2) 给出起点、终点、必经点和必避点信息。

(3) 输出符合给定条件的所有路径。

三、设计提示

1. 数据结构设计

根据"基本要求",无向图采用邻接表存储结构。

2. 功能设计

完成该实验至少涉及以下 3 个功能:

(1) 创建无向图。

(2) 显示无向图信息。

(3) 求满足特定条件的路径。

3. 算法设计

(1) 无向图的创建与显示。

无向图的创建与显示,参见原理篇和验证篇图的相关操作,也可通过头文件包含直接使用。为调试方便,修改相关程序使图的信息从文件中读取图信息,或通过初始化的方式创建图。

(2) 求满足特定条件的路径。

Step 1 判断path中的路径是否包含必经点和不包含必避点。算法(类C/C++语言)描述如下。

```
int visited[MAXV];                      //全局变量
int V1[MAXV], V2[MAXV], n, m;
int count=0;
bool Cond(int path[], int d)            //判断是否包含必经点和不包含必避点
{
    flag1=0;                            //初始设为0,path路径包含必经点
    flag2=0;                            //初始设为0,path路径不包含必避点
    for(i=0; i<n; i++)                  //判断路径中是否有必经点
    {   f1=1;                           //假定当前结点不是必经点
        for(j=0; j<=d; j++)
            if(path[j]==V1[i])
            {
                f1=0; break;
            }
        flag1+=f1;                      //未经必经点计数
    }
    for(i=0; i<m; i++)                  //判断路径中是否有必避点
    {   f2=0;
        for(j=0; j<=d; j++)
            if(path[j]==V2[i])
            {
                f2=1; break;
            }
        flag2+=f2;                      //未避必避点计数
    }
    if(flag1==0 && flag2==0)            //满足条件返回true
        return true;
    else                                //不满足条件返回false
        return false;
}
```

Step 2 *G*中查找从顶点vi到顶点vj的满足条件的路径。算法(类C/C++语言)描述如下。

```
void TravPath(ALGraph G, int vi, int vj, int path[], int d)
                                        //求从顶点vi到顶点vj的满足条件的路径
{   ArcNode *p;
    int v, i;
    d++;                                //路径长度增1
    path[d]=vi;                         //将当前顶点添加到路径中
    visited[vi]=1;                      //该结点已被处理
```

```
    if(vi==vj&& Cond(path, d))        //找到终点且路径包含必经点和不包含必避点
    {  cout<<++count;
       for(i=0; i<=d; i++)
           cout<<path[i] <<"—>";
       cout<<path[i];
    }
    p=G->vertices[vi].firstarc;      //找 vi 的第一个邻接顶点
    while (p!=NULL)
    {  v=p->adjvex;                  //v 为 vi 的邻接顶点
       if(visited[v]==0)             //若该顶点未标记访问,则递归访问之
           TravPath(G, v, vj, path, d);
       p=p->nextarc;                 //找 vi 的下一个邻接顶点
    }
    visited[vi]=0;                   //取消访问标记,以使该顶点可重新使用
    d--;
}
```

四、测试与运行

针对下列各种情况,验证程序的正确性。

(1) 两个必经点和一个必避点;(2) 多个必经点和多个必避点;(3) 两个必经点,多个必避点;(4) 多个必经点,一个必避点。

6.2.4　俱乐部选址问题

一、问题描述

为丰富农村的文化娱乐活动,拟在村庄 V1～V6 中选择一个村庄建立俱乐部,6 个村庄之间的通路及距离如图 3.6.3 所示。每个村都希望俱乐部建在自己村庄里,请为俱乐部选址。

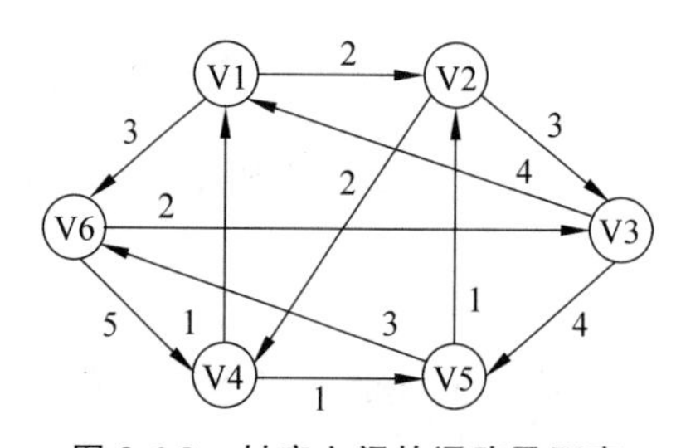

图 3.6.3　村庄之间的通路及距离

二、基本要求

(1) 用 Floyd 算法求出任意两个村庄之间最短距离。

(2) 基于 Floyd 算法计算结果,求解可建俱乐部的村庄。

三、设计提示

1. 数据结构设计

Floyd 算法采用图的邻接矩阵存储，本问题求解采用该存储方法。

2. 功能设计

完成该实验涉及以下 4 个功能：

(1) 创建邻接矩阵存储的图。

(2) 显示图，用于了解创建的图是否正确。

(3) 用 Floyd 算法，求解任意两个村庄之间的最短距离。

(4) 求解俱乐部所在的村庄。

3. 算法设计

(1) 创建和显示图。

图的创建与显示，参见原理篇和验证篇图的相关操作，也可通过头文件包含直接使用。为调试方便，修改相关程序，使图的信息可以从文件中读取，或通过初始化的方式创建图。

(2) 求解任意两个村庄之间的最短距离。

用 Floyd 算法求解任意两个村庄之间的最短距离，算法参见验证程序。

由于要用 Floyd 的计算结果求解俱乐部的地址，需对 Floyd 的验证程序稍作改动，将 Floyd 的计算结果(距离矩阵)作为形参或返回参数。例如作为形参，Floyd 的函数的定义可修改为

```
void ShortestPath_Floyd(MGraph<DT>G,int D[][MAX_VEXNUM],int n)
```

(3) 求解俱乐部所在的村庄。

普遍能接受的应该是其他村庄到俱乐部所在村庄的往返路程最短。在邻接矩阵中，第 i 行表示第 i 个村庄到其余各村庄的距离；第 i 列表示其余各村庄到第 i 个村庄到的距离。所以，计算其余村庄到某个村庄(设为 i)的往返距离的和的方法是“第 i 行非∞元素的和”加上“第 i 列非∞元素的和”，其中距离值最小的村庄为可选村庄。

设计中间变量 int mD[]和 bool mF[]：mD[]存储其余村庄到某村庄往返距离的和，用数组下标映射某村庄，即 mD[k]表示其余村庄到 k 村庄的往返距离；mF[]标识可建俱乐部的村庄，如果 mF[i]为 true，表示俱乐部可建在第 i 个村。求解俱乐部地址算法的类(C/C++)语言描述如下。

```
void ClubAdd (int D[][MAX_VEXNUM], int n,int mD[MAX_VEXNUM], bool mF[MAX_VEXNUM])
{
    for(i=0;i<MAX_VEXNUM;i++)        //初始化 mD、mF
    {
        mD[i]=0;                     //和的初值为 0
        mF[i]=false;
    }
    for(i=0;i<n;i++)                 //计算往返距离
    {
```

```
        for(j=0;j<n;j++)            //第 i 行非∞元素的和
            if(D[i][j]!=INF)
                mD[i]= mD[i]+D[i][j];
        for(j=0;j<n;j++)            //第 i 列非∞元素的和
            if(D[j][i]!=INF)
            mD[i]= mD[i]+D[j][i];
    }
                                    //计算最短往返距离
    minD=mD[0];k=0;mF[k]=true;      //设其他村庄到第 1 个村庄往返距离最近
    for(i=1;i<n;i++)
    {
        if(mD[i]<minD)              //小于最短往返距离,更新最小值 minD
        {
            minD=mD[i];
            mF[k]=false;            //修改俱乐部可建村庄标志
            mF[i]=true;
            k=i;
        }
        if(mD[i]==minD)
            mF[i]=true;
    }
}
```

四、测试与运行

完成下列工作,验证程序的正确性。

(1) 创建图。

(2) 显示图信息。

(3) 给出任意两个村庄之间的最短距离。

(4) 手工计算,验证实验结果的正确性。

6.2.5 物流最短路径问题

一、问题描述

快递驿站在 A 处,快递员每天从 A 取货送至 B～G 处,如图 3.6.4 所示。请为快递员规划最短送货线路。

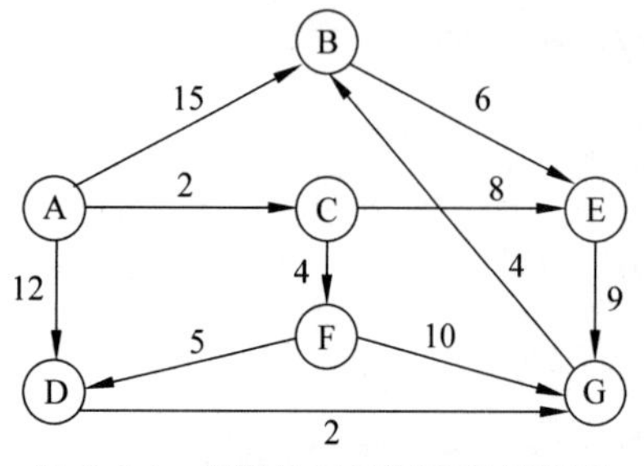

图 3.6.4 规划物流最短路径示例图

二、基本要求

(1) 用 Dijkstra 算法求出驿站到各送货点的最短距离和路径信息。

(2) 解析路径信息得到驿站到各送货点的最短距离的路径。

(3) 基于 Dijkstra 算法的计算结果,规划快递员的送货线路。

三、设计提示

1. 数据结构设计

Dijkstra 算法采用图的邻接矩阵存储，本问题求解采用该存储方法。

2. 功能设计

完成该实验涉及以下 4 个功能：

(1) 创建邻接矩阵存储的图。

(2) 显示图，用于了解创建的图是否正确。

(3) 用 Dijkstra 算法，求解驿站 A 到送货点 B～G 的最短距离和路径信息。

(4) 解析 Dijkstra 算法得到的路径信息 P[]，求 A 到送货点 B～G 的最短路径和距离。

3. 算法设计

(1) 创建和显示图。

图的创建与显示，参见原理篇和验证篇图的相关操作，也可通过头文件包含直接使用。为调试方便，修改相关程序使图的信息从文件中读取图信息，或通过初始化的方式创建图。

(2) 求解驿站 A 到送货点 B～G 的最短距离和路径信息。

用 Dijlstra 算法求解驿站 A 到送货点 B～C 的最短距离和路径信息。Dijlstra 算法参见验证程序。

由于要用 Dijlstra 的计算结果求解俱乐部的地址的计算，需对 Dijlstra 的验证程序稍作改动，将 Dijlstra 的计算结果(距离矩阵 D[]和路径矩阵 P[])为全局变量，使得在该函数外可用，并在 Dijlstra 函数的定义中增加这两个形参，如下所示：

```
void ShortestPath_Dijlstra (MGraph<DT>G,int D[], int P[], int n)
```

(3) 解析最短距离路径。

通过 P[]矩阵，可知驿站到各送货点的最短路径，本题中用 Dijkstra 算法求得 P[]矩阵如图 3.6.5(a)所示，据此可解析出各条最短路径如图 3.6.5(b)所示。

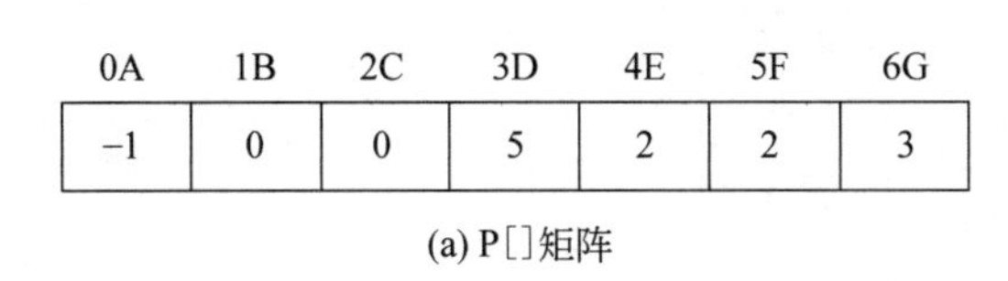

0A	1B	2C	3D	4E	5F	6G
–1	0	0	5	2	2	3

(a) P[]矩阵

```
A→B:15
A→C:2
A→C→F→D:11
A→C→E:10
A→C→F:6
A→C→F→D→G:13
```

(b) 最短路径

图 3.6.5　路径信息及解析结果

路径解析中得到的顶点序列与送货路径上的顶点的顺序相反，所以用堆栈存储各条路径上的顶点，出栈输出时正好得到驿站到各送货点的顶点序列。

根据 P[]矩阵解析的各条最短路径算法描述如下。

```
template<class DT>
void Path(MGraph<DT>G,int D[],int P[],int n)                //解析路径
```

```
{
    SqStack<int>S;
    InitStack(S,G.vexnum);                                  //创建栈
    for(i=1;i<n;i++)
    {
        k1=i;
        k2=P[k1];
        if(k2==-1)                                          //不可到达顶点
            cout<<G.vexs[0]<<"--≯"<<G.vexs[k1]<<endl;
        else if(k2==0)                                      //直达路径
            cout <<G.vexs[0]<<"→"<<G.vexs[k1]
                 <<":"<<D[i]<<endl;
        else                                                //非直达路径
        {
            while(k2)
            {
                Push(S,k1);                                 //顶点进栈
                k1=k2;
                k2=P[k1];
            }
            vex=G.vexs[k1];                                 //输出顶点值
            cout<<G.vexs[0]<<"→"<<vex;                      //输出非直达路径
            while(!StackEmpty(S))
            {
                Pop(S,k);
                cout<<"→"<<G.vexs[k];
            }
            cout<<":"<<D[i]<<endl;
        }
    }
    DestroyStack(S);
}
```

四、测试与运行

完成下列工作,验证程序的正确性。

(1) 创建图。

(2) 显示图信息。

(3) 显示 Dijkstra 算法的运算结果中 D[]和 P[]的结果。

(4) 显示驿站到各送货点最短距离的路径和距离。

(5) 手工推演计算,证明程序结果的正确性。

第7章 查 找

CHAPTER

7.1 实验目的

在用计算机求解问题时，查找是最为常用的几种操作之一，也是许多程序中最消耗时间的一部分。因而，一个好的查找方法会大大提高运行速度。通过本章实验，达到以下目的：

(1) 掌握顺序查找、折半查找的算法，能运用线性表的查找方法解决实际问题。

(2) 掌握二叉排序树的生成、插入、删除、输出运算。

(3) 掌握常用的散列函数构造方法及解决冲突的方法。

7.2 实验任务

7.2.1 顺序查找与折半查找

一、问题描述

对有序表分别进行顺序查找和折半查找，比较其查找性能。

二、基本要求

(1) 查找表不一定是有序表。

(2) 对同一组实验数据实现顺序查找和折半查找。

三、设计提示

1. 数据结构设计

折半查找只能采用顺序存储，所以，本实验的查找表应为顺序存储。为简化问题，可用一维数组存储查找序列。

2. 功能设计

完成本实验至少涉及以下几个功能：

(1) 创建和显示查找表。

(2) 查找表进行排序，把查找表变成有序序列。

(3) 有序表的顺序查找,并给出比较次数。

(4) 有序表的折半查找,并给出比较次数。

3. 算法设计

(1) 有序表的顺序查找。

基于有序表的顺序查找,其查找成功的平均查找长度与一般查找表无异,为$(n+1)/2$;但其查找不成功时无须遍历表中所有元素,设有序表为 R[],待查找元素为 key,则当 R[i-1]<key≤R[i]时,就可以停止查找。有序表的顺序查找操作步骤如下。

Step 1 如果 key < R[1] or key>R[n],未找到,返回 0。

Step 2 从 2~n 顺序查找 key,对于第 i 个元素。

  2.1 如果 R[i]==key,找到,返回位序 i。

  2.2 如果 R[i]<key and R[i]>key,未找到,返回 0。

  2.3 如果 R[i-1]>key,i++。

Step 3 如果 key==R[n],找到,返回 n。

Step 4 未找到,返回 0。

非降序有序表的顺序查找算法(类 C/C++ 语言)描述如下。

```
int Sortlist_seq(int R[], int n, int key)
{
  if(key<R[1] || key>R[n]                    //不存在,返回 0
     return 0;
  for(i=1; i<n; i++)                         //从第一个元素开始依次比较
    if  (R[i]==key)                          //找到
        return i;                            //返回位序
    else if  (R[i]>key && R[i+1]<key)        //介于两个元素之间
    return 0;                                //不存在,返回 0
  if(key==R[n])                              //最后一个元素是 key
    return n;                                //返回位序 n
  else return 0;                             //不存在,返回 0
}
```

注意:上述算法讨论中,并未统计比较次数,请自行设计。

(2) 其他算法。

排序算法、折半查找算法等其他算法参考原理篇和验证篇相关算法。

四、测试与运行

对满足下列条件的序列进行测试和性能分析。

(1) 正序序列;(2) 逆序序列;(3) 非有序序列。

五、思考题

折半查找算法能否用递归来实现?如果可以,请设计并实现该算法。

7.2.2 用二叉排序树实现字符统计

一、问题描述

统计字符串中出现的字符及次数。

二、基本要求

(1) 不统计作为分隔符的空格。

(2) 要求用一个二叉排序树来保存处理的结果,结点的数据元素由字符及出现的次数组成,关键字为字符。

(3) 采用二叉链表存储二叉排序树。

(4) 输入：字符串可以在程序中定义,也可以通过键盘输入。

(5) 输出：在屏幕上显示字符串中包含的所有字符及出现的次数。

三、设计提示

1. 数据结构设计

元素的定义：

```
struct ElemType
{
    char ch;                                    //字符
    int num;                                    //出现次数
}
```

二叉排序树结点的定义：

```
struct BTNode
{
    ElemType data;                              //数据成分
    BTNode * lchild;                            //左孩子指针成分
BTNode * rchild;                                //右孩子指针成分
}
```

2. 功能设计

完成本实验至少涉及以下几个功能：

(1) 根据输入的字符串创建二叉排序树。

(2) 统计各字符出现的次数。

(3) 中序遍历二叉排序树,输出各字符及出现的次数。

3. 算法设计

(1) 根据输入的字符串创建二叉排序树。

依次取得字符串中的各个字符,再在二叉排序树查找该字符,如果找到,则该字符对应的 num+1;如果没找到,则将该字符元素生成一个结点插到二叉排序树上。其算法(类 C/C++ 语言)描述和算法描述如下。

```
void StatChar(char * str, BTNode * &bt)        //统计字符串中各字符出现的频次
{                                               //结果存于二叉排序树中
  for(i = 0; i <strlen(str); i++)               //扫描表达式
  {
     p =SearchBST(t,str[i]);                    //在二叉排序树 t 上查找字符 str[i]
```

```
        if(p != NULL)                          //查找成功
            p->data.num++;                     //字符出现次数加 1
        else                                   //查找失败
          InsertBST (t,str[i]);                //在二叉排序树上插入元素
    }
}
```

二叉排序树的查找算法(BTNode * SearchBST(BTNode * bt,char ch))和二叉排序树的插入算法(InsertBST(BTNode *(&bt),char ch)),参考原理篇和验证篇相关算法。

(2) 统计词频。

由二叉排序树的创建算法可将统计词频工作在创建中一起完成。

(3) 中序遍历二叉排序树,输出各字符及出现的次数。

参照二叉树的中序遍历算法,结点输出时需注意每个结点元素的数据域包含(ch,num)两个属性,分别输出。

四、测试与运行

1. 针对下列各种字符串进行测试,验证程序的正确性。

(1) 只有英文字符;(2) 含有数字字符;(3) 含有特殊字符;(4) 一行以上的字符串。

2. 若输入的单词中包含空格,如何修改算法。

五、思考题

假设有如下一个问题:对于给定的一组整数序列,其中存在相同的整数,要求按递增顺序依次输出各整数的频率,例如有整数序列(3,2,7,5,4,2,3,2,4,3,3),结果输出 2 的频率为 3,输出 3 的频率为 4,输出 4 的频率为 2,输出 5 的频率为 1,输出 7 的频率为 1。如何解决该问题,请编写程序。

7.2.3 拉链法处理冲突的散列表

一、问题描述

编写一个程序,用除留余数法构造散列表,并用拉链法解决冲突,包含插入、删除、查找操作,并求成功情况下的平均查找长度和不成功情况下的平均查找长度。

二、基本要求

(1) 散列函数采用除留余数法,设计散列函数。

(2) 解决冲突采用拉链法,设数据元素为整型,构造散列表。

(3) 输入:可以通过键盘输入散列表的数据元素,也可在程序中用数组定义一个数据序列。

(4) 输出:给出构造的散列表;对于查找成功的元素,给出在散列表中的位序及比较次数;对于查找失败的元素给出比较次数。

三、设计提示

1. 数据结构设计

用拉链法解决冲突是把所有的同义词放在同一个单链表上,因此可设链表的结点结

构定义如下。

```
struct Node
{
    int data;                //数据成分
    Node * next;             //指针成分
}
```

散列表可以看成由一个指针数组构成,地址 i 的单元是指向对应单链表的首结点。设散列表的表长为 MAXM,采用除留余数法构造散列函数 H(key)=key mod m,其中 m <=MAXM,n 为散列表中元素个数,散列表结构定义如下。

```
struct HashTable
{
    Node * ht[MAXM];         //散列表
    int m;                   //散列表长度
}
```

2. 功能设计

完成本实验至少涉及以下几个功能:

(1) 遍历输出散列表。

(2) 在散列表中插入新的元素。

(3) 在散列表中删除元素。

3. 算法设计

(1) 遍历输出散列表。

依次访问散列表的指针数组,若数组元素非空,则输出该位置的单链表上所有结点的值。其算法(类 C/C++ 语言)描述和算法描述如下。

```
void Traverse(HashTable HT)         //遍历散列表 ht[pos]
{
    for(i = 0; i <HT.m; i++)        //遍历散列表的每个元素
    {
        if(ht[i]!=NULL)             //该位置非空
          visit(ht[i]);             //对该单链表调用函数 visit,输出各个结点的值
    }
}
```

(2) 在散列表中插入新的元素。

在散列表中插入元素 e 的方法如下。

Step 1　计算 e 的散列地址 H(e)。

Step 2　如果在该地址对应的单链表中存在元素 e,则不能插入。

Step 3　否则,采用尾插法,将新元素插入地址对应的单链表中。

算法(类 C/C++ 语言)描述和算法描述如下。

```
Bool Insert(HashTable &HT,int e)              //在散列表中插入数据元素 e
```

```
{
    index =e %HT.m;                         //计算散列地址
    if(!Search (ht[index],e))               //元素 e 在散列表中不存在
    {
        HT.n=HT.n+1;                        //散列表元素个数增 1
        p=new Node;                         //生成新的结点
        p->data=e;
        p->next=null;
        s=ht[index];
        if(s==null)                         //插入元素为对应位置的第一个元素
        {
            ht[index]=p;
            return true;
        }
        while(s->next!=null) s=s->next; //插在已有单链表的表尾
        s->next=p;
        return true;
    }
    return false;                           //在散列表中已有元素 e,则插入失败
}
```

(3) 在散列表中删除元素。

在散列表中删除元素的操作步骤如下。

Step 1 计算被删除元素 *e* 的散列地址 H(*e*)。

Step 2 在地址为 H(*e*)的链表中查找该元素。

2.1 如果未找到该元素,返回 false,表示删除失败。

2.2 否则在链表中删除该元素。

算法(类 C/C++ 语言)描述和算法描述如下。

```
bool Delete(HashTable &HT,int e)            //删除数据元素 e
{
    index =e %m;                            //计算散列地址
    if(!Search (ht[index],e))               //在散列表中没有元素 e
        return false;                       //删除失败
    p=ht[index];                            //链表元素
    if(p->data==e)                          //如果单链表的首元结点为 e
    {
        ht[index]=null;                     //单链表置空
        delete p;                           //释放数据元素为 e 的结点
        return true;                        //删除成功
        HT.n=HT.n-1;                        //散列表中元素个数减 1
    }
    s=p->next;                              //元素 e 不在单链表的首元结点位置
    while (s->data!=e)                      //找到元素 e
```

```
    {
        p=s;
        s=s->next;
    }
    p->next=s->next;                    //删除元素 e
    delete s;                           //释放数据元素为 e 的结点
    HT.n=HT.n-1;                        //散列表中元素个数减 1
    return true;                        //删除成功
}
```

四、测试与运行

(1) 设有整数序列{18,13,22,3,28,29,74,37,56,13,11,90},元素个数为12,散列表表长为6,构造并显示散列表。

(2) 若在表中分别查找90和49,给出查找结果与比较次数。

(3) 删除18,显示删除后的散列表。

五、思考题

若解决冲突的方式采用线性探测法,散列表的存储结构该怎么设计,为什么?

7.2.4 开放定址法处理冲突的散列表

一、问题描述

假设有一份班级名单,姓名为汉语拼音形式。设计一个散列表,完成相应的建表和查表程序,并计算平均查找长度。

二、基本要求

(1) 设计散列表的存储结构。

(2) 散列函数采用除留余数法,解决冲突采用伪随机探测再散列法。

(3) 输入:可以通过读文件的方式输入班级名单,也可以在程序中用数组存放班级名单。

(4) 输出:显示构造的散列表,并计算查找成功的平均查找长度。

三、设计提示

1. 数据结构设计

本题将姓名拼音中的各字符的ASCII值累加得到的整数为散列表的关键字。采用除留余数法构造散列函数 $H(k)=k \bmod p(p\leqslant 散列表表长)$,散列表表长m为50,因此,取 $p=47$。把姓名拼音和其关键码用数组存储,数据类型定义如下。

```
struct NAME
{
    char py[20];                        //姓名拼音
    int key;                            //关键字
};
NAME NameTable[HASH_LEN];               //姓名表,HASH_LEN 为散列表表长
```

散列表元素类型定义如下。

```
struct HASH
{
    NAME name;                                    //姓名
    int si;                                       //搜索次数
};
HASH HashTable[HASH_LEN];                         //散列表
```

2. 功能设计

完成本实验至少涉及以下几个功能：

(1) 计算关键字，将各名单的拼音字母的 ASCII 码累加和存入姓名表。

(2) 构造并显示散列表。

(3) 按姓名查找，并给出查找结果。

3. 算法设计

(1) 计算关键字。

算法思想：依次取得姓名表中的拼音信息，计算拼音字母的 ASCII 码累加和，将结果作为该姓名的关键字。其算法(类 C/C++ 语言)描述和算法描述如下。

```
int NameKey (char name[],int len)                 //计算关键字
{
  s=0;
    for(i=0;i<len;i++)
      s+=toascii(name[i]);                        //姓名拼音字母的 ASCII 码累加和
    return s;
  }
}
```

(2) 构造散列表。

构造散列表，即将姓名表中的名单依次存入散列表，方法如下。

Step 1　计算散列地址。

Step 2　按下情况分别处理。

　　2.1　若该地址空，则存入。

　　2.2　若不空，由伪随机探测系列计算下一个地址直到找到空地址后存入。

算法(类 C/C++ 语言)描述和算法描述如下。

```
void CreateHashTable(HASH HashTable[HASH_LEN],int n,NAME NameTable[])
//构造散列表
{
    for(i=0;i<HASH_LEN;i++)                       //初始化散列表
    {    strcpy(HashTable[i].name.py="\0");
         HashTable[i].name.key=0;
         HashTable[i].si=0;
    }
```

```
    for(i=0;i<n;i++)                          //将名单依次存入散列表
    {
        sum=1,j=0;
        adr=(NameTable[i].key)%P;             //计算散列地址
        if(HashTable[adr].si==0)              //若为空地址则存入
        {   strcpy(HashTable[adr].name,name[i]);
            HashTable[adr].si=1;
        }
        else                                  //有冲突
        {   while(HashTable[adr].si!=0)       //则计算下一个地址,直到找到可用地址
            {
                adr=(adr+d[j++])%HASH_LEN;
                sum++;                        //搜索次数加 1
            }
            strcpy(HashTable[adr].name,name[i]);
            HashTable[adr].si=sum;
        }
    }
    return;
}
```

(3) 按姓名查找算法。

按姓名的查找方法如下。

Step 1　由键盘输入待查找名单的拼音 name。

Step 2　计算 name 关键字 key 和散列地址 H(key)。

Step 3　将该地址的拼音和查找的拼音作比较。

3.1　相等,则找到,比较次数为 1;返回 H(key)。

3.2　若该地址存储空间内容为空,返回−1,表示查找失败。

3.3　若不相等,按伪随机探测法计算下一个地址进行判定,直到找到或查找失败。

算法(类 C/C++ 语言)描述和算法描述如下。

```
int FindName(Hash &HashTable[],int m)                //按姓名查找
{
    cin>>name;                                       //输入待查找名单的拼音
    s+=toascii(name[j]);                             //计算关键字
    adr=s%P;                                         //计算机散列地址
    j=0;                                             //冲突次数
    if(strcmp(HashTable[adr].name.py,name))          //比较 1 次,找到
    {
        cout<<"找到!比较次数 1 次\n";
        return adr;                                  //返回散列地址
    }
    else if(HashTable[adr].name.key==0)              //该地址为空
```

```
        return -1;                                       //查找失败
        else                                             //冲突
        {
            while(1)
            {
                adr=(adr+d[j++])%HASH_LEN;               //计算下一个地址
                if(HashTable[adr].key==0)
              {
                cout<<"没有想要查找的人!\n";
                return -1;                               //查找失败
              }
              if(strcmp(HashTable[adr].name.py,name))    //找到
              {
                cout<<"找到,比较次数为"<<j++<<"\n";
                return adr;                              //返回散列地址
              }
            }
        }
    }
```

四、测试与运行

(1) 设有名单如表 3.7.1 所示,散列表表长为 50,显示构造的散列表。

表 3.7.1 班级名单

序号	姓名拼音	序号	姓名拼音	序号	姓名拼音
1	zhangting	11	yujiangqiang	21	luhaotian
2	zhaocheng	12	madaha	22	luoqikai
3	chenmeili	13	zhengzhong	23	wangyali
4	liqiang	14	zhangyuer	24	tangkaibin
5	litiantian	15	zhoujiaqi	25	chenmoli
6	guhaiyan	16	lianqing	26	luyanni
7	wangxixi	17	caiguofu	27	lilijia
8	huangqin	18	mayurui	28	tangbokun
9	liwenting	19	chenyuxi	29	jiangmengli
10	zhangxiaoyi	20	chengshanqi	30	tangjiuning

(2) 若在表中分别查找 guhaiyan 和 zhangsan,给出查找结果与比较次数。

第8章 排序

CHAPTER

8.1 实验目的

排序是一种很常用的方法,很多问题中会用到排序操作。通过本实验,达到以下目的。

(1) 掌握各种内排序算法及其应用。

(2) 能在不同存储结构上实现排序。

(3) 能够根据具体应用选择合适的排序方法。

8.2 实验任务

8.2.1 单链表上的直接插入排序

一、问题描述

设数据元素类型为整型,在单链表上实现直接插入排序算法。

二、基本要求

(1) 非降序排序。

(2) 空间复杂度为$O(1)$。

(3) 显示各趟排序结果。

(4) 时间复杂度不超过顺序表的直接插入排序。

三、设计提示

1. 数据结构设计

根据“基本要求”,采用单链表,考虑到可能在表头插入元素,建议采用有头结点的单链表,单链表定义与教材一致。

2. 功能设计

完成该实验至少涉及以下3个功能:

(1) 创建单链表。

(2) 显示单链表,用于查看所创建的单链表和排序的各趟结果。

(3) 单链表上的非降序直接插入排序。

3. 算法设计

(1) 创建和显示单链表。

创建和显示单链表可以参考单链表验证程序或通过包含头文件(LinkList.h)方式直接使用。

(2) 单链表上的非降序直接插入排序。

直接插入排序的思想是从第 2 个元素开始依次将元素插入前面的有序序列中。在单链表上实施直接插入排序,需设置 4 个工作指针,p2 指向首元结点,p1 是 p2 的前驱,r 指向有序表的表尾,q 指向需插入有序表的元素,当处理第 i 个元素时,指针情况如图 3.8.1 所示。一趟排序的操作步骤如下。

Step 1 只要 p2->data<q->data,p1、p2 后移。

Step 2 定位插入点成功后。

2.1 如果 p2==q,r 和 q 依次后移。

2.2 否则,将 q 结点插入 p2 的前面,重新赋值 q 为 r 的后继。

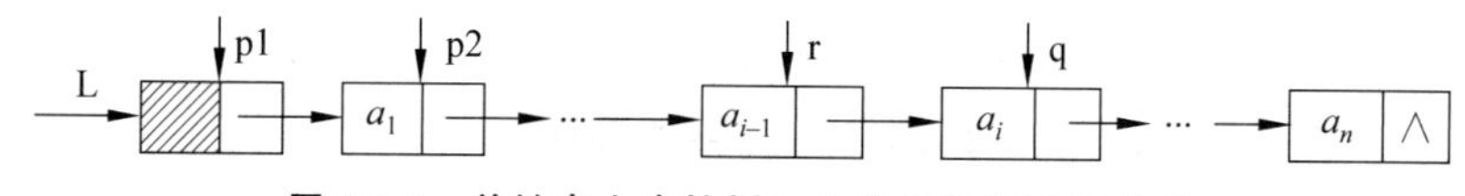

图 3.8.1 单链表上直接插入工作指针设置示意图

空表或只有一个结点,无须排序。完整算法(类 C/C++ 语言)的描述如下。

```
template <class DT>
void InsertSort_LL(LNode<DT> * &L)                //非降序插入排序
{
if(L==NULL || L->next==NULL)                      //空表或只有一个结点
      return;                                     //不需要排序
   r=L->next;                                     //已排序表表尾
   q=r->next;                                     //q 为当前处理项,r 的后继
   while(q)                                       //未处理完
   {                                              //从首元结点开始查找插入点
      p1=L;p2=p1->next;                           //p1 是 p2 的前驱
      while(q->data>p2->data && p2!=q)            //当前结点数据大
      {                                           //插入点后移
         p1=p2;p2=p2->next;
      }
      if(p2==q)                                   //当前项无须移动
         r=q;                                     //有序表表尾顺移
      else                                        //q 插入 p2 前面
      {
         r->next=q->next;                         //摘除 q 结点
         q->next=p1->next;                        //在 p1 后插入结点 q
         p1->next=q;
```

```
        }
        q=r->next;                                  //下一个需处理的项
    }
}
```

四、测试与运行

针对下列各种形态的序列进行测试，验证程序的正确性。

（1）空序列；（2）一个结点序列；（3）正序序列；（4）逆序序列；（5）任意一个无序序列。

8.2.2　单链表上的简单选择排序

一、问题描述

设数据元素类型为整型，在单链表上实现简单选择排序算法。

二、基本要求

（1）非降序排序。

（2）就地实施排序。

（3）显示各趟排序结果。

（4）分析算法的时间、空间复杂度。

三、设计提示

1. 数据结构设计

根据"基本要求"，采用有头结点或无头结点的单链表，单链表定义与教材一致。

2. 功能设计

完成该实验至少涉及以下 3 个功能：

（1）创建单链表。

（2）显示单链表，用于查看所创建的单链表和排序的各趟结果。

（3）单链表上的简单选择排序。

3. 算法设计

（1）创建和显示单链表。

创建和显示单链表可以参考单链表验证程序或通过包含头文件（LinkList.h）方式直接使用。

（2）单链表上的简单选择排序。

简单选择排序的算法思想：第 i 趟排序是把序列第 i 小的元素，放在第 i 个位序上。在单链表上实施简单选择排序需设置两个工作指针：p 指向第 i 个元素，r 指向第 i 小元素，如图 3.8.2 所示。第 i 趟的排序操作步骤如下。

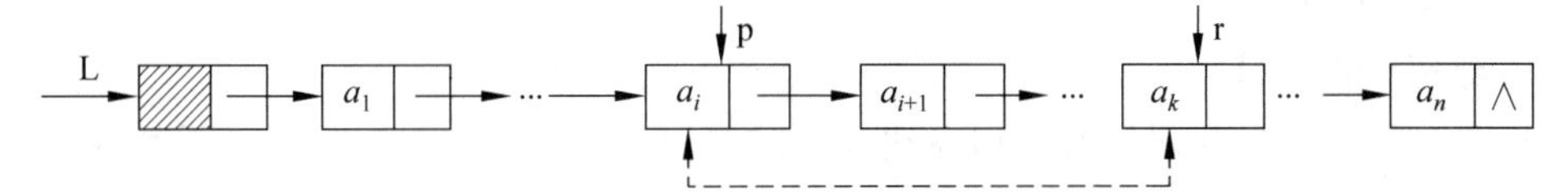

图 3.8.2　单链表上简单选择排序原理图

Step 1 查找 p 开始的链表的最小值元素结点 r。

Step 2 交换 p->data⟷r->data。

Step 3 p 后移,指向第 $i+1$ 个结点。

空表若只有一个结点,则无须排序。完整的算法(类 C/C++ 语言)描述如下。

```
template <class DT>
void SelectSort_LL(LNode<DT> * &L)             //非降序选择排序
{
  if(L->next==NULL || L->next->next==NULL) //空表或一个元素
     return;                                 //无须排序
    p=L->next;                               //从首元结点开始
    while(p)                                 //p 非空
    {
        r=minNode(p);                        //求 p 为首结点的单链表最小结点
        if(r!=p)                             //p 不是最小结点
        {
            e=p->data;                       //p 结点与最小值结点 r 互换结点值
            p->data=r->data;
            r->data=e;
        }
        p=p->next;                           //处理下一个结点
    }
}
```

四、测试与运行

针对下列各种形态的序列进行测试,验证程序的正确性。

①空序列;②一个结点序列;③正序序列;④逆序序列;⑤任意一个无序序列。

8.2.3 双向冒泡排序

一、问题描述

对一组整数数据进行双向冒泡非降序排序。

二、基本要求

(1) 设计双向冒泡排序算法。

(2) 显示每趟排序结果。

(3) 将双向冒泡排序与冒泡排序进行性能比较。

三、设计提示

1. 数据结构设计

双向冒泡排序是分别从低端和高端开始的冒泡排序,两端交替进行,可采用顺序表或双向链表形式。

2. 功能设计

完成该实验至少涉及以下几个功能：

(1) 创建排序序列。

(2) 显示排序序列。

(3) 冒泡排序。

(4) 双向冒泡排序。

(5) 分析双向冒泡算法的时间、空间性能。

(6) 对比两种冒泡排序算法的性能。

3. 算法设计

设排序序列存储在一个一维整型数组中。

(1) 创建排序序列。

排序序列可以通过初始化或键盘输入产生。

(2) 显示排序序列。

显示排序序列只要依次输出序列元素即可。由于要求显示每一趟的排序结果，所以应该根据功能写成独立的函数，以方便调用。

(3) 冒泡排序。

算法设计参见原理篇相关内容，实现参见算法 8.4 的验证程序。注意，算法 8.4 的验证程序，元素下标是从 1 开始的。如果程序中元素下标从 0 开始，需对验证程序作适当调整。

(4) 双向冒泡排序。

与冒泡排序一样设置数据交换标志 exchange，作为排序结束条件。如果某一趟排序中未发生任何数据互换，表示序列已有序，排序结束。双向冒泡排序是低端和高端交替进行。操作步骤如下。

Step 1　设置交换标志为 true。

Step 2　只要交换标志为 true，重复下列操作。

2.1　设置交换标志为 false。

2.2　从低端开始进行冒泡排序，如果有数据交换，设置交换标志为 true。

2.3　从高端开始进行冒泡排序，如果有数据交换，设置交换标志为 true。

低端开始的冒泡排序，一趟结束最大值下沉到高端；高端开始的冒泡排序，一趟结束最小值浮到低端，所以，排序范围可以逐步缩小。设下标从 1 开始，对于第 i 趟，低端的冒泡排序扫描范围为 $i \sim n-i+1$，高端的冒泡排序扫描范围为 $n-i \sim i$。双向冒泡排序的类(C/C++)语言描述如下。

```
void Dd_Bubble_Sort(int R[],int n)
{
    exchange=true;                                  //无序
    i=1;                                            //排序趟数
    while(exchange)                                 //有数据互换
    {
```

```
        exchange =false;
        for(j=i;j<=n-i;j++)                        //从低端开始扫描
            if(R[j]>R[j+1])                        //相邻元素逆序
            {
                t=R[j],R[j]=R[j+1],R[j+1]=t;       //对 R[j]<-->R[j+1]进行互换
                exchange =true;                    //互换标志为 true
            }
            for(j=n-i;j>=i;j--)                    //从高端开始扫描
            if(R[j]<R[j-1])                        //相邻元素逆序
            {
                t=R[j],R[j]=R[j-1],R[j-1]=t;       //对 R[j]<-->R[j+1]进行互换
                exchange =true;                    //互换标志为 true
            }
        i++;
    }
}
```

(5) 性能比较。

对相同的排序序列分别进行冒泡排序和双向冒泡排序,通过设置,输出每趟排序结果,进行直观上的比较。

通过累计排序趟数和数据交换次数,进行客观分析。

(6) 考虑上述算法的可改进之处。

四、测试与运行

排序序列不宜过短。至少对下列序列进行测试与分析。

(1) 无序序列。

(2) 正序序列。

(3) 逆序序列。

8.2.4 序列重排

一、问题描述

对于长度为 n 的整数数列,编程实现序列的重排,将序列中负数排在非负整数之前。

二、基本要求

(1) 基于快速排序的序列分割思想,解决该问题。

(2) 分析算法的时间、空间复杂度。

三、设计提示

1. 数据结构设计

快速排序需从两端分别扫描排序序列,所以可采用顺序存储或双向链表形式。

2. 功能设计

完成该实验至少涉及以下两个功能:

(1) 序列重排算法。

(2) 序列显示,用于查看排列前、后的序列。

3. 算法设计

以顺序存储为例,设待排序序列存于一个一维数组 R [n]中。重排操作方法如下。

Step 1　分设低位指针 low(初值为 0) 和高位指针 high(初值为 $n-1$),如图 3.8.3(a)所示。

Step 2　分别进行高端和低端扫描,只要 high>low,重复下列操作。

2.1　高端扫描,如果 R[high]为非负数,high−−;

2.2　低端扫描,如果 R[low]为负数,low++;

2.3　R[low]与 R[high]互换,如图 3.8.3(b)所示,R[1]←→R[7];

2.4　low++、high−−,开始继续扫描,如图 3.8.3(c)所示。

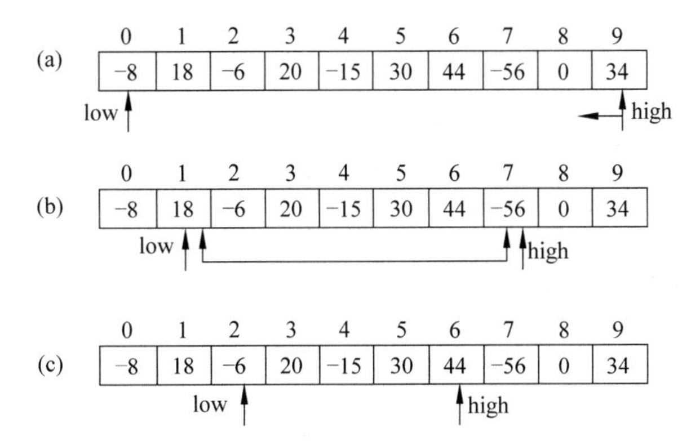

图 3.8.3　数据重排的高、低端交叉扫描示意图

算法(类 C/C++ 语言)描述如下。

```
void Resort(int R[],int n)
{
    low=0;                                //工作变量初始化
    high=n-1;
    i=0;
    while(low<high)                       //扫描完所有记录,退出循环
    {
        while(low<high && R[high]>=0)     //高端到低端扫描
            high--;                       //非负数,高端指针前移
        while(low <high && R[low]<0)      //低到高扫描
            low++;                        //负数,低端指针后移
        t=R[low];                         //R[low]<---->R[high]
        R[low]=R[high];
        R[high]=t;
        cout<<"第"<<i<<"趟互换: \t";
        DispData(R,n);
        low++;                            //低端指针后移,处理一个数据
        high--;                           //高端指针前移,处理一个数据
```

```
        i++;
    }
    return;
}
```

四、测试与运行

针对下列各种特征的序列进行测试,验证程序的正确性。

(1) 含正数和负数的序列。

(2) 只有正数的序列。

(3) 只有负数的序列。

(4) 含 0 元素的序列。

8.2.5 堆判断

一、问题描述

判断一个整数序列是否为大根堆。

二、基本要求

(1) 设计并实现大根堆判别算法。

(2) 给出判别结果。

三、设计提示

1. 数据结构设计

堆是完全二叉树,采用顺序存储方法。

2. 功能设计

本问题的主要功能是判别一个序列是否为大根堆。

3. 算法设计

根据完全二叉树结点之间的关系,可知任一结点 i(从 0 开始)的左孩子序号为($2i+1<n-1$),右孩子序号为($2(i+1)<n-1$),如图 3.8.4 所示。

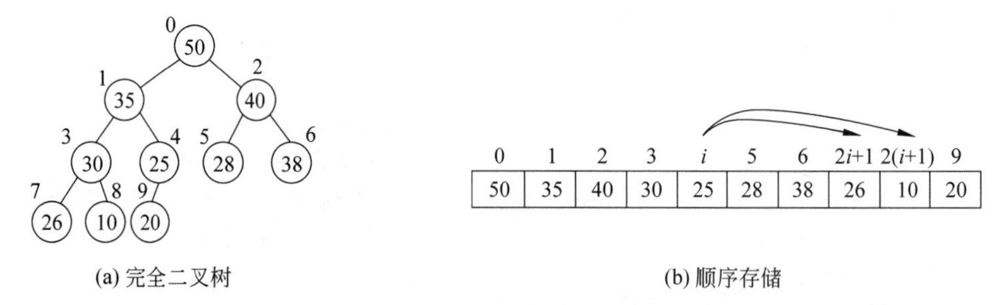

(a) 完全二叉树　　(b) 顺序存储

图 3.8.4 堆的存储示意图

扫描所有分支结点,如果均满足“结点值大于孩子结点值”的条件,则为大根堆。具体分以下两种情况。

(1) 结点数为奇数。

所有分支结点均为双分支结点，需判断其值是否同时大于左、右孩子结点值。

(2) 结点数为偶数。

最后一个分支结点只有左孩子，只需判断其值是否大于左孩子即可；其余分支结点均为度为2的结点，需判断其值是否同时大于左、右孩子结点值。

算法(类C/C++语言)描述与算法步骤如下。

```
bool JudgeBigHeap(int R[],int n)                    //序列下标 0..n-1
{
    int i;
    if(n%2==0)                                      //n为偶数,最后一个结点只有左孩子
    {
        if(R[(n-1)/2]<R[n])
            return false;
        for(i=(n-1)/2-1;i>=0;i--)                   //判断所有双分支结点
            if(R[i]<R[2*i+1] || R[i]<R[2*(i+1)])
                return false;
    }
    else                                            //n为奇数时
    {
        for(i=(n-1)/2;i>=0;i--)
            if(R[i]<R[2*i+1] ||R[i]<R[2*(i+1)])
                return false;
    }
    return true;
}
```

四、测试与运行

分别针对大根堆序列和非大根堆序列进行测试，验证程序的正确性。

第4篇

综　合　篇

第1章 绪论

CHAPTER

综合篇的任务设计主要针对数据结构课程设计的需求。数据结构课程设计一般安排在课程结束后，用完整的1～2周时间，完成一个较大任务的设计与实现。课程实验侧重于少量知识点的应用和基本技能训练，一般问题规模不大。课程设计是一个综合性实践教学环节，是对课程知识的综合运用及软件开发技能的综合训练。问题求解涉及课程的多个知识点及其他的专业知识和技能。通过完成课程设计任务，达到以下教学目的。

(1) **提高学生综合运用课程知识的能力**。从全局理解数据结构课程内涵，洞悉知识点之间的关系。

(2) **培养学生文献查找、阅读和分析的能力**。课程设计任务一般不是教程中有的问题，需要学习者自己进行分析与设计，通常还需查阅相关文献以了解任务相关背景知识和确定技术方案。

(3) **初步掌握复杂软件的分析方法和设计方法**。大型的、复杂的、系统性的任务完成通常不能一蹴而就，需要遵循正确的方法，按工作流程逐步推进。1～2周的课程设计训练，帮助学生践行系统开发的流程，培养系统化的思维与工作方式。

(4) **了解与课程有关的工程技术规范**。通过课程设计，初步实践软件开发流程，理解软件健壮性的重要性和相关设计，学习测试用例的设计，正确解释和分析实验结果。

(5) **提高设计报告的撰写能力**。报告是工作的记载，包括任务的分析、设计、评估等内容，报告是同行、合作人之间交流的重要媒介，是不可或缺的交流方式。工程专业认证中明确规定把撰写报告和设计文稿作为沟通的方式之一。课程设计报告的撰写使学生得到这方面的训练，为将来毕业设计文档、工作报告文档等的撰写奠定基础。

1.1 综合设计内容

综合篇中解决问题的步骤与设计篇解决问题的步骤基本相似，两者的区别在于：综合篇涉及的问题比设计篇涉及的问题复杂，更具有系统性，工作内容多，最终的程序规模大。因此，需按照软件开发步骤有序进行。具体内容如下。

1. 需求分析

根据问题描述和设计提示对课程设计任务进行分析，一般涉及以下内容。

(1) 了解问题背景，根据已有知识和相关文献等充分了解问题相关的背景和技术方案。

(2) 明确问题。任务中需解决(不是怎么解决)哪些问题？由此确定系统需提供哪些功能？

(3) 厘清问题的边界。面向的用户是谁？输入数据是什么？输出数据是什么？

(4) 构建测试用例。正确的输入得到相应的正确结果是什么？

2. 概要设计

概要设计的主要任务是**设计数据结构和功能模块**。概要设计建立的是目标系统的逻辑模型，与计算机无关。

数据结构设计是对问题域的实体建模，包括实体的数据表示，即把实体抽象成数据元素；数据元素之间的关系表述。

功能模块设计是将一个复杂系统按功能进行模块划分、建立模块的调用关系、确定模块间的接口及人机界面等。

功能划分以数据结构为中心。通常程序中除了对应功能模块的函数外，还会需要一些辅助函数，如处理对象的输入、加工结果的输出及一个主函数 main()等。为了避免调试困难，功能模块不宜过大，一般使其实现代码不超过 60 行。该过程的要点是使整个程序结构清晰、合理和易于调试。

3. 详细设计

详细设计是对概要设计的细化，是对数据结构和基本操作的进一步求精。设计内容包括如下几点。

(1) 为每个模块内的数据结构进行设计。对于需求分析、概要设计确定的概念性的数据类型进行确切的定义。

(2) 为数据结构进行物理设计，即确定数据库的物理结构。物理结构主要指数据的存储记录格式、存储记录安排和存储方法，这些都依赖于具体所使用的数据库系统。

(3) 为每个模块进行详细的算法设计。用图形、表格或语言等算法描述工具将每个模块处理过程的步骤描述出来。

(4) 输入输出格式设计。规定输入数据的格式、值域等，以及输出数据的样式和含义。

(5) 人机交互设计。如果系统运行中存在人机交互，则要进行交互方式、内容、格式的具体设计。

详细设计的常用方法有自顶向下、逐步求精或自底向上、逐步整合。

4. 编码实现和静态检查

将详细设计的结果细化为程序设计语言的源程序，并进行静态检查。此要求同设计篇的实验，但综合性实验程序规模要远大于设计篇的实验，因此更要注意良好的编程风格，耐心、细致地做好静态检查工作。

5. 程序调试与测试

采用分模块进行，即先调底层函数和搭框架，后调调用函数。不断积累调试技能和识别出错信息的能力。调试正确后，认真整理源程序及其注释，形成格式和风格良好的源程序清单。

调试与测试可以验证需求是否得到实现。如果没有，需修改设计。

6. 结果分析

程序运行结果分析包括①输出结果的正确性分析；②错误输入的运行结果分析；③算法的时间、空间复杂度分析。

7. 撰写设计报告

课程设计报告阐述课题任务的分析、设计及实现，是课程设计工作的完整记录，是老师了解学生工作并给予评价的重要依据之一。

1.2 综合设计报告格式

1. 封面

封面包含设计题目，设计者基本信息(专业、班级、姓名、学号、提交日期等)。

2. 内容摘要

简述报告的主要内容，包括解决的问题、主要工作成果、技术方案等。

3. 目录

报告的内容提纲。

4. 正文

(1) 需求分析：陈述任务需求分析的内容。

(2) 概要设计：逻辑结构的设计、系统功能模块的划分、模块之间的调用关系等。

(3) 详细设计：数据存储结构的设计、模块功能实现的相关算法设计及算法性能分析。

(4) 运行情况：给出测试数据、测试结果及结果的分析说明，特别是正确性说明。

5. 总结

总结部分给出本次课程设计工作中的收获、体会，可以包括以下几方面的内容。

(1) 完成的主要工作。

(2) 根据现有系统的性能，给出改进建议。

(3) 工作中的挫折和取得的经验，包括调试过程中遇到的问题的解决。

(4) 如果有的话，给出创新点的说明。

6. 主要参考文献

列出课程设计中主要参考的资料，包括书籍、论文、在线文档等。

第2章 综合任务

CHAPTER

2.1 个人乐库管理系统

2.1.1 问题描述

建立一个供个人使用的音乐信息管理系统，用于存储、管理和快速查找歌曲信息；能够生成收藏夹和按歌名排序的播放列表。

2.1.2 分析与设计提示

1. 歌曲信息

音乐信息可能包括两方面的内容。

(1) 音乐的基本信息，如名称、演唱者、创作者等。

(2) 根据个人查找偏好的查找信息，如类别、年份、喜爱程度、曲风等。

2. 功能设计

作为一个乐库管理系统，最基本的功能如下。

(1) 歌曲的增、删、改。通过这些操作更新乐库。

(2) 歌曲查找。查找功能需考虑到用户的多种需求，如按演唱者查找、按歌名查找、按类别查找或多条件组合查找。

(3) 歌曲浏览。该功能可能是总歌单浏览，也可能是查找后的歌曲浏览。总歌单浏览可以显示歌曲的所有信息，也可以显示部分信息。

如果提供收藏夹功能，需考虑收藏夹的创建，在收藏夹中增、删、查歌曲等功能。

除上述功能外，用户根据乐库管理的需求增设其他功能。例如，按查找次数形成热门歌单等。

3. 存储设计

每一首歌曲有多个属性，查找时按关键字查找，关键字由用户的查找偏好决定。存储设计既要考虑歌曲信息管理的方便，也需考虑到查找的需要。

一首歌曲可能因不同的功能需要多个存储,但没有必要存储多个复本,可以考虑建一张完整表和几张用于其他功能的索引表。如果建立收藏夹,同样可以这样做。

4. 算法设计

本系统中可能涉及的算法如下。

(1) 记录的增、删、改,用于歌曲的增、删或信息修改。如果建有索引表,在主表中进行记录的增、删、改后,一定更新索引表和其他相关的表。

(2) 查找算法。系统中多处用到查找。除了专门的查找外,在进行增、删、改时也均需要进行查找。把查找写成独立的函数,以方便调用。散列查找是一种性能较好的查找,如果采用它,需考虑被散列的关键字取什么合适,采用什么样的散列函数。

(3) 排序。系统中的播放列表要求按某条件并按歌名有序排列,歌名为字符串,排序的关键字类型为字符串。

2.1.3 性能要求

本系统的性能要求如下。

(1) 乐库以文件形式存于磁盘,歌曲信息不少于 30 首。系统运行时读磁盘,结束前存盘,保存本次运行的结果。

(2) 界面友好,操作简单。

(3) 同一首歌曲的信息只存储一次。

(4) 当浏览信息多于一屏时,需分屏显示。

2.2 高校学生信息快速查询系统

2.2.1 问题描述

大学之大的一个体现就是学生多,少则几千,多则几万。学生分布在不同学科、不同专业、不同班级。以几万计,如果采用顺序查找,每查找一位学生的平均比较次数的数量级为 $O(10^5)$。本次任务要求设计一个方便、性能高效、操作简单的学生查询系统。

2.2.2 分析与设计提示

1. 学生信息

学生信息可包括两方面的内容。

(1) 基本信息,如学院、专业、班级、学号、姓名、性别等。

(2) 用于查找特殊需求的信息,如身高、爱好、身份、奖学金、平均成绩等。

2. 功能设计

作为一个学生信息查询系统,最基本的功能如下。

(1) 学生的增、删、改。通过这些操作建立与更新学生信息。

(2) 学生查找。查找功能需考虑到用户可能的、不同条件的查找,如按学院、按专业、按班级、按姓名、按爱好或这些条件的组合。本任务的重点是查询,按不同的查询条件设置不同的查询功能。

(3) 学生浏览。查到符合条件的学生信息,展示在屏幕或存储到磁盘以永久保存。

除上述功能外,用户可根据个人对学生信息查询系统的需求理解,增设其他功能,例如查找同宿舍的学生等。

3. 存储设计

每一个学生有多个属性,其中学号可以唯一标识学生,不会重复。学院、专业、班级及学生人数等信息相对固定,可以采用顺序存储,从学院、专业、班级、学生所属关系来看,它们之间具有层次特性,如图 4.2.1 所示。

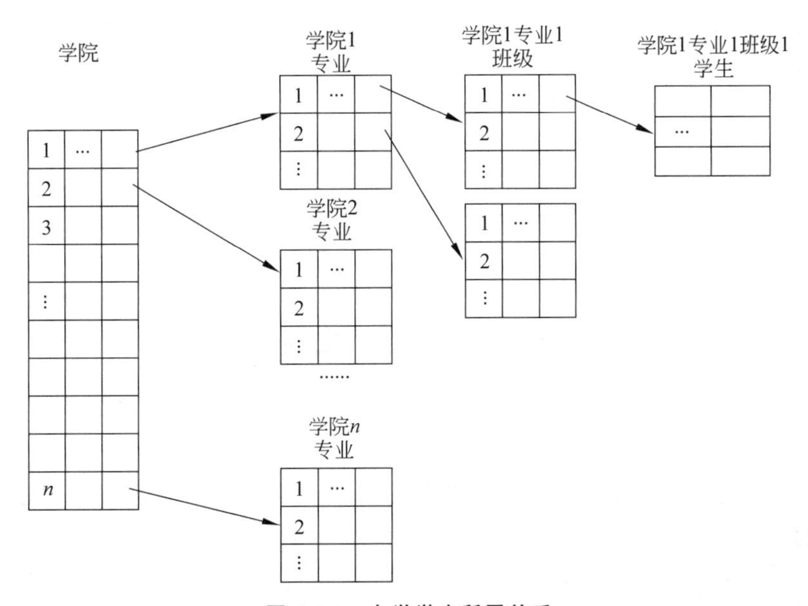

图 4.2.1　大学学生所属关系

从查找效率来看,折半查找、平衡二叉树查找和散列查找性能最佳,采用这些查找方法,需要为此建立相应的查找表。在此任务中,存储设计既要考虑学生信息管理的方便,更需要考虑到查找的需要。方便管理的存储方式不一定适合高性能的查找,需要考虑两者权衡的。

4. 算法设计

本任务最关键的算法是适合不同查找条件的查找算法,但查找需数据源,所以,任务中涉及的算法如下。

(1) 记录的增、删、改。通过这些功能,创建和维护学生信息。如果建有索引表,在主表中进行记录的增、删、改后,一定要更新索引表和其他相关的表。

(2) 查找算法。不同的查找条件,需要不同的查找算法以获得高性能,需分开设计。例如,按学生基本属性的层次关系进行的查找效率较高。查找算法除用于专门的查找任务外,在进行增、删、改时均需进行查找。把查找写成独立的函数,以方便调用。

2.2.3 性能要求

本系统的性能要求如下。

(1) 学生信息以文件形式存于磁盘,数据覆盖所有学院(学院数不少于4个),所有专业(每个学院专业数不少于2个),所有班级(每个年级、每个专业的班级数不少于2个),每班学生数不少于15人。系统运行时读磁盘,结束前存盘,保存本次运行的结果。

(2) 界面友好,操作简单。

(3) 同一学生的信息只存储一次;学号必须唯一。

(4) 至少能够实现下列条件的快速查找,查找效率需高于$O(n)$。

① 按班级和姓名的查找。

② 按专业和姓名的查找。

③ 按学院和姓名的查找。

④ 按学院、专业、班级和姓名的查找。

(5) 系统的完成度取决于用户对查询需求的分析及最终实现的查询功能。

2.3 纸牌游戏

2.3.1 问题描述

设有两个玩家PA和PB,他们玩一副具有$N(N<10)$个不同面值的扑克牌,每个面值有两张牌。

玩法1:顺序抓牌顺序出牌。

第一步,发牌。将扑克牌均分成两份,玩家PA、PB各得一份,或轮流抓牌各得一半牌。牌按得牌顺序前后有序。

第二步,玩牌。当双方手中都有牌时,双方依得牌顺序交替出牌,设出牌面值为X,重复下列操作。

2.1 如果桌面上没有与X相同面值的牌,将牌X放到牌桌上且压在已有牌的上方。

2.2 如果桌面上有与X相同面值的牌,出牌人赢牌,执行下列操作。

2.2.1 把出的牌X添加到牌尾。

2.2.2 把桌面上的牌直到面值为X的牌依次添加到出牌人的牌尾。

第三步,赢家。如果有一方玩家手中无牌,游戏结束,无牌的玩家为输家,有牌的玩家为赢家。

第四步,摊牌。输出赢家手中的牌和桌上的牌。

玩法2:玩家1依得牌顺序出牌,玩家2随意出牌。

此玩法中,显然玩家1的玩法与玩法1相同,顺序出牌,顺序将赢的牌插入牌尾;而玩家2可以根据赢的可能性出牌。

2.3.2　分析与设计提示

1. 牌的信息

牌只有牌面值一个信息。玩家和桌上均有若干张牌,可以分别用整型数组表示。

2. 功能设计

该任务的完成主要涉及以下功能:

(1) 发牌。

(2) 玩法1。

(3) 玩法2。

(4) 摊牌。

3. 存储设计

对于玩法1的设计如下。

(1) 玩家手中的牌是先抓到的牌先出,赢的牌添加在牌尾,具有“先来先服务”特性,可以用队列表示。

(2) 桌上的牌是后出的牌压在先出牌的上面,可以用栈存储。

(3) 由于牌总数可知,所以队列和栈均可用顺序存储。

对于玩法2的设计如下。

(1) 与玩法1相同的理由,玩家1手中的牌用顺序队列存储;桌上的牌是后出的牌压在先出牌的上面,用顺序栈存储。

(2) 玩家2手中的牌没有出牌顺序要求,采用链表较好。

4. 算法设计

(1) 发牌。

通过初始化或随机数,为两个玩家分牌。

(2) 玩法1。

设队列QA和QB分别表示玩家PA和玩家PB手中的牌,堆栈S表示桌上的牌。设玩家PA先出牌,根据玩法,玩牌的操作如下。

Step 1　只要QA和QB均不空,重复下列操作。

　　1.1　取QA队队头元素pa。

　　1.2　如果堆栈中有值等于PA的牌sa。

　　　　1.2.1　pa入QA队尾。

　　　　1.2.2　sa前的元素依次出栈、入队列QA,sa出栈入队列QA。

　　1.3　如果堆栈中没有值等于pa的牌,pa入栈。

Step 2　只要QA和QB中有一个为空队,进行下列操作。

　　2.1　空队列的玩家为输家。

　　2.2　显示赢家手中的牌信息及桌上牌信息。

　　2.3　游戏结束。

(3) 玩法2。

为了减少对方赢的可能,需要一些策略,如不出对方有的牌;出手中成对的牌,以便能收回等。请自行从实际中总结经验,决定出牌策略。

(4) 摊牌。

赢家手中的牌,对于玩法1,依次出队输出;对于玩法2,遍历线性表输出。桌上的牌,依次出栈并输出。

2.3.3 性能要求

本系统的性能要求如下。

(1) 展示玩家得牌信息。

(2) 展示玩牌中出牌和赢牌信息。

(3) 思考以复杂度 $O(1)$ 判断桌上是否有当前出的牌。

(4) 多组数据测试,说明玩法1是否一定会产生赢家。

(5) 多组数据测试,说明自行出牌的玩家是否一定能赢。

(6) 牌的点数不超过10。

2.4 排雷游戏

2.4.1 问题描述

排雷是一个经典的小游戏,相信大多数同学都玩过。本设计的任务是帮助排雷人用炸弹高效排雷。雷区示意图如图4.2.2所示,区域里有墙和雷,排雷人通过放炸弹炸掉雷以达到排雷目的。

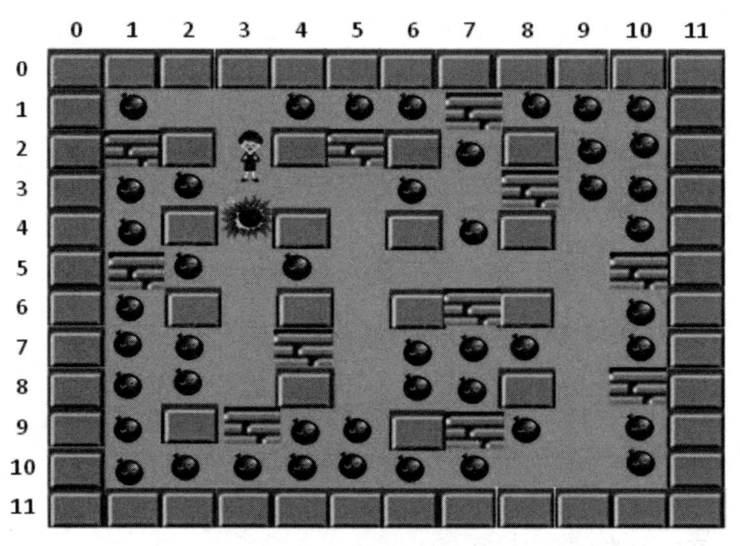

图 4.2.2 雷区示意图

(1) 墙。墙有两种,一种是可以被炸掉的,图中用表示,另一种是不能炸掉的,图中用表示。

(2) 雷。图中用表示。

(3) 炸弹。设炸弹威力足够强，可以炸掉上、下、左、右所有的雷。

编程求解下列问题。

(1) 不考虑排雷人是否可达，地雷放在何处，可以一次炸掉最多的雷；

(2) 考虑排雷人可达条件下，地雷放在何处，可以一次炸掉最多的雷；

(3) 炸掉所有地雷，最少引爆的方案是什么？

2.4.2　分析与设计提示

1. 地图信息

地图里包括不可炸的墙、可炸的墙、雷和平地4种元素，非图形化编程时，可以用不同的符号表示上述4种不同元素。

2. 功能设计

该任务的完成主要涉及以下功能：

(1) 构建雷分布图。

(2) 显示雷分布图。

(3) 求最强威力爆炸点。

(4) 求爆炸人可达的最强威力爆炸点。

(5) 以最少炸弹除掉所有雷。

3. 存储设计

雷的分布是在二维平面上，可以用二维数组表示，如图4.2.3所示，图中以$表示不可炸的墙，以#表示可炸的墙，以@表示雷，以.表示空地，即可放置炸弹的位置。

	0	1	2	3	4	5	6	7	8	9	10	11
0	$	$	$	$	$	$	$	$	$	$	$	$
1	$	@	.	.	@	@	@	#	@	@	@	$
2	$	#	$	.	$	#	$	@	$	@	@	$
3	$	@	@	.	.	.	@	.	.	@	@	$
4	$	@	$	.	$	.	$	@	$	.	@	$
5	$	#	@	.	@	.	.	.	.	.	#	$
6	$	@	$	.	$	.	$	#	$	.	@	$
7	$	@	@	.	#	.	@	@	@	.	@	$
8	$	@	@	.	#	.	@	@	#	.	#	$
9	$	@	#	#	.	.	#	#	@	.	@	$
10	$	@	@	@	@	@	@	@	.	.	@	$
11	$	$	$	$	$	$	$	$	$	$	$	$

图4.2.3　雷区的数组表示

4. 算法设计

(1) 求最强威力爆炸点。

可以采用穷举法，对每个可引爆点进行上、下、左、右统计雷的数目sum，保留sum最大值及相应的位置信息。

(2) 求排雷人可达的最强威力爆炸点。

对排雷人可达点进行遍历,对遍历到的点进行上、下、左、右统计雷的数目,保留 sum 最大值及相应的位置信息。

以广度优先搜索为例。遍历中需要一个队列,队列元素为坐标位置(x,y),x 和 y 分别为二维数组的下标。另设一个 bool visited[][]标识某位置是否访问过。基于广度优先遍历求排雷人可达的最强威力爆炸点操作如下。

Step 1 排雷人的位置(sx,sy)入队,并设访问标注 visited[sx][sy]=true。

Step 2 对排雷人所在位置进行可炸雷的计数 sum,存储该位置(zx,zy)。

Step 3 只要队列不空,重复下列操作。

3.1 出队至(x,y)。

3.2 对每个(x,y)可达的且未被访问的位置(tx,ty)进行下列操作。

3.2.1 (tx,ty)入队,并设置访问 visited[tx][ty]=true。

3.2.2 统计(tx,ty)处可炸雷的计数 sum,若大于 sum,更新信息 sum 及(zx,zy)。

也可以采用深度优先搜索。从排雷人的起始位置开始,统计该点的可炸雷数 sum;尝试往前走,每走到一个新的位置就统计该位置可以炸的雷数,如果大于 sum,更新 sum 及相应的位置信息,并从该点继续尝试往下走,直至无路可走的时候返回,再尝试其他方向。

(3) 采用最少炸弹除掉所有雷。

以最少的炸弹除掉所有雷。可以多次使用解决第 2 个问题的方法,具体操作如下。

Step 1 在可达点处放置炸弹。

Step 2 修改地雷分布图,把已被炸掉的雷的位置设为空地。

重复 Step 1、Step 2,直至所有的雷被除掉。

2.4.3 性能要求

本系统的性能要求如下。

(1) 布雷区不小于 9×9,不一定是方阵,最外围一层为不可炸的墙。

(2) 以方阵形式输出布雷图。

(3) 从一个位置出发一步只能走其相邻的上、下、左、右 4 个位置中的一个可走位置。

(4) 分别给出 3 个问题的答案。

(5) 对于第 3 个问题“以最少炸弹除掉所有雷”,需给出各个放置炸弹的位置。

(6) 操作方便,界面友好。

2.5 迷宫问题

2.5.1 问题描述

迷宫问题是一种古老的智力游戏,许多智能问题,如下棋游戏、战略决策、机器人路径规划等，都可以转化成寻找迷宫最优路径的问题。用计算机求解迷宫问题时，通常将迷宫简化为 M 行× N 列的网格，如图 4.2.4 所示，图中有两种图形，墙▇和空地，墙为不能通行处，空地为可通行处。

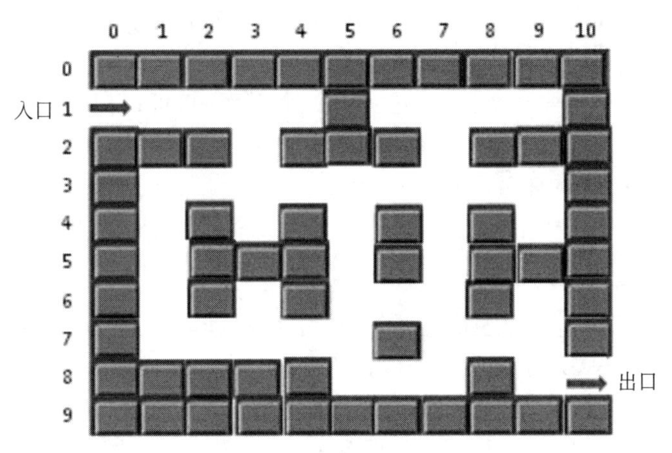

图 4.2.4 迷宫示意图

在某空地(i,j)继续通行可以尝试的前进方向有上、下、左、右，设以顺时针方向从上开始设为方位1～4，则前进后，方位与坐标变化之间的关系如图 4.2.5 所示，如果变化后的坐标为墙，则此方向为不可前行方向。

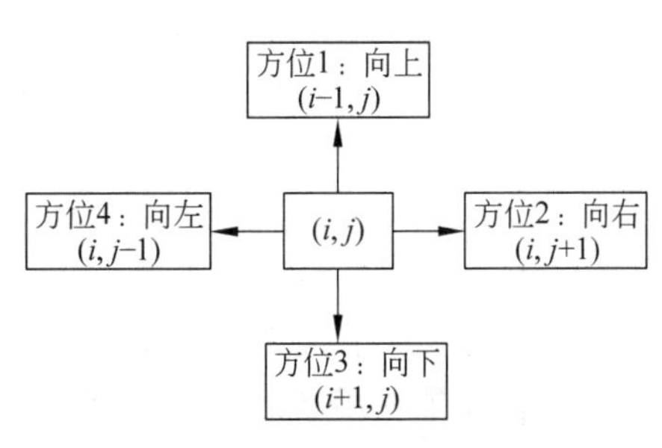

图 4.2.5 行走方位与坐标变化之间的关系

迷宫问题为求解从入口到出口的路径问题。本设计任务为，对任意 $M \times N$ 的长方形迷宫，求解下列简单路径：①一条迷宫路径；②所有迷宫路径；③最短迷宫路径。

2.5.2 分析与设计提示

求解迷宫问题通常采用“穷举探索求解法”，即从入口出发，顺某一方向向前探索，若能走通，则继续往前走，否则沿原路退回(回溯)，换一个可行的方向再继续探索，直至所有可能的通路都探索到为止。根据穷举中用以保存路径的工具，分为①基于堆栈的非递归迷宫深度优先搜索；②基于队列的迷宫广度优先搜索。

如果把迷宫中的每一个位置看作一个点，在可行的点之间用边表示，即可把迷宫抽象成一个无向图，求迷宫路径问题转为图的遍历搜索问题。

1. 迷宫信息

迷宫中的位置只有两种状态，可行和不可行。非图形化编程中用 0 和 1 分别表示，也可用其他符号。

2. 功能设计

在给出入口和出口的前提下，该任务的完成主要涉及以下功能：

(1) 构建迷宫。

	0	1	2	3	4	5	6	7	8	9	10
0	1	1	1	1	1	1	1	1	1	1	1
1	0	0	0	0	0	1	0	0	0	0	1
2	1	1	1	0	1	1	1	0	1	1	1
3	1	0	0	0	0	0	0	0	0	0	1
4	1	0	1	0	1	0	1	0	1	0	1
5	1	0	1	1	1	0	1	0	1	1	1
6	1	0	1	0	1	0	0	0	1	0	1
7	1	0	0	0	0	0	1	0	0	0	1
8	1	1	1	1	1	0	0	0	1	0	0
9	1	1	1	1	1	1	1	1	1	1	1

图 4.2.6　迷宫存储示意图

(2) 显示迷宫。

(3) 求解一条迷宫路径。

(4) 求解所有迷宫路径。

(5) 求解最短迷宫路径。

3. 存储设计

迷宫为一个平面图,可以用一个二维整型数组 mg 存储,设用 0 表示通路,用 1 表示非通路,其存储如图 4.2.6 所示。

4. 算法设计

(1) 基于栈的迷宫路径求解。

栈用来存储搜索中走的路径信息,每个点可用三元组(i,j,d)表示,其中,(i,j)指示迷宫中的一个位置,d 表示走到下一个位置的方向。

基于栈搜索从迷宫入口到出口路径采用深度优先搜索方法,具体过程如下。

Step 1　先将入口进栈(其初始方位设置为−1)。

Step 2　栈不空时循环。

2.1　取栈顶位置信息(x,y,d)。

2.2　若(x,y,d)是出口,则输出栈中所有位置信息,即为路径。

2.3　否则,找下一个可行的位置(x',y',$d+1$),如果该位置可行,入栈。

2.4　如果不存在这样的位置,说明当前路径不可能走通,出栈一个位置,回到前一个位置,继续进行尝试。

(2) 基于队列的路径求解。

采用顺序队列存储走过的位置,在找到出口时利用队列中的所有位置查找一条迷宫路径,因此,不能采用循环队列,需要顺序队列 qu 有足够大的空间。每个位置信息用三元组(i,j,pre)表示,其中(i,j)表示位置的坐标,pre 表示路径中上一方块在队列中的下标。

基于队列搜索从迷宫入口到出口路径采用广度优先搜索方法,具体过程如下。

Step 1　将入口入队。

Step 2　只要队列 qu 不为空,重复下列操作。

2.1　队头指针后移,代表出队一个位置(x,y,pre);

2.2　如果(x,y,pre)是出口,则找到一条路径,通过各位置信息的 pre 找到该路径上的所有位置。

2.3　否则,将(x,y)的所有相邻可走位置入队,入队位置点的 pre 为当前位置(x,y)在队列中的序号。

(3) 基于图的遍历。

如果把迷宫理解成无向图,则在搜索迷宫路径时可以采用深度优先或者广度优先算法,从入口开始遍历,遍历中检查顶点是否为出口,如果是,则找到一条路径。

迷宫还有其他解法,建议学习者通过查阅文献,全面了解。

(4) 所有路径问题。

前面初步讨论了找到迷宫一条路径的方法,在搜索过程中,一旦到出口,就停止搜索。

求解所有路径时，需穷尽所有可能的通路。

(5) 最短路径问题。

最短路径指步数最少的路径，这需要在求路径的过程中统计步数。在求解所有路径中，对每一条新求解的路径，如果步数大于之前所求的则舍弃，否则，作为当前最短路径保留。

2.5.3　性能要求

(1) 从一个位置出发一步，仅考虑其相邻的上、下、左、右4个方位中的一个可走方位。

(2) 根据用户要求可设置一个 $M\times N$ 的迷宫(M、$N\geqslant 3$)以及迷宫的入口和出口。

(3) 提供“找路径”命令，通过执行显示第一条迷宫路径。

(4) 提供“找下一条路径”命令，每执行一次显示下一条迷宫路径，直到所有的迷宫路径显示完毕。

(5) 提供最优解选项，能够输出最短迷宫路径。

(6) 以方阵形式输出迷宫及其通路。

(7) 操作方便，界面友好。

2.6　校园导游系统

2.6.1　问题描述

一般而言，大学校园具有面积大、建筑多、设施多、景点多的特性。以所在校园为研究对象，设计一个校园导游系统，可以为需要的人提供线路查询、景点介绍、设施查找等帮助。

2.6.2　分析与设计提示

1. 校园图信息

每一个景点或设施具有唯一的名字，另有其他属性，如功能介绍或景点特色介绍等；景点/设施之间有通路的以边相连，边属性至少有距离，也可附以其他信息，如通行难易程度、是否有交通工具等。整个校园的景点与设施采用图表示。

2. 功能设计

作为校园导游系统，基本的功能如下。

(1) 创建校园导游图。

(2) 景点/设施的增、删或修改景点/设施信息。

(3) 景点/设施信息的查询。根据景点或设施的名称或编号，给出景点或设施的介绍。

(4) 推荐线路查询。根据起点和目标点，给出推荐行走线路。

从方便导游的角度出发，系统还可以考虑下列功能。

(1) 周边景点信息查询。根据景点或设施的名称或编号,给出该景点或设施附近景点或设施的介绍。

(2) 添加评价信息,给出景点推荐。

(3) 遍游校园的游览建议。

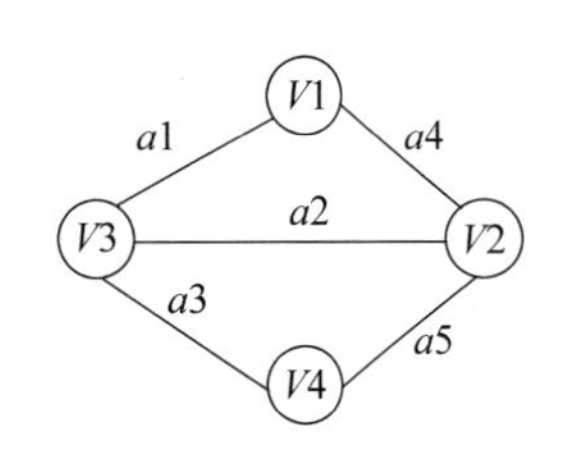

图 4.2.7 校园地图

3. 存储设计

(1) 实体信息存储。

由于景点信息和道路信息存在多个属性,可以考虑将景点标识与景点信息分开存储,道路标识与道路的其他信息分开存储。如校园地图如图 4.2.7 所示,图中仅给出景点标识;具体的景点信息存储于线性表中,如表 4.2.1 所示。

表 4.2.1 景点信息表

景点标识	景点名称	景点地点	…
V1	南大门	啬园路 9 号	…
V2	教育超市		
V3	英语角		
V4	…		

同样,道路与道路信息分开存储,如表 4.2.2 所示。

表 4.2.2 道路信息表

路标识	距离	交通工具	…
a1	50m	助力车	…
a2	150m	…	…
a3	…	…	…
…	…	…	…

(2) 图存储。

图的存储方式需要考虑算法的需求。如 Floyd 算法和 Dijkstra 算法,均采用邻接矩阵的存储。

4. 算法设计

本任务可能涉及的算法如下。

(1) 图的创建与编辑,用于创建和维护校园地图。

(2) 查找算法,用于景点或设施的查询。如果每个景点具有连续的编号,且按编号顺序存储,可以考虑性能较高的折半查找。

(3) 推荐线路查询,用到 Dijkstra 算法。

(4) 求图的邻接点。周边景点或设施的查询,需先获取当前点的邻接点。

(5) 校园游览方案,可能用到 Floyd 算法和 Dijkstra 算法。

2.6.3 性能要求

本系统的性能要求如下。

(1) 校园地图以文件的方式存于磁盘,避免每次运行时需输入地图。

(2) 地图上的设施及景点不少于8个,道路不少于10条。

(3) 能够增加新景点或设施。

(4) 输出结果直观明了,不能以编号代替景点、设施或道路。

(5) 操作方便,界面清晰。

2.7 打印任务管理

2.7.1 问题描述

设计一套软件系统,模拟计算机系统中打印任务的管理。

一台打印机可能会同时接受多个打印任务,如果是网络打印机,服务于多个用户,这种情况就更不可避免。当有多个打印任务时,如何决定文档的打印顺序呢?最公平的方法就是先来先服务,所以可以用队列来管理打印任务。

一个文件被打印输出,需先送到打印缓冲区。打印机只能从打印缓冲区中取出打印内容进行打印输出。当文件被打印输出,就从打印缓冲区中删除;打印机会根据缓冲区的情况从打印队列依次取打印文件到打印缓冲区。打印机能接受文件的多少取决于文件的大小和缓冲区的大小。当有多个文档需打印时,且打印缓冲区已满,就需要排队。

考虑到打印任务中可能会存在任务的轻重缓急,设置队列的优先级来区分。重要的、急需打印的任务送到高优先级的队列;一般的任务送到低优先级的队列。打印机取打印任务时,只有当高优先级的打印队列为空时,才从低优先级的队列中取打印任务。

设有3个优先级分别为P1、P2、P3,且P1>P2>P3的打印队列,打印任务管理示意图如图4.2.8所示。

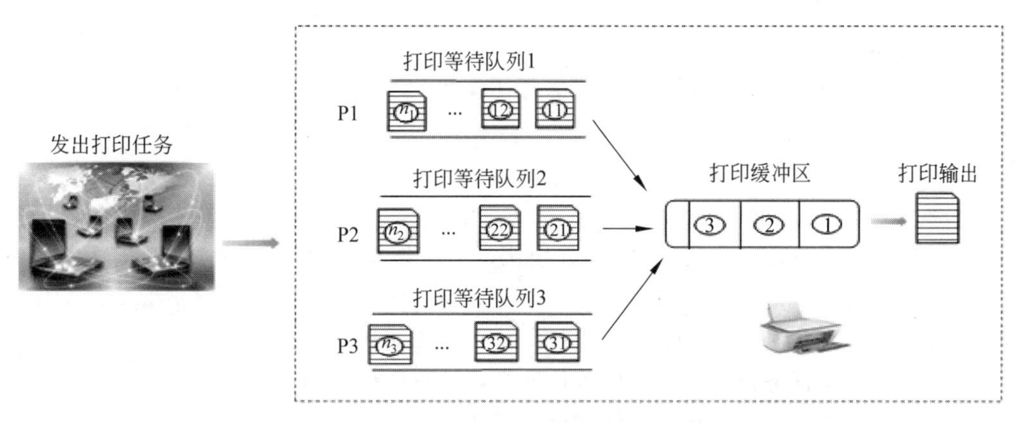

图4.2.8 打印任务管理示意图

2.7.2 分析与设计提示

1. 实体抽象

任务中涉及打印缓冲区、打印等待队列和被打印文档3个实体。

打印缓冲区有容量限制,需设置容量属性;另外需为打印缓冲区设计使用情况表,记录打印缓冲区中哪些区域给了哪个文档,剩余可用空间是多少。假设打印机按任务装入打印缓冲区的先后进行打印任务,还需为打印缓冲区建立一个队列。

打印等待队列,用队列结构表示即可。按任务要求,需设置3个队列,可以按优先级分别设为队列1、队列2和队列3。

为模拟打印管理,至少需设置文档的下列信息:文档标识、文档长度、打印任务的发出时间、优先级及任务发出者标识。

2. 功能设计

该任务中,可能涉及的功能如下。

(1) 创建打印任务。为减少调试中每次输入打印任务,可以先创建好打印任务列表存于文件中,调试时从中读取。

(2) 接收打印任务。依次按任务的发出时间和优先级,将需打印的文档分配到打印等待队列中。

(3) 打印机取打印任务。打印机根据打印缓冲区的大小和需打印文件的大小按优先级从打印队列中取打印任务,要保证每次打印缓冲区中尽可能多地装入打印文档。

(4) 完成打印任务。输出打印缓冲区中的文档信息,模拟文档打印完成。一个文档打印完成,释放所占打印缓冲区空间。当打印缓冲区有空闲空间或打印缓冲区空而打印等待队列不空时,进行“打印机取打印任务”的工作。

3. 存储设计

为与实际情况一致,打印任务列表应按时间先后有序排列。如果调试中动态新增打印任务,则需有序插入。为避免大量数据移动,采用链式存储比较合适。

打印等待队列和打印机缓冲区的任务队列因难以预测长度,采用链队比较合适。

4. 算法设计

本系统中打印任务的管理与调度都采用了队列,主要算法是与队列的相关操作。

2.7.3 性能要求

本系统的性能要求如下。

(1) 建有一个打印任务列表文件,方便调试与系统检查时用。任务列表需满足下列要求:①各种优先级的任务都有;②每个打印文档长度小于打印缓冲区容量;③打印缓冲区不能一次性装入所有打印任务;④打印任务由不同用户发出。

(2) 显示打印任务提交后各打印等待队列中的打印任务列表。

(3) 显示打印机取任务后打印缓冲区分配情况。

(4) 按文档打印先后,输出文档列表。

(5) 界面友好,操作简单。

(6) 显示信息多于一屏时,分屏显示。

2.8　教学计划编制

2.8.1　问题描述

学历进修需要学生在一定的时间内完成一定的课程学习,每一门课程有相应的学分,修满学分,可获取相应的学历。因为有些课程是另一些课程的学习基础,所以课程学习之间存有课程开设的先后次序关系。例如某学历的计算机专业需要学习的课程及课程之间的关系如表4.2.3所示。

表4.2.3　计算机专业进修课程

课程先后关系	课程编号	课程名称	学分	先修课
	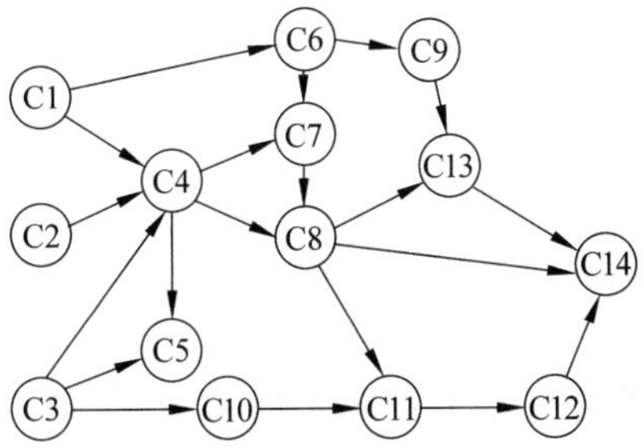 C1	专业导论	2	无
	C2	离散数学	3	无
	C3	程序设计基础	5	无
	C4	数据结构	4	C1,C2
	C5	算法设计与分析	3	C3,C4
	C6	计算机原理	4	C1
	C7	操作系统原理	4	C4,C6
	C8	数据库原理及应用	4	C4,C7
	C9	计算机网络	4	C6
课程先后次序关系	C10	Java程序设计基础	3	C3
	C11	Java Web开发技术	4	C8,C10
	C12	移动应用开发	3	C11
	C13	软件工程	3	C8,C9
	C14	毕业设计	16	C8,C12,C13

本设计的主要任务如下。

(1) 以你所在或你所了解的专业,完善表4.2.3。

(2) 根据需要完成课程的先修和后修关系,尽可能在等学时分配的前提下,制订出8学期的教学计划。

(3) 假设:每个学期16周、每个学分为16学时、一个学时对应一节课、每周5天(周一～周五)、上午2～5学时、下午2～4学时,给出课表信息。

2.8.2 分析与设计提示

1. 课程与计划信息

(1) 课程信息,与课程相关的信息有课程编号、课程名、学分、先修课、开课时间等。

(2) 教学任务,培养方案中的需开设的课程信息的总和。

(3) 教学计划,所有课程的开课信息。

(4) 课表信息,给出每学期周一～周五上、下午的上课信息。

2. 功能设计

本任务要完成一个 4 年 8 个学期的课程安排,其基本功能如下。

(1) 读取教学任务。

(2) 基于教学任务,以建立一个有向图。

(3) 拓扑排序,得到所有课程的序列。

(4) 排课,依据拓扑序列及其他假设条件,形成课表。

3. 存储设计

每门课程有许多属性,为方便课程管理,可用线性表存储教学任务;由教学任务生成图,求拓扑排序,采用邻接表存储,邻接表中顶点信息取课程编号即可,并且顺序与教学任务中课程顺序一致。课表信息可以按学期和开课时间有序存储。

4. 算法设计

在利用拓扑排序算法进行排课时,应将排课算法分成两类:一类是无特别要求在哪学期都可以开的课,另一类是要求在第 i 个学期开课的课程。

2.8.3 性能要求

(1) 用文本文件存储输入数据,用文本文件存储产生的各学期的课表。课程数范围为 30～50。

(2) 各学期的教学任务尽量均衡,即学分尽量相近。

(3) 一次课不能长于 3 学时,如有一门课程需要安排两次课,则考虑教学效果,尽量使两次课间隔一天以上,即尽量不安排相邻的两天,更不能安排在同一天。

(4) 若输入数据不合理,则应显示适当的提示信息。如果无解,则报告适当信息。

(5) 输出内容直观明了,界面整洁。

2.9 基于哈夫曼编码的编码译码问题

2.9.1 问题描述

给一段文本的字符集设计哈夫曼编码,并用这个编码对文本进行编码和译码。

2.9.2 分析与设计提示

1. 文本信息

文本信息为一串字符串,为方便处理,可设为英文字符串,其中除大、小写英文字母外，还有标点符号及其他特殊符号。

2. 功能设计

哈夫曼编码基于哈夫曼树构成，哈夫曼树由以文本中的字符频率权值的叶结点构成。为了验证求解过程的正确性，系统的基本功能如下。

(1) 创建文本。

(2) 求字符集及字符频率，即统计文本中出现的字符及各字符出现的频率。

(3) 构造哈夫曼树，即以字符频率为叶结点权值，构造哈夫曼树。

(4) 求哈夫曼编码，由哈夫曼树生成哈夫曼编码。

(5) 文本编码，用哈夫曼编码对文本进行编码，形成密文。

(6) 译码，用哈夫曼编码对密文进行译码，得到的译文应该与原文一致。

(7) 字符串显示，用于显示文本原文、密文和译文。

3. 存储设计

本任务中涉及文本、密文、译文、哈夫曼树和哈夫曼编码等需存储的对象。文本和译文为字符串，采用编程语言提供的字符串的存储方式；哈夫曼树参见教材内容，采用顺序存储，每一个数据元素由权值、双亲、左孩子、右孩子 4 个属性构成；密文是二进制位串。

4. 算法设计

上述每一个功能任务单一，可以按功能一一设计算法。

(1) 文本读取。文本原文可以从文件中读取，也可以通过键盘输入。

(2) 求字符集及字符频率。扫描文本，统计各字符出现的次数。

(3) 文本编码。扫描文本，对文本中的每个字符在哈夫曼编码集中寻找该字符的哈夫曼编码，将其存入密文中。该工作中涉及串查找，因查找工作频繁，考虑一个高性能的查找方法。注意，存储的密文是一个二进制流，不是一个字符串。如果显示密文，需将其转变格式，否则会造成理解上的困难。

(4) 译码。从头开始解析密文的二进制流，基于前缀码特性取二进制位，根据哈夫曼编码得到相应的字符，所有字符的连接为译文。译文应该与原文一样。

2.9.3 性能要求

本系统的性能要求如下。

(1) 文本可以为一段文字或几段文字，长度不少于 50 个字符，有大、小写英文字符，标点符号，空格等特殊字符，至少有 10 个以上的不同字符。

(2) 密文存储的是二进制流，转变成字符串输出。

(3) 程序运行中，输出各功能的运行结果，即：

- 文本中出现的字符集和各字符出现的频率。
- 构造的哈夫曼树。
- 构造的哈夫曼编码。
- 文本的密文和译文。

(4) 输出内容直观明了，界面整洁。

2.10 校园优秀学生的推荐与评比

2.10.1 问题描述

学校进行十大优秀学生评比，每位学生既是候选人，也是评比人。每位学生最多被提名一次，给同一名学生投一次票，且最多给十位学生投票。设计一个系统进行投票与计票的统计、投票情况查询、最终根据得票多少评出提名前十的学生为校园十大优秀学生。

2.10.2 分析与设计提示

1. 用户信息

由于每位同学给同一个候选人只能投票一次，且最多给十名候选人投票，所以，系统中需记录候选人信息外，还需记录每名同学的投票行为。

候选人信息至少包括以下内容：学号、姓名、专业和事迹、得票总数等。投票人信息包括学号、姓名、投票对象等。学号可以唯一标识学生，但学号不具备可记忆特性，姓名不唯一，为了方便查找可以补充学生的其他属性。

2. 功能设计

该任务的完成，至少涉及以下功能。

(1) 身份认证，假设以学号作为该校学生的身份认证，保证被提名者和提名者均是本校学生。进行提名或投票时，需先进行身份认证。

(2) 提名，填写新候选人的信息。

(3) 投票，给候选人投票。

(4) 排名查询，查看前 N 名候选人及得票情况。

(5) 得票查询，查询指定候选人的信息、得票情况与得票排名。

(6) 查询自己的得票情况和投票情况。

(7) 显示排行榜，显示排名前十的候选人。

3. 存储设计

候选人信息与投票者信息的共同属性只有学号和姓名，不适宜存在一张表里，但学号和姓名之间具有对应关系，同一位学生的信息在不同表中应一致。最好的方法是避免学号与姓名的冗余存储。

4. 算法设计

系统中可能涉及的算法如下。

(1) 记录的增加。新候选人和新提名人出现时，需进行记录增加。

(2) 记录的删除。如果提名人不想提名或提名提错了，可以删除自己的提名。候选人只能由该候选人的提名者删除，其余学生不能删除。候选票数不为 0 时，不能删除候选人。

(3) 记录的修改。新候选人出现及新投票产生时，需修改票数、投票信息等属性。

(4) 记录的查找。提名、投票时均需进行记录查找，不存在的候选人方可被提名；投票信息必须记录在该同学的投票记录中；查询投票信息时，也需要进行查找。学号可以唯一标识学生，但基于学号的查询实用性差，应考虑通过姓名等可记忆的属性辅以其他手段实施查询。

（5）排序。查看特定候选人的得票情况及排名、查找前 N 名的候选人信息及最后通过排序取前十名的候选人为十大优秀学生，均需用到排序算法。从性能上考虑，有时并不需要对所有记录排序。

2.10.3　性能要求

本系统的性能要求如下。

（1）用文件存储候选人和投票记录。

（2）一位学生只能被提名一次，候选人人数不少于15人；投票人人数不少于30人。

（3）候选人的事迹，由提名者填写，不能为空。

（4）投票与提名操作时均需按学号进行身份认证。

（5）投票是匿名，候选人可以查找自己的票数，但不能得知是哪些同学投了票。

（6）学生可以查阅自己投了哪些学生的票。

（7）尽可能为操作者提供操作方便，如投票时屏幕显示所有候选人编号和名字等信息，方便投票者投票。

（8）操作方便，界面友好。

参考文献

[1] 徐慧,周建美,丁红,等. 数据结构原理与应用[M]. 北京：清华大学出版社,2021.

[2] 严蔚敏,吴伟民. 数据结构(C 语言版)[M]. 北京：清华大学出版社,1997.

[3] 徐慧,周建美,丁卫平,等. 数据结构实践教程[M]. 北京：清华大学出版社,2010.

[4] 李冬梅,张琪. 数据结构习题解析与实验指导[M]. 北京：人民邮电出版社,2017.

[5] 李建学,等. 数据结构课程设计案例精编(用 C/C++ 描述)[M]. 北京：清华大学出版社,2007.

[6] 王晓华. 算法的乐趣[M]. 北京：人民邮电出版社,2015.

[7] 杨峰. 妙趣横生的算法(C 语言实现)[M]. 2 版. 北京：清华大学出版社,2015.

[8] CORMEN T H, LEISERSON C E,RIVEST R L. 算法导论[M]. 殷建平,徐云,王刚,译. 3 版. 北京：机械工业出版社,2012.

[9] 王红梅,胡明,王涛. 数据结构(C++ 版)学习辅导与实验指导[M]. 2 版. 北京：清华大学出版社,2011.

附录 实验报告示例

ADDENDUM

实验　学生基本信息管理

姓名：王一航　班级：软件工程 071　学号：20070315150　实验时间：2008.3.15

1　问题描述与分析

1.1　问题陈述

本实验设计一个简单的学生基本信息管理系统，实现学生基本信息（如学号、姓名、性别、入学时间、入学成绩、专业、特长等）的存储、查询和显示等。

实验要求系统具备以下基本功能：记录添加、记录删除、按学号查询、记录显示等。

1.2　问题分析

1. 研究对象

本系统用于学生基本信息的管理，处理对象为学生。选取学号、姓名、入学时间、入学成绩、专业及特长作为学生的基本信息。每个学生的基本信息含有多个属性，为此建立结构体 student 表示一个学生，各属性的定义如下：

```
struct student
{   int xh;                  //学号
    char * xm;               //姓名
    time rxsj;               //入学时间
    int rxcj;                //入学成绩
    char * zy;               //专业
    char  * hoppy;           //特长
};
```

入学时间包括年、月、日，年是 4 位数，月和日均为两位数，为此建立结

构体 time 表示入学时间,定义如下:

```
struct time
{   char year[5 ];              //年
    char month[3];              //月
    char day[3];                //日
};
```

2. 功能需求分析

一个管理系统的基本功能包括数据的增、删、改、查,本系统将实现学生基本信息管理的这些功能,系统的功能结构图如图 A.1 所示。

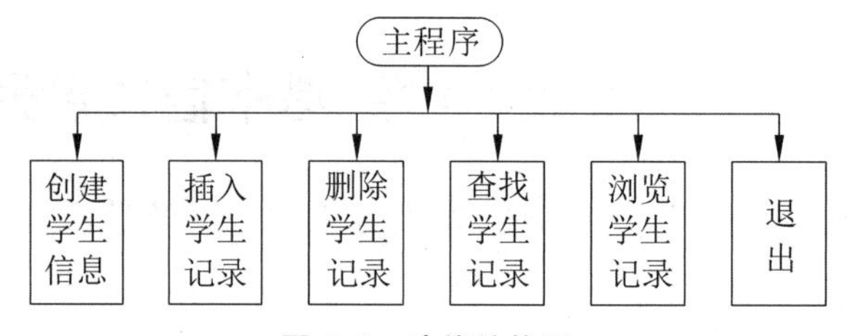

图 A.1 功能结构图

(1) 创建学生信息,指学生信息的批量录入。

(2) 插入学生记录,指插入一个新的学生的信息。

(3) 删除学生记录,指查找某特定学生的信息。

(4) 查找学生记录,指删除指定学生的信息。

(5) 浏览学生记录,查看所有学生的信息。

(6) 退出,指结束程序运行。

2 数据结构设计

本问题范畴内,学生记录可以按录入顺序形成唯一前驱和后继关系,因此,选用线性表存储学生记录。考虑到需经常插入和删除学生信息,采用链式存储。结点定义如下:

```
struct XsNode
{   student xs;              //学生记录
    student * next;          //指向下一个记录的指针
}
```

取创建顺序为记录顺序,新增记录添加在表尾,为此设置尾指针,减少记录插入操作的时间复杂度。定义学生链表如下:

```
struct XsList
{
     XsNode * Head;          //头指针
     XsNode * Tail;          //尾指针
}
```

3　算法设计

对应上述的功能划分，任务中涉及的算法有创建学生信息、插入学生记录、删除学生记录、查找学生记录、浏览学生记录，分别设计如下。

3.1　创建学生信息

创建表初始化单链表后创建多个学生记录，采用多次调用插入结点操作的方法。算法描述如下。

```
bool CreateXsList(XsList &L, int n)
{  for(i=1; i<=n;i++)     //循环 n 次插入操作
       InsertStuden t (L);
}
```

3.2　插入学生记录

插入学生记录是在表尾增加一个学生记录，主要工作：创建一个新的结点，存入新学生信息；新结点链在表尾。算法描述如下。

```
bool InsertStuden t(XsList &L)
{
    s=new XsNode;                          //创建一新结点
    if(!s)   return   false;               //插入失败，返回 false
    cin>>s->xs.xh;                         //输入学生信息，输入学号
    cin>>s->xs.name;                       //输入姓名
    cin>>s->xs. rxsj.year>>xs. rxsj.month>>xs. rxsj.day;      //输入入学时间
    cin>>s->xs.rycj;                       //输入入学成绩
    cin>>s->xs.zy;                         //输入专业
    cin>>s->xs.hoppy;                      //输入特长
    s->next=L.Tail->next;                  //新结点插在表尾
    L.Tail->next=s;
    L.Tail=s;
    return true;                           //创建成功，返回 true
}
```

3.3　删除学生记录

本系统实现按学号的记录删除。输入需被删除的学生的学号，在单链表中查找该学生，如果找到，则删除该学生结点。算法描述如下。

```
bool DeleteStudent(XsList &L,int xh)
{
     if(L.Head==L.Tail)                    //空表，不能删除
       return false;
     p = L.Head; q=p->next;                //设置查找起始位置
     while (q && q->xs.xh != xh)           //顺序查找
```

```
        {  p=q; q=q->next; }
        if(q)                                  //找到,删除 q 结点
        {
            if(L.Head->next=L.Tail)            //表中只有一个结点,且是被删除结点
              L.Tail=L.Head;
            p->next=q->next;                   //删除学生记录
            delete q;
        }
        return true;                           //删除成功
}
```

3.4 查找学生记录

本系统实现按学号的记录查找。输入要查询学生的学号,在单链表中通过顺序查找,寻找该学号的学生,如查找到,显示该记录。算法描述如下。

```
bool SearchStuent(XsList L,int xh)
{
    cin>>xh;                                   //输入要查询的学号
    p=L.Head->next;                            //查找起始位置
    while (p);                                 //顺序查找
    {
      if(p->xs.xh = = xh)                      //找到
      {                                        //输出学生信息
        cout<<"学号: "<<p->xs.xh<<endl;
        cout<<"姓名: "<<p->xs.name<<endl;
        cout<<"成绩: "<<p->xs.rycj<<endl;
        cout<<"入学时间: "<<p->xs. rxsj.year<<"年";
        cout<<p->xs. rxsj.month<<"月";
        cout<<p->xs. rxsj.day<<"日"<<endl;
        cout<<"专业 "<<p->xs.zy<<endl;
        cout<<"特长: "<<p->xs.hoppy <<endl;
        return  true;                          //查找成功返回
      }
      p=p->next;                               //顺序查找
    }
    return false;                              //该学生不存在,查找失败
}
```

3.5 浏览学生记录

浏览学生记录可以通过遍历表实现,算法描述如下。

```
void DispStudent(XsList L)
{   p=L.Head->next;                            //从首元结点开始
    while (p)                                  //p 有所指
    {                                          //输出记录各属性值
```

```
        cout<<p->xs.xh<<\'t'<<p->xs.xm<<'\t'
        <<p->xs.rxcj.year<<'.'<<p->xs. rxcj.month<<'.'
        <<p->xs. rxcj.date<<'\t'<<p->xs.zy<<'\t'<<p->xs.hoppy;
    }
}
```

3.6 界面设计

程序包含多个功能,系统采用菜单形式提供功能选择。菜单定义如下。

```
void dispmenu()
{
cout<<"\t\t ┌请选择操作───────────┐ "<<endl;
    cout<<"\t\t│ 1  创建学生信息│"<<endl;
    cout<<"\t\t│ 2  插入学生记录│"<<endl;
    cout<<"\t\t│ 3  删除学生记录│"<<endl;
    cout<<"\t\t│ 4  查找学生记录│"<<endl;
    cout<<"\t\t│ 5  浏览学生记录│"<<endl;
    cout<<"\t\t│ 0  退出│"<<endl;
    cout<<"\t\t └──────────────────┘ "<<endl;
}
```

4　运行与测试

(1) 程序启动成功,显示菜单,如图 A.2 所示。

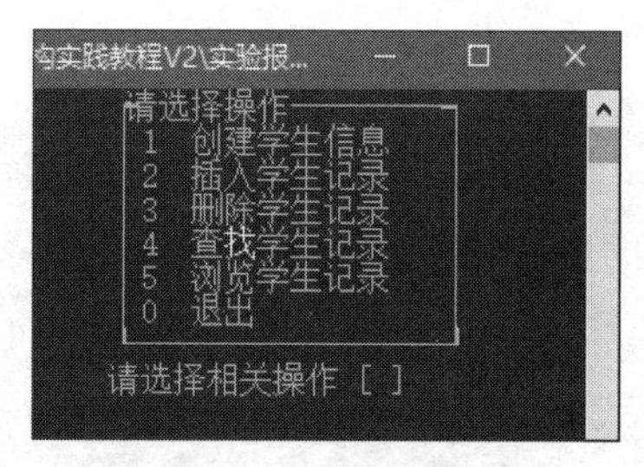

图 A.2　启动界面

(2) 按 1,创建学生信息。根据提示,输入记录个数及输入各条记录。通过浏览记录,如图 A.3 所示,证明记录的输入。插入过程见插入记录操作。

图 A.3　记录浏览

(3) 按 2,插入学生记录。根据提示输入记录内容,如图 A.4(a)所示。通过记录浏览操作结果,如图 A.4(b)所示。

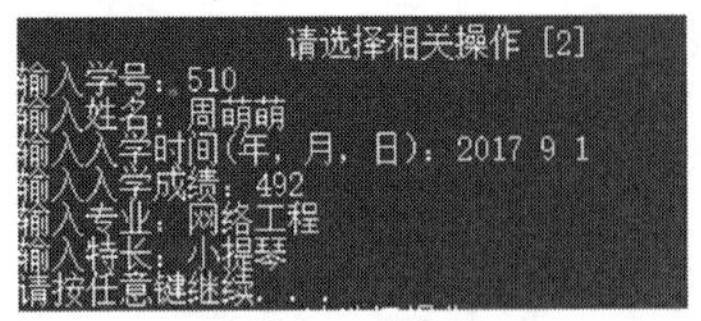

(a) 输入记录信息

请选择相关操作 [5]

学号	姓名	入学成绩	入学时间	专业	特长
1	赵好好	580	2017年9月1日	软件工程	唱歌
2	钱多多	498	2017年9月1日	软件工程	足球
31	孙平平	581	2017年9月1日	软件工程	蓝球
32	李悠悠	485	2017年9月1日	软件工程	无
510	周萌萌	492	2017年9月1日	网络工程	小提琴

请按任意键继续. . .

(b) 插入后浏览记录

图 A.4　记录插入示意图

(4) 按 3,删除学生记录。根据提示,输入要删除记录的学号,若存在,显示“删除成功”,如图 A.5 所示;否则,显示不存在,无法删除。删除成功,可通过浏览证明操作结果正确,如同记录的插入,此处截图略。

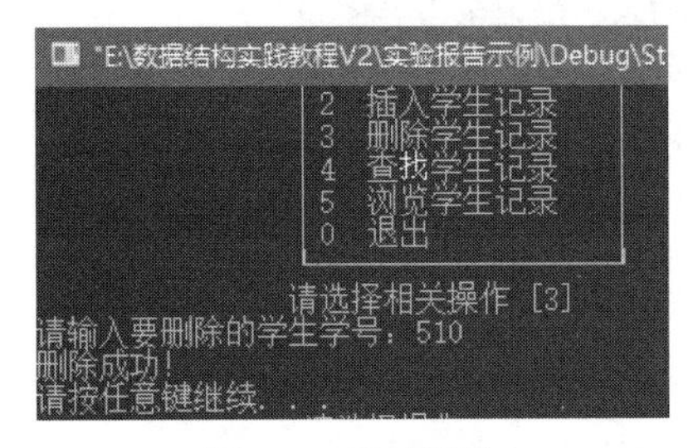

图 A.5　记录删除

(5) 按 4,查找学生记录。根据提示,输入要查询学生的学号,若存在,显示该记录,如图 A.6 所示;否则,显示不存在该学生。

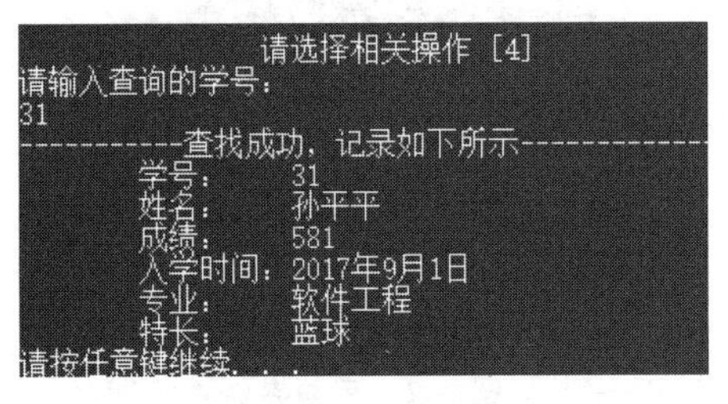

图 A.6　记录查找

(6) 按 5,浏览学生记录,如图 A.3 所示。

(7) 按 0,退出程序。

5　小结

总结本次实验工作内容和工作得失。(此处略)

图书资源支持

感谢您一直以来对清华版图书的支持和爱护。为了配合本书的使用，本书提供配套的资源，有需求的读者请扫描下方的"书圈"微信公众号二维码，在图书专区下载，也可以拨打电话或发送电子邮件咨询。

如果您在使用本书的过程中遇到了什么问题，或者有相关图书出版计划，也请您发邮件告诉我们，以便我们更好地为您服务。

我们的联系方式：

清华大学出版社计算机与信息分社网站：https://www.shuimushuhui.com/

地　　址：北京市海淀区双清路学研大厦 A 座 714

邮　　编：100084

电　　话：010-83470236　010-83470237

客服邮箱：2301891038@qq.com

QQ：2301891038（请写明您的单位和姓名）

资源下载：关注公众号"书圈"下载配套资源。

资源下载、样书申请

书圈

图书案例

清华计算机学堂

观看课程直播